# Die Wirkung von Sanierungs- und Restaurierungsmaßnahmen auf die Nährstoffströme und die biotische Dynamik eines anthropogenen Gewässers, am Beispiel des Willersinnweihers/ Ludwigshafen

INAUGURAL-DISSERTATION
zur
Erlangung der Doktorwürde
der
Naturwissenschaftlich-Mathematischen Gesamtfakultät
der Ruprecht-Karls-Universität
Heidelberg

vorgelegt von
Diplom-Geographin Beate Sandler
aus Speyer
2000

Gutachter: Prof. Dr. Heinz Karrasch
Prof. Dr. Roland Mäusbacher

Tag der
mündlichen Prüfung: 13. Juli 2000

Beate Sandler

# DIE WIRKUNG VON SANIERUNGS- UND RESTAURIERUNGSMAẞNAHMEN AUF DIE NÄHRSTOFFSTRÖME UND DIE BIOTISCHE DYNAMIK EINES ANTHROPOGENEN GEWÄSSERS, AM BEISPIEL DES WILLERSINNWEIHERS/LUDWIGSHAFEN

*ibidem*-Verlag
Stuttgart

**Bibliografische Information Der Deutschen Bibliothek**

Die Deutsche Bibliothek verzeichnet diese Publikation in der Deutschen Nationalbibliografie; detaillierte bibliografische Daten sind im Internet über <http://dnb.ddb.de> abrufbar.

∞

Gedruckt auf alterungsbeständigem, säurefreien Papier
Printed on acid-free paper

ISBN: 3-89821-067-7


Printed in Germany

**Danksagung**

Mein Dank gilt vielen, die durch Beiträge verschiedenster Art zum Gelingen meiner Arbeit beigetragen haben.

Herr Rainer Ritthaler von der Sparte Umwelt und Grünflächen der Stadtverwaltung Ludwigshafen/Rh. betraute uns, in Zusammenarbeit mit der Fa. Weissmann Ökologiemanagement mit dem Projekt. Ihm sei für sein beständiges Interesse am See und dem Verlauf unserer Untersuchungen sowie die nette und vertrauensvolle Zusammenarbeit gedankt.

Mein Dank gilt Herrn Prof. Dr. Dietrich Barsch, in dessen Arbeitsgruppe ich einen Einstieg in die Umweltforschung bekam. Das Team gab mir die Möglichkeit, im Rahmen zahlreicher Projekte Einblicke in verschiedenste geowissenschaftliche Teilbereiche zu bekommen. Vor allem die gemeinsamen Expeditionen nach Spitzbergen und in die argentinischen Anden werden mir unvergesslich bleiben. Auch Herrn Prof. Dr. Heinz Karrasch bin ich sehr zu Dank verpflichtet. Er war nach der Krankheit von Herrn Barsch sofort bereit, nicht nur meine Dissertation, sondern auch die verbundenen Diplom- und Staatsexamensarbeiten zu betreuen. Ebenso geht mein Dank an Herrn Prof. Dr. Roland Mäusbacher, der ohne Zögern das Zweitgutachten übernahm.

Unser Laborleiter Gerd Schukraft stand stets als kompetenter und interessierter Berater bei wissenschaftlichen, technischen und analytischen Fragen hilfreich zur Verfügung.

Herrn HD Dr. Thomas Braunbeck vom Zoologischen Institut der Uni Heidelberg möchte ich für die Betreuung der biologischen Diplomarbeiten und sein Interesse am Thema danken.

Dem Landesamt für Wasserwirtschaft Rheinland-Pfalz (LfW) und hier besonders Frau Martina Oehms danke ich für die Bereitstellung von Messprotokollen aus vergangenen Jahren. Diese Daten ermöglichten mir die Einordnung und Bewertung der hier dargestellten Entwicklungen.

Für die Unterstützung durch den Wassersportverein Ludwigshafen (WSV), auf dessen schönem Gelände am Willersinnweiher seit Jahren unser Boot liegt, möchte ich ebenfalls danken. Hier durften wir auch die Proben aufbereiten und fanden bei kaltem oder schlechtem Wetter Unterschlupf.

Den Mitarbeitern der Fa. Weissmann Ökologiemanagement, Ernst Weissmann, Mathias Kretz und K.-H. Scholl mit denen wir nicht nur am Willersinnweiher gerne zusammenarbeiten.

Ich danke allen, die im Rahmen des Projektes ihre Diplom- und Staatsexamensarbeiten erstellten und mir damit wichtige Informationen über Teilaspekte geliefert haben: Monika Cermak, Michaela Müller, Gerd Odenwälder und Robert Thielicke. Des weiteren auch den wissenschaftlichen Hilfskräften des Labors für Geomorphologie und Geoökologie, die bei der Probennahme und Probenaufbereitung beteiligt waren, v.a. seien hier erwähnt Hartmut Fünfgeld, Dirk Harreus (Phyto- und Zooplanktonbestimmung 1996, 1997), Michaela Müller, Nicola Manke, Mark Massot und viele weitere, die mir immer wieder hilfreich zur Seite standen, wenn Not am Mann oder der Frau war. Und nicht zuletzt meinem „Nachfolger" am Willersinnweiher, Johannes Schmid, der die Bestimmung der $C_{org}$- und Kalkgehalte an den Sedimenten durchführte und mir die Daten zur Verfügung gestellt hat.

Dr. André Assmann gilt mein besonderer Dank für seine zuverlässige Unterstützung beim Lösen EDV-technischer Probleme.

Adnan Al-Karghuli danke ich für die Durchführung zahlloser chemischer Analysen; ebenso auch unserer Sekretärin Frau Oezen, die bei allen verwaltungstechnischen Problemen hilfreich war.

Zum Schluss sei noch Stefan Oldenburg, Monika Cermak und Gerd Schukraft herzlich gedankt; sie haben die undankbare Aufgabe des Korrekturlesens übernommen.

**INHALTSVERZEICHNIS**

## TABELLENVERZEICHNIS



## ABBILDUNGSVERZEICHNIS

# 1 Einführung und Zielsetzung

Mit der enormen Intensivierung der Landwirtschaft und der raschen Industrialisierung seit dem Ende des 19. Jahrhunderts wurden zunehmend auch die natürlichen Gewässerökosysteme beeinflusst. Der Nährstoffeintrag aus landwirtschaftlichen Nutzflächen sowie Verunreinigungen durch industrielles und privates Abwasser führten insbesondere in stehenden Gewässern zu einer rasanten Beschleunigung der natürlichen Eutrophierungsprozesse.

Mit dem schnellen Übergang von nährstoffarmen (oligotrophen) zu nährstoffreichen (eutrophen) Bedingungen sind drastische Veränderungen der chemischen, physikalischen und biologischen Gefüge in den Seen verbunden. Diese können zum völligen Kollaps des Ökosystems See führen (Umkippen). Auch wenn diese Entwicklung nicht so weit voranschreitet, treten in eutrophierten Gewässern massive Veränderungen auf. Solche Störungen sind z.B. Algenmassenentwicklungen, die durch die gesteigerte Versorgung mit Nährstoffen stimuliert werden. Sie können den Sauerstoffvorrat im Gewässer zehren, Toxine absondern, die Sichttiefe auf wenige Zentimeter herabsetzen und so die Nutzung, beispielsweise als Trinkwasserreservoir oder als Freizeitsee, nachhaltig einschränken.

Seen sind nicht nur hinsichtlich des Tier- und Pflanzenschutzes bewahrenswerte Ökosysteme. Gerade in der heutigen oftmals naturfernen Umwelt sind sie zudem als Erholungsräume für die Bevölkerung bedeutend und bilden ein wichtiges Element bei der Freizeitgestaltung. Hier kann geangelt, gebadet oder auch „nur“ die Natur beim Spazieren gehen erlebt werden.

Im anthropogen stark überprägten Oberrheingebiet sind die rund 350 Baggerseen ein wichtiges, fast schon landschaftsprägendes Element. Die Eutrophierung hat auch bei diesen sehr jungen Seen schon zu starken Beeinträchtigungen, bis hin zum „Umkippen“, geführt. Der Willersinnweiher in Ludwigshafen war in den letzten Jahrzehnten mehrfach bedroht. Seeinterne Maßnahmen, die im Willersinnweiher zu einer Verringerung der Nährstoffgehalte führen sollten (**Restaurierung**), wie die Entschlammung und Vertiefung in den 70er Jahren, sorgten kurzfristig für eine Entlastung, konnten längerfristig jedoch keine grundlegende Verbesserung bewirken. Will man den See nachhaltig als Naherholungsgebiet erhalten, ist eine tiefergehende Analyse der Belastungssituation notwendig. Darauf aufbauend können Maßnahmen im Einzugsgebiet und im Gewässer selbst ergriffen werden, die zu einer Rückentwicklung zu einem nährstoffärmeren und damit stabileren Ökosystem führen (**Reoligotrophierung**). Das Hauptaugenmerk sollte dabei zunächst auf die Verringerung des Nährstoffeintrags aus dem Einzugsgebiet in das Gewässer gerichtet sein (**Sanierung**). Darauf aufbauend können interne Maßnahmen zur weiteren Stabilisierung des Ökosystems beitragen. Dabei ist zu beachten, dass eine Reoligotrophierung nicht die bloße Umkehrung der Eutrophierung ist (SCHARF et al. 1992). Reagiert bei der Eutrophierung zuerst das Phytoplankton, so sind die Folgen davon qualitative und quantitative Veränderungen in den übergeordneten Lebensgemeinschaften. Diese reagieren jedoch auf Sanierungs- und Restaurierungsmaßnahmen oft nicht unmittelbar und tragen auf diese Weise zum Erhalt des eutrophen Zustandes im Gewässer bei. Eutrophe Systeme zeigen somit eine relativ große Stabilität gegenüber Änderungen in beiden Richtungen der Trophieskala (KALBE 1996).

Bei der Einleitung einer Reoligotrophierung von Baggerseen muss der Tatsache Rechnung getragen werden, dass es sich oftmals um intensiv genutzte Seen in einem stark verstädterten und industrialisierten Umfeld handelt. Damit kann die Verringerung des Nährstoffeintrages aus dem Einzugsgebiet oftmals nur unvollständig bleiben. Die Nutzung als Freizeitgewässer führt zu weiteren Störungen des Nährstoffhaushaltes und der Biozönose dieser Seen. Die

Nutzung ist zumeist aber erwünscht und soll folglich durch Maßnahmen, die der Verringerung des Nährstoffgehaltes dienen, nicht gravierend beeinträchtigt werden. Vielmehr gilt es, die Nutzung durch die Bevölkerung und den Naturschutzgedanken gleichermaßen zu berücksichtigen und ein vernünftiges Miteinander beider Interessen zu ermöglichen. Des weiteren schränkt die Nutzung als Badesee auch die Vielfalt der Maßnahmen ein, die in Baggerseen zur Erlangung eines nährstoffärmeren Zustandes angewandt werden können. Diese Maßnahmen dürfen sowohl die Freizeitnutzung als auch die Biozönose in den Seen nicht gefährden. Deshalb sind eher moderate Maßnahmen vorzunehmen. Hierbei stellt sich die Frage, sind solche Maßnahmen ausreichend, um den langfristigen Erhalt des Ökosystems Baggersee zu sichern?

Prinzipiell sollte der trophische Zustand von Badegewässern ein mesotropher sein, schwach eutrophe Bedingungen werden als „noch tolerierbar“ angesehen (BERNHARDT & CLASEN 1982). Folglich sollten diese Nährstoffbedingungen Leitbild der Reoligotrophierung an einem Badesee sein. Unter solchen Voraussetzungen wird die Badenutzung im Allgemeinen nicht durch die Verletzung von gesetzlichen Grenzwerten, wie beispielsweise der Sichttiefe, eingeschränkt. Zudem kann sich bei mesotrophen Nährstoffverhältnissen (vgl. Tab. 1) eine vielgestaltige Biozönose, inklusive eines stabilen Makrophytenbestandes, ausbilden. Dies ist wichtige Voraussetzung für eine Stabilisierung des Systems und wirkt damit auch Nutzungseinschränkungen entgegen. Das scheinbare Spannungsfeld zwischen Freizeitnutzung der Bevölkerung und Naturschutz an einem See löst sich somit teilweise auf. Beide Ziele erfordern gewisse Mindestanforderungen an die Seewasserqualität und sollten zu einer Begrenzung des Nährstoffeintrages führen.

Die vorliegende Arbeit befasst sich mit der Analyse der Nährstoffbelastung, dem darauf aufbauend entwickelten Sanierungs- und Restaurierungskonzept, den durchgeführten Maßnahmen sowie mit den resultierenden Veränderungen im Nährstoffhaushalt und in der Biozönose des anthropogen geprägten Willersinnweihers.

## 1.1 Ziele der Arbeit

Anlass für das Projekt waren deutliche Eutrophierungserscheinungen am Willersinnweiher/ Ludwigshafen, die zeitweise zu erheblichen Nutzungseinschränkungen insbesondere des Badebetriebs führten (näheres s. Kapitel 3). Basierend auf eigenen Messungen und auf Daten des Landesamtes für Wasserwirtschaft/ Rheinland-Pfalz wurde in Zusammenarbeit mit der Stadt Ludwigshafen und dem Planungsbüro Weissmann Ökologiemanagement (Waldsee) ein Sanierungs- und Restaurierungskonzept erarbeitet (vgl. Kapitel 4), mit dessen Realisierung ab 1996 teilweise begonnen wurde. Ziel dieser Maßnahmen ist es, den Nährstoffhaushalt und daraus resultierend die gesamte Biozönose im See positiv zu beeinflussen. Der allgemein schlechte Zustand des Willersinnweihers, der sich in geringen Sichttiefen, großen anoxischen Bereichen, starker Schwefelwasserstoffbildung etc. ausdrückt, soll verbessert und der See längerfristig als Naherholungsgebiet und als funktionierendes Ökosystem erhalten bleiben. Im Jahr 1996 konnte noch keine wesentliche Verbesserung der Situation registriert werden. Bereits 1997 und in den darauffolgenden Jahren wurden überraschend weitreichende Veränderungen sowohl in den Nährstoffströmen als auch bei der biotischen Entwicklung im See festgestellt.

Die Untersuchungen zum Verlauf der Reoligotrophierung am Willersinnweihers tragen einer holistischen Betrachtungsweise Rechnung. Sie umfassen demzufolge nicht nur die detaillierte raum-zeitliche Analyse der Veränderung steuernder physikalischer und chemischer Parameter des Seewassers sondern auch die Seesedimente. In ihnen werden durch Sedimentationsprozesse Nährstoffe gespeichert und somit dem biotischen Umsatz zunächst entzogen. Andererseits kann dieser Nährstoffspeicher teilweise remobilisiert werden, so dass sich insbesondere unter den Bedingungen eines gesunkenen Eintrags aus dem Einzugsgebiet ein erheblicher negativer Einfluss auf die Trophie und die Stabilität des Ökosystems ergeben kann. Neben diesen abiotischen Kompartimenten werden zudem die Veränderungen auf den verschiedenen trophischen Ebenen der Biozönose des Sees im Zuge der durchgeführten Reoligotrophierungsmaßnahmen differenziert untersucht. Die Lebensgemeinschaft hat einerseits selbst Einfluss auf die Trophie (v.a. Fische); sie wird aber andererseits auch durch die Veränderung der Nährstoffbedingungen geprägt.

Die ökosystemare Betrachtung ermöglicht detailliertere Einblicke in die Wirkungsmechanismen der Reoligotrophierung, als die häufig praktizierte alleinige Berücksichtigung weniger chemischer Parameter. Die hier gewonnenen Ergebnisse zum Verlauf der Reoligotrophierung können damit beispielhaft für viele, im Vergleich zu natürlichen Seen extrem junge Gewässer sein. Diese Seen sind aufgrund der starken anthropogenen Überprägung ihres Umfeldes und infolge der direkten Nutzung teilweise von einer extrem raschen Veränderung ihrer Nährstoffverhältnisse bedroht. Dies führt zu erheblichen Belastungen und Bedrohungen der Biozönose aber auch zu Nutzungseinschränkungen.

Ein Ziel der vorliegenden Arbeit besteht einerseits in einer Analyse der eutrophierungsrelevanten Parameter am Willersinnweiher. Diese können als exemplarisch für viele Baggerseen im Oberrheingraben angesehen werden, da dieser See typische, die Eutrophierung beeinflussende Charakteristiken aufweist, wie beispielsweise die gleiche Geologie des Einzugsgebietes, ein stark anthropogen geprägtes Einzugsgebiet, eine ähnliche Morphologie und typische Nutzungsstrukturen. Die Untersuchungen aus dem Jahr 1996 und die Daten des Landesamtes für Wasserwirtschaft in Rheinland-Pfalz, aus den vorangegangen Jahren werden herangezogen und als Ausgangssituation für die eingeleiteten Maßnahmen beleuchtet. Sie dienen gleichzeitig der Erfolgskontrolle.

Ein weiterer Schwerpunkt besteht in der Darstellung der durchgeführten Sanierungs- und Restaurierungsmaßnahmen. Welche Entscheidungskriterien waren für die Auswahl der Maßnahmen von Bedeutung und mit welchem Leitbild wurden diese durchgeführt? Darauf aufbauend sollte bei Sanierungs- und Restaurierungsmaßnahmen, wie bei allen Eingriffen in Ökosysteme, eine Erfolgskontrolle durchgeführt werden. Daraus ergibt sich ein weiterer Schwerpunkt: Sind die Ziele am Willersinnweiher in der erwarteten Form erreicht worden oder besteht noch ein weitergehender Handlungsbedarf?

Ausgangspunkt für die Sanierungs- und Restaurierungsmaßnahmen war die Annahme, dass gemäß dem „bottom-up-Konzept“, die Verringerung der Nährstoffeinträge die Primärproduktion des Phytoplanktons im See stärker limitiert. Dementsprechend wird zunächst das Hauptaugenmerk auf die Möglichkeiten der Reduzierung von Nährstoffeinträgen in den See gelenkt. Soweit möglich, werden die wichtigsten Eintragsquellen in den See vermindert. In Folge des verringerten Algenwachstums werden bessere Sicht- und Sauerstoffverhältnisse im See erwartet. Auch die Zusammensetzung des Algenspektrums sollte mit der Reduktion der Nährstoffumsätze im See verändert werden; von einer Dominanz fädiger Blaualgen hin zu besser durch das herbivore Zooplankton kontrollierbaren Taxa, wie Chlorophyceen (Grünalgen). Da die Biozönose bei Reoligotrophierungsvorhaben häufig keine allmähliche Veränderung sondern sprunghafte Reaktionen zeigt, stellt sich die Frage nach der Existenz von Schwellenwerten. Die Veränderung des Phytoplanktons in einem See von der einseitigen

Dominanz der Blaualgen, hin zu einer vielfältigen Algensukzession, wird in der Literatur vielfach mit der Unterschreitung eines Phosphorschwellenwertes erklärt (SAS 1989, MUR 1993, CHORUS 1995, GÜDE et al. 1995). Muss auch im Willersinnweiher ein Phosphor-Schwellenwert unterschritten werden, damit die Blaualgendominanz unterbunden wird und eine vielfältigere Sukzession des Phytoplanktons erreicht wird?

In diesem Zusammenhang ist der Einfluss von internen Steuerungsfaktoren zu diskutieren. Neben der bottom-up-Kontrolle steuern im See auch top-down-Prozesse, die vom Ende des Nahrungsnetzes in Richtung der Primärkonsumenten wirken. Ein weiterer Ansatzpunkt der Restaurierung ist deshalb die Kontrolle des Fischbestandes. Hierbei soll mit gezielten Befischungs- und Besatzmaßnahmen ein ausgewogenes Friedfisch/ Raubfisch-Verhältnis im See herbeigeführt werden. Dadurch wird das herbivore Zooplankton gestärkt und damit dessen Fähigkeit der Kontrolle des Phytoplanktons. Der Förderung diese Ziels dient u.a. auch die Anlage von Flachuferbereichen im See, da diese die natürliche Reproduktion der anspruchsvollen Raubfische unterstützt (DVWK 1992, ROTHAUPT 1998).

Seen unterliegen als sehr dynamische Ökosysteme komplexen Wechselwirkungen biotischer und abiotischer Faktoren, die sich auf die Wasserqualität und Gewässerbiologie auswirken (LAMPERT & SOMMER 1999). LIBES (1992) bezeichnet diese komplexen Beziehungen zwischen biologischen, geochemischen und physikalischen Prozessen mit dem Begriff „Biogeochemie". Dementsprechend sollten sich Veränderungen einer Größe in diesem Wirkungssystem auf weitere Teilbereiche im Ökosystem durchpausen. Mit der Verringerung des Phosphoreintrags im Zuge der Sanierungsmaßnahmen am Willersinnweiher sollte erwartungsgemäß nicht nur die in direkter Wechselwirkung befindliche Algenbiomasse Reaktionen zeigen, sondern auch weitere Teile des biogeochemischen Komplexes im See wie der Sauerstoff-, Stickstoff- und Schwefelhaushalt beeinflusst werden. Folglich liegt ein Kernpunkt der Arbeit in der Darstellung und Bewertung der Veränderungen im biogeochemischen Komplex des Sees.

Die Seesedimente greifen als temporäre Nährstoffspeicher stark in den Nährstoffhaushalt und damit in das biotische Geschehen im See ein. Am Sempachersee war beispielsweise die saisonale Anreicherung von Phosphor durch Rücklösungsprozesse aus den Sedimenten höher als der jährliche Eintrag aus dem Einzugsgebiet (12-15 t aus dem Sediment gegenüber 8,5 aus externen Quellen; HUPFER & GÄCHTER 1995). Im Rahmen von Sanierungsmaßnahmen sind deshalb die Sedimente oftmals ein stabilisierendes Element eutropher Bedingungen und wirken einer Reoligotrophierung durch die Remobilisierung von Nährstoffen, die ins Wasser abgegeben werden, entgegen. Welchen Einfluss haben die Sedimente als Nährstoffpool im Willersinnweiher? Wirken sie einem Erfolg der durchgeführten Maßnahmen entgegen oder können sie wirkungsvoll als Nährstoffallen fungieren und somit einen beschleunigenden Einfluss in Richtung Reoligotrophierung ausüben?

Meteorologische Faktoren beeinflussen die in Seen ablaufenden Prozesse in bedeutendem Umfang. In Rheinland-Pfalz kippten beispielsweise 1975 mehrere Baggerseen um, als nach einem warmen Sommer die Herbststürme plötzlich einsetzten (SCHARF et al. 1992). Aber auch die weniger extremen annuellen Variabilitäten des Lufttemperaturverlaufes oder der Windgeschwindigkeiten bewirken in jedem Jahr variierende Schichtungsbedingungen. Daraus resultieren beispielsweise differierende Voraussetzungen für die Sukzession des Phytoplanktons (SOMMER 1994) aber auch für die Speicherung von Phosphor in den Sedimenten und deren teilweisen Remobilisierung (SCHERNEWSKI 1999). Welche Einflüsse besitzen diese Faktoren im Willersinnweiher, d.h. wie groß ist die natürliche Variabilität der biogeochemischen Prozesse im Willersinnweiher und lässt sich auf der Basis der aufgenommenen Daten deren Wirkung von den eigentlichen Sanierungs- und Restaurierungsfolgen trennen. Ferner besteht aufgrund der großen Dynamik limnischer Systeme (SCHERNEWSKI 1999) die Frage nach den Einflüssen der Probennahmefrequenz auf die Untersuchungsergebnisse.

Veränderungen, die im Zuge der Sanierungs-/ Restaurierungsmaßnahmen am Willersinnweiher vonstatten gingen, werden aufgezeigt und Erklärungsansätze für diese Entwicklung geboten. Zwar wurden im Vorfeld der Maßnahmen Entwicklungsziele formuliert, die tatsächliche Wirkung von Eingriffen im sehr komplexen Ökosystem See gelingt bisher aber mit keinem zu Verfügung stehenden Modell. So kommentieren GÜDE et al. (1995) ihre Erfahrungen aus dem „Aktionsprogramm zur Sanierung Oberschwäbischer Seen" mit den Worten: „Vielmehr ist wegen der komplexen ökosystemaren Zusammenhänge stets auch mit überraschenden Entwicklungen zu rechnen, die - wenn überhaupt - nur im nachhinein erklärt werden können."

## 1.2 Stand der Forschung

Dieses Kapitel gibt einen Abriss über den Forschungshintergrund der Arbeit. Inhalt ist zunächst die allgemeine Entwicklung der limnologischen Forschung, unter besonderer Berücksichtigung des Gewässerbeurteilung auf der Basis von trophischen Schlüsselparametern. Im weiteren wird der Schwerpunkt insbesondere auf die Reoligotrophierung stehender Gewässer gelegt. Die genauere Darstellung einzelner Forschungsergebnisse wird im Vergleich mit den hier gewonnenen Ergebnissen im Rahmen der Diskussion stattfinden.

Die Limnologie als Wissenschaft wurde von F. A. FOREL (1841-1912) begründet. Er untersuchte den Genfer See in bis dahin nicht gekannter umfassender Weise und formulierte sein Konzept über Seentypen. THIENEMANN (z. B. 1921, 1882-1960) arbeitete am Ausbau des Seentypensytems. Bereits 1931 stellten er und auch RUTTNER (1931) den Einfluss der Seetiefe und der Morphologie des Beckens auf den Sauerstoffgehalt und die Produktivität fest. Die mittlere Tiefe im See bestimmt wesentliche Parameter mit produktionssteuernden Einflüssen, wie die Lichtverfügbarkeit und Mischungstiefe. Je geringer die mittlere Tiefe eines Sees (Verhältnis von Volumen zur Oberfläche) desto größer der Volumenanteil im See, in dem Photosynthese möglich ist. In unserem Klima kann sich im Sommer in Seen mit größerer Tiefe aufgrund der geringen Wärmeleitfähigkeit von Wasser eine Temperaturschichtung aufbauen, die den Stoffhaushalt extrem beeinflusst. Die Tiefenlage der Thermokline hängt neben meteorologischen Faktoren auch von der Turbulenz im Epilimnion und damit von der mittleren Tiefe ab. Die Ausbildung einer Temperatur-Sprungschicht (Thermokline) sorgt für eine geringere Produktivität im See, da durch Sedimentationsprozesse Nährstoffe in das Tiefenwasser verfrachtet werden. Dort stehen sie während der Sommerstagnation der Bioproduktion größtenteils nicht zur Verfügung. Morphometrische Eigenschaften können somit die Produktivität stärker begrenzen, als dies allein durch den Nährstoffgehalt zu erwarten wäre. In jüngerer Zeit versuchen FEE et al. (1994) die genaueren Zusammenhänge zwischen Produktivität und Morphometrie zu ermitteln. Auch die Beziehungen zwischen Wassertemperatur und Trophie steht im Zentrum einiger Untersuchungen (VARIS et al. 1989, SEIP 1994).

Zur Geschichte der Limnologie wurde von ELSTER (1974) ein umfangreicher Übersichtsartikel verfasst, weshalb dieses Thema hier nicht weiter vertieft werden soll.

### 1.2.1 Geschichte der Trophieforschung

Für Bewertung von Gewässern ist der Begriff der „Trophie" von entscheidender Bedeutung. Die Trophie ist definiert als die Intensität der organischen photoautotrophen Produktion (ELSTER 1958), d.h. der pflanzlichen Produktion von organischer Substanz. Sie bildet die Ernährungsgrundlage aller anderen höheren Lebewesen im Gewässer.

Als unerwünschte Begleiterscheinung der landwirtschaftlichen und industriellen Entwicklung ist eine rasante Eutrophierung zahlreicher Gewässer festzustellen. Stehende Gewässer sind von dieser Entwicklung im besonderem Maße betroffen (KOSCHEL 1995). Da Seen generell als Nährstoffallen fungieren, ist die Eutrophierung im Prinzip ein natürlicher Prozess (LINDEMANN 1942), der allerdings aufgrund der massiven anthropogenen Einflussnahme extrem beschleunigt auftreten kann. Das Resultat sind erhöhte Nährstoffgehalte in den Oberflächengewässern und in der Folge eine Zunahme der Primärproduktion in Gewässern. Seen können aufgrund dieser hohen Empfindlichkeit als Indikatoren für die anthropogene Belastung ihrer Umwelt dienen (SIGG & STUMM 1994).

Zur Klärung der Frage, welche Nährstoffe in aquatischen Gewässern eine zentrale Rolle besitzen, unternahm JOHNSTONE (1908, zitiert in REDFIELD 1934) erste systematische Untersuchungen. Aus der chemischen Zusammensetzung aquatischer Pflanzen folgerte er die wichtige Rolle von Phosphor und Stickstoff als Wachstumsfaktor. Auch ATKINS (1923) bestätigte Phosphor als limitierendes Element, was allerdings lange Zeit heftig umstritten war. OHLE (1934) untersuchte in norddeutschen Seen das Problem der Wachstumslimitierung und stellte nur zum geringeren Teil eine Limitierung durch Phosphor fest. Bereits in den 30er Jahren wurden auch in Deutschland groß angelegte Feldexperimente zu den Ursachen der Eutrophierung durchgeführt (EINSELE 1941 am Schleinsee), da der Zusammenhang zwischen der Produktivität von Gewässern und den Phosphoreinträgen insbesondere durch häusliche Abwässer erkannt wurde. Schon zu dieser Zeit wurden auch Maßnahmen zur Bekämpfung von Eutrophierungserscheinungen gefordert (STANGENBERG 1942, THOMAS 1953).

Seit den 50er Jahren tritt das Problem des massiven Phosphoreintrags in Gewässer und die resultierende Eutrophierung verstärkt ins öffentliche, aber auch ins wissenschaftliche Bewusstsein, was eine Vielzahl von Veröffentlichungen aus dieser Zeit belegen. Ein wichtiger Meilenstein in der weiteren Trophieforschung war das internationale Programm der OECD. In deren Auftrag verfasste R. VOLLENWEIDER (1968) auf der Basis bereits existierender Untersuchungen einen Bericht zum Kenntnisstand über Ursachen und Bekämpfungsmöglichkeiten von Eutrophierungserscheinungen an Seen, in dem die zentrale Bedeutung von Phosphor im Seeökosystem konstatiert wird. Weiterhin wurde noch immer über die Bedeutung von Stickstoff oder Kohlenstoff als Schlüsselelemente diskutiert (LIKENS 1972). Die Experimente am Vierwaldstättersee (GÄCHTER 1968) und am kanadischen Versuchssee 227 (SCHINDLER et al. 1971, SCHINDLER 1974) bekräftigen die exponierte Stellung von Phosphor im Seeökosystem. In der Folge wurde 1973 das OECD-Projekt ausgedehnt, neue Daten einbezogen und ein eigenes Untersuchungsprogramm initiiert, bei dem weltweit 144 Seen und Talsperren untersucht und die Ergebnisse statistisch ausgewertet wurden (VOLLENWEIDER & KEREKES 1980, 1982). Ergebnis war das sog. Vollenweider- oder OECD-Modell. Es erlaubt die Prognose der Trophieentwicklung eines Sees auf der Basis der eingetragenen Phosphorfracht im Jahr, bezogen auf die Seefläche. Ein weiteres Resultat war die Möglichkeit zur Ermittlung des Trophiegrades eines Sees mit Hilfe der Schlüsselvariablen Jahresmittelkonzentrationen von Gesamt-Phosphor, Chlorophyll a-Konzentrationen und Sichttiefe. Seit dieser Zeit wurde der Stickstoff als limitierender Faktor der Primärproduktion in Seen zunehmend in den Hintergrund gedrängt.

Trotz des engen Zusammenhangs von Phosphorkonzentration und pflanzlicher Produktion in den meisten Gewässern, existieren in einer Minderheit von untersuchten Seen auch Stickstofflimitierung (ALDRIDGE et al. 1993, SOMMER 1989). In jüngerer Vergangenheit wird dem Stickstoff erneut mehr Aufmerksamkeit gewidmet. ELSER et al. (1990) üben deutliche Kritik an den früheren Experimenten, die ihrer Ansicht die Bedeutung von Stickstoff unterschätzen. Einige Autoren nehmen eine Colimitierung beider Elemente (McCAULEY & DROWNING 1991, SEIP 1994) oder auch eine zumindest zeitweise Begrenzung der Primärproduktion (einiger Taxa) durch weitere Elemente (Fe, Si, C) an (STEINBERG & MELZER 1984, LEHMAN et al. 1975).

Der Zusammenhang zwischen Nährstoffangebot und Trophie (bottom-up-Kontrolle) war also schon recht früh bekannt. Nur wenige Forschergruppen begannen in den 60er Jahren mit der Erforschung der top-down-Steuerung der Primärproduktion. Die Bedeutung von Fischen und Zooplankton für das Algenwachstum erforschten zu dieser Zeit HRBÁCEK (1962) in der CSSR und SHAPIRO (z.B. SHAPIRO et al. 1975, SHAPIRO et al. 1982) in den USA. Im Zusammenhang mit diesen Untersuchungen waren nun auch genauere Kenntnisse über die komplexen biotischen Beziehungen in Seen erforderlich. Die rein stochastische Einstufung der Trophie auf der Basis von Nährstoffkonzentrationen wurde als zu vereinfachend und ungenau bewertet.

### 1.2.2 Trophiemodelle

Die Abstufung des Nährstoffgehaltes von Gewässern mit den Begriffen „eutroph", „mesotroph" und „oligotroph" wurde von WEBER (1907) eingeführt und bezog diese auf die Nährstoffbedingungen in Bodenlösungen norddeutscher Moore. In die Limnologie wurde diese Terminologie, mit Bezug auf die Nährstoffgehalte und Planktongesellschaften, einige Jahre später durch NAUMANN (1919, zitiert in MÜLLER 1997) übertragen. In den 60er Jahren plädiert HUTCHINSON (1969) für eine ganzheitliche Betrachtungsweise des Eutrophierungsbegriffs, die das gesamte System, also nicht nur das Seewasser, sondern auch die Einzugsgebiete und die Seesedimente einbezieht.

Die Ermittlung des Trophiegrades eines Gewässers kann mit Hilfe verschiedener multivariater Modelle durchgeführt werden (vgl. Tab. 1). Die am meisten verwendeten Parameter sind die Konzentration von Gesamtphosphor (TP), Gesamtstickstoff (TN) und Chlorophyll a sowie die Sichttiefe (SD). Es wurden aber auch univariate Modelle entwickelt, die beispielsweise nur Chlorophyll a als Parameter verwenden. Die Grenzen zwischen den einzelnen Trophiestufen sind häufig fließend (z.B. „OECD open-boundary-System") und können von Modell zu Modell durchaus sehr verschiedene Werte annehmen (z.B. Phosphorgrenzwerte zwischen meso- und eutroph im LAWA-Modell und im Vergleich DVWK-Modell)(vgl. Tab. 1, S. 8).

Eine weitere Möglichkeit der Bewertung besteht darin, die Belastung eines Sees mit Hilfe hydraulischer und morphometrischer Faktoren zu bestimmen. Dies ermöglicht Prognosen der trophischen Entwicklung, auch in Verbindung mit Sanierungsmaßnahmen. VOLLENWEIDER (1968, 1969, 1979) verwendet die Phosphorbelastung der Zuflüsse in Verbindung mit der mittleren Tiefe und der Verweilzeit des Wassers im See und ermittelt daraus tolerierbare Phosphorbelastungsgrenzen für jeden See. Darüber hinaus definiert er eine „kritische" und eine „gefährliche" Belastung. Die kritische Belastung liegt demnach am Übergang vom oligotrophen zum mesotrophen Zustand, was einem TP-Gehalt im Seewasser von 10 $mg/m^3$

entspricht (=0,01 mg/l). Die kritische Belastung beginnt dagegen beim doppelten Wert (20 mg/m$^3$= 0,02mg/l).

Neben diesen statistischen Modellen existieren auch dynamische Modelle für einzelne Seen (z.B. Baldegger See: IMBODEN & GÄCHTER 1978, Bodensee-Obersee: BÜHRER 1993, Luganersee: KARAGOUNIS 1992, Lake Glumsø: KAMP-NIELSEN 1986). Eine zusammenfassende Darstellung der bis Ende der 80er Jahre entwickelten Seemodelle findet sich in KARAGOUNIS 1992, neuere Entwicklungen werden in JOERGENSEN et al. 1996 dargestellt. Eine detaillierte Darstellung der bestehenden Modelle würde aufgrund von deren Komplexität und Vielfalt den Rahmen dieses Kapitels sprengen.

Trotz aller Bemühungen stellen KUMMERT & STUMM (1989) fest, dass trotz aller bis dahin erfolgten limnologischen Forschungen, alle entwickelten Modelle unbrauchbar sind, um qualitative Aussagen zu machen; beispielsweise welche Algenart, wann eine Massenentwicklung bildet.

**Tab. 1: Trophiemodelle im Vergleich**

| | OECD (1982) (fixed boundary System) | | | | |
|---|---|---|---|---|---|
| **Trophiegrad** | **mittl. TP[1] (µg/l)** | **mittl. Chl a[1,2] (µg/l)** | **max. Chl a (µg/l)** | **mittl. SD[1] (m)** | **min. SD (m)** |
| **ultra-oligotr.** | ≤ 4 | ≤ 1 | ≤ 2,5 | ≥ 12 | ≥ 6 |
| **oligotroph** | 4 - 10 | 1 - 2,5 | 2,5 - 8 | 12 - 6 | 6 - 3 |
| **mesotroph** | 10 - 35 | 2,5 - 8 | 8 - 25 | 6 - 3 | 3 - 1,5 |
| **eutroph** | 35 - 100 | 8 - 25 | 25 - 75 | 3 - 1,5 | 1,5 - 0,7 |
| **hypertroph** | ≥ 100 | ≥ 25 | ≥ 75 | ≤ 1,5 | ≤ 0,7 |
| | [1] Jahresmittelwerte | [2] euphotische Zone | | | |

| | DVWK (1992) (µg/l) | | | | Schröder & Schröder (1978) (µg/l) | LAWA-Entwurf 1998 f. geschichtete Seen (leicht vereinfacht) | | |
|---|---|---|---|---|---|---|---|---|
| **Trophie-grad** | **mittl. Ges. P** | **Chl a (mittl. trophog. Z.)** | **hypol. $O_2$* (%)** | **Chl a** | **Chl a** | **Chl a[1] (µg/l)** | **SD[1] (m)** | **P[2] (µg/l)** |
| **oligotroph** | < 14 | < 3 | > 70 | <3,5 | <3,5 | < 3 | > 5,9 | < 15 |
| **mesotroph** | 14 - 45 | 3 - 8 | 30 - 70 | 3,5 - 7 | 4,3 - 8,8 | 3 – 10 | < 2,4 – 5,9 | >15 – 45 |
| **eutr. (1)** | >45 - 160 | >8 - 25 | 0 - 30 | >10 - 40 | >7 | 10 – 20 | < 1,5 – 2,4 | >45 – 85 |
| **eutr. (2)** | | | | | | 20 – 35 | < 1,0 – 1,5 | >85 – 150 |
| **polytr. (1)** | > 160 | > 25 | 0[+] | | | 35 – 60 | 0,6 – 1,0 | >150 – 230 |
| **polytr. (2)** | | | | | | 60 – 100 | < 0,6 | >230 |
| | * am Ende der Sommerstagnation<br>+ bereits im Frühsommer | | | | | [1] Sommermittelwert im Epilimnion (ohne Klarwasserphase)<br>[2] Frühjahreszirkulation | | |

Die meisten der gängigen Modelle ziehen die gleichen Schlüsselvariablen für die Beurteilung der Trophie heran. TP-, TN-, Chlorophyll a-Konzentration und die Sichttiefe werden demnach allgemein als besonders sensible Parameter gesehen. Die Bewertung der Grenzen zwischen den einzelnen Trophiestufen können jedoch in den verschiedenen Modellen beträchtlich variieren.

### 1.2.3 Die Rolle der Sedimente im Nährstoffhaushalt

Die Sedimente in Seen können als interner Nährstoffspeicher eine entscheidende Rolle im Nährstoffhaushalt spielen. Insbesondere in eutrophen geschichteten Gewässern findet aufgrund der erhöhten Primärproduktion und des daraus resultierenden Sauerstoffmangels im Hypolimnion ein vollständiger Abbau der abgestorbenen organischen Substanz nicht statt. Im Verlauf der Jahre entstehen nährstoffreiche organische Sedimentschichten, wobei die Phosphorkonzentration in den Sedimenten häufig drei Größenordnungen höher als im Seewasser liegt (HUPFER 1995). Ein weiterer wichtiger Prozess der Phosphor-Sedimentation kann in Hartwasserseen die Calcitfällung sein (ROSSKNECHT 1980, KASPRZAK et al. 1993a). Bei starker $CO_2$-Zehrung durch die Pflanzen, also insbesondere in eutrophen Seen, bilden sich Calcitkristalle, in die Phosphor eingelagert werden kann. Da diese schnell sedimentieren, wird der Phosphor der weiteren Nutzung durch Primärproduzenten entzogen (OTSUKI & WETZEL 1972, KOSCHEL et al. 1983, KLEINER 1990). Ermöglicht werden diese Fällungsprozesse erst durch die Existenz von Kristallisationskeimen, beispielsweise Phytoplankton. Am Bodensee werden nach Berechnungen von KLEINER (1988) mit der Calcitfällung ca. 35% des Gesamtphosphors aus dem Epilimnion mitgefällt. Dadurch wird einerseits die Primärproduktion erheblich eingeschränkt, andererseits entstehen nährstoffreiche Sedimente. KLEINER & STABEL (1989) ermitteln im Jahresdurchschnitt einen Anteil der Calcitfällung am Phosphorflux vom Seewasser in das Sediment des Bodensees mit ca. 50 %. Die andere Hälfte entfällt am Bodensee auf abgestorbenes Phytoplankton, während fluvial eingetragene Sedimente ebenso wie abgestorbenes Zooplankton einen untergeordneten Anteil einnehmen.

Die Bindung und Umsetzung von Phosphor in den Sedimenten wird von deren Zusammensetzung und den chemisch-physikalischen Bedingungen der Umgebung gesteuert. Umfangreiche Forschungen von EINSELE zeigten bereits 1936, dass bei guter Sauerstoffversorgung im See, durch eine oxidierte Grenzschicht zwischen Sediment und Wasser, die Phosphorionen als Eisenphosphate oder Eisenhydroxidverbindungen im Sediment gebunden bleiben und nicht ins Wasser freigesetzt werden. MORTIMER ergänzte 1941 dieses Modell durch die Erkenntnis, dass bei anaeroben Bedingungen die Reduktion der Sedimentoberfläche zu einer schnellen Freisetzung von Phosphor aus dem Sediment führen kann. Dementsprechend ist das Sediment bedeutender Reaktionskörper im See, an dem sich im jahreszeitlichen Wechsel der Sauerstoffbedingungen eine hohe Reaktionsaktivität einstellen kann. Zahlreiche Labor- und Feldexperimente bestätigen die Ergebnisse von EINSELE und zeigen, dass eine aerobe Sedimentoberfläche als Diffusionsbarriere wirkt. Damit kann im Sediment mehr Phosphor gebunden werden als unter anaeroben Bedingungen (s. Übersichtsartikel in BOSTRÖM et al. 1982). Unter anaeroben Bedingungen wird das dreiwertige Eisen reduziert, wodurch eine Freisetzung von zweiwertigem Eisen und Phosphor ausgelöst wird. Nach BESCH et al. (1992) ist ein Mindestgehalt von 4 mg/l Sauerstoff im Wasser notwendig, um Phosphor dauerhaft im Sediment festzulegen.

Die Theorie der ausschließlich anaeroben Phosphorfreisetzung war lange unangefochten, so dass die limnologische Forschung auf diesem Gebiet fast ruhte. Seit Beginn der 70er Jahre ist aus zahlreichen neuen Veröffentlichungen ein wiederbelebtes Interesse an den Seesedimenten zu erkennen. Die Bedeutung von Remobilisierungsprozessen unter aeroben Bedingungen wurde erkannt und ergänzte das traditionelle Einsele-Mortimer-Modell wesentlich (TESSENOW 1972, ANDERSON et al. 1975, Übersicht bei STEINBERG 1989). Auch die Rolle von Organismen beim Phosphorumsatz wird zunehmend beachtet. Sedimentbakterien können unter aeroben Bedingungen Phosphor speichern und diese bei der Veränderung zu anaeroben Verhältnissen wieder freisetzen (WAARA et al. 1993, GÄCHTER et al. 1988).

Die Bewertung des Freisetzungspotentials von Phosphor aus den Sedimenten erfordert Kenntnisse über die im Sediment vorliegenden organischen und anorganischen Bindungsformen des Phosphors (HUPFER 1995), auch wenn bislang die Kenntnisse über den Zusammenhang noch nicht gesichert sind. Sie werden heute im Allgemeinen mittels sequenzieller Extraktionsverfahren nach PSENNER et al. (1984b) untersucht. Studien zeigen allerdings, dass kein einfacher Zusammenhang zwischen Phosphorgehalt des Sediments und Trophie des Sees besteht (Auswertung verschiedener Fallstudien in SAS 1989, HUPFER 1995). Der Phosphorgehalt des Sedimentes erlaubt jedoch eine eingeschränkte Prognose des Sedimentverhaltens (KLEEBERG 1995), weshalb die Sedimente eines Sees im Zuge von Reoligotrophierungsmaßnahmen stets untersucht werden sollten.

Aufgrund der mitunter wichtigen Bedeutung des Sediments als Phosphorquelle werden Bemühungen zur Verringerung des Nährstoffgehaltes von Seen mittels Eintragsverminderung oft zunichte gemacht. Viele Restaurierungsvorhaben an Seen zielen deshalb auf die Unterbindung der Nährstoffrücklösung aus dem Sediment. Hierfür stehen unterschiedliche Methoden zur Verfügung.

### 1.2.4 Sanierung und Restaurierung

Wie erwähnt, wurden schon in den 40er Jahren Maßnahmen zur Bekämpfung der Eutrophierung gefordert. Heute werden der Eutrophierung prinzipiell zwei Strategien, die Sanierung und die Restaurierung, entgegengesetzt (BENNDORF & KOSCHEL 1988, KLEE 1991, SCHARF et al. 1992, JAEGER & KOSCHEL 1995, HUPFER et al. 1997). Als wichtigster Schritt wird allgemein anerkannt die Senkung des Nährstoffeintrages aus dem Einzugsgebiet angesehen (**Sanierung** eines Gewässers). Als zweites können daraufhin Eingriffe in das Ökosystem selbst folgen. Deren Ziel ist die positive Beeinflussung der internen Nährstoffkreislaufe, die zu einer verbesserten Selbstreinigung des Ökosystems führen und somit die Eutrophierung zu vermindern (**Restaurierung**).

Trotz der teilweise hohen Effektivität von Eingriffen in den Stoffhaushalt stehender Gewässer überraschen die Reaktionen der Ökosysteme häufig, da das Verständnis der hochkomplexen Systemen bis heute nur bruchstückhaft ist. So reagieren diese teilweise mit erheblicher zeitlicher Verzögerung (KOSCHEL 1995, SAS 1989) auf Eingriffe. SCHAUMBURG (1995) sowie Güde et al. (1995) berichten dagegen von (unerwartet) schnellen Reaktionen.

Die Eintragsverminderung setzt bei der Verringerung punktueller und diffuser externer Belastungen an. So sind häufig Extensivierungsmaßnahmen in der Landwirtschaft im Einzugsgebiet eines Gewässers ein wichtiger Schritt (diverse Berichte der Eidgenössischen Anstalt für Wasserversorgung, Abwasserreinigung und Gewässerschutz, EAWAG; „Aktionsprogramm zur Sanierung Oberschwäbischer Seen“ z.B. GÜDE et al. 1995). Umfangreiche Untersuchungen zum Eintragspotential aus Flächen verschiedener Nutzung sind u.a. in HAMM (1991) sowie in SCHEFFER & SCHACHTSCHABEL (1998) zusammengetragen. Ebenso ist die Abwasserbelastung vieler Seen zum Teil beträchtlich. Eine Ableitung der Abwässer von Seeanliegern und aus dem Hinterland mittels Ringkanalisation wird häufig erfolgreich als Sanierungsmaßnahme durchgeführt (Tegern- und Schliersee in HAMM 1967, 1971; Zürichsee in THOMAS 1971, Lake Washington in EDMONDSON 1970, 1985, Norrviken in AHLGREN 1977, weitere Beispiele in SAS 1989). Ist ein Fernhalten des gesamten Abwassers nicht möglich, beispielsweise aufgrund der Größe des Sees am Bodensee oder infolge zu starker Eingriffe in das hydrologische System (HERING 1993), so kann dieses zumindest einer vorherigen Klärung mit Phosphor-Eliminations-Stufe zugeführt werden (Wahnbachtalsperre in BERNHARDT & CLASEN 1985, Bodensee in IGKB 1997, Zürichsee in SCHANZ 1994 weitere Beispiele in SAS 1989).

Nach einer Sanierung kann es aus verschiedenen Gründen (langsame Wasseraustauschraten, hohe interne Belastung durch die Sedimente, nicht angepasste Biozönose u.v.m.) nötig sein, die Reoligotrophierung des Sees durch Restaurierungsmaßnahmen zu unterstützen und zu beschleunigen. Nach der Analyse der internen Belastungssituation im betroffenen See ist eine gründlichen Abwägung der besten Maßnahmen aus einer Vielzahl von Möglichkeiten nötig. Die Tab. 2 stellt wichtige Restaurierungsmaßnahmen dar und nennt beispielhaft einige Autoren für jede Methode. Erläuterungen zur Funktionsweise der verschiedenen Methoden und Fallbeispiele zur Wirkung von Sanierung- und Restaurierungsverfahren werden u.a. DVWK (1988), KUCKLENTZ & HAMM (1988), KLEE (1991), SCHARF et al. (1992), KLAPPER (1992) sowie JAEGER & KOSCHEL (1995) dargestellt.

**Tab. 2: Restaurierung an Seen: Ziele, Verfahren und ausgewählte Beispiele**

| Art:<br>Ziel | Verfahren | Referenzen |
|---|---|---|
| **Nahrungskettenmanipulation:**<br>Förderung des Zooplanktons durch Beeinflussung der Fische=> Verminderung von Algen, Förderung der Makrophyten, Verbesserung des $O_2$-Haushalts | **Fischbesatz, Fischentzug** | HRBÁCEK 1962<br>SHAPIRO et al. 1975<br>SHAPIRO & WRIGHT 1984<br>BENNDORF 1988, 1990<br>KOSCHEL et al. 1993<br>LAMPERT 1983 |
| Nährstoffentzug | **Makrophytenernte** | BJÖRK 1972<br>NICHOLS & COTHAM 1972<br>SAMPL 1979 |
| **Verstärkung der Sedimentation:**<br>Kopräzipitation von Phosphor, Verminderung der P-Rücklösung aus den Sedimenten | **Calcitfällung** | MURPHY & PREPAS 1990<br>KOSCHEL 1990<br>RÖNICKE et al. 1995<br>DITTRICH 1998 (Kombination mit Tiefenwasserbelüftung) |
| | **Fällung mit $FeCl_3$ oder $AlCl_3$ etc.** | BANNIK & VAN DEN VLUGT 1978<br>STEINBERG & BUCKSTEEG 1980<br>RÖNNICKE & BAHR 1989<br>KEIL 1995 (Kombination mit Tiefenwasserableitung)<br>JAEGER 1995 (Kombination mit Belüftung) |
| **Erhöhung des Redoxpotentials:**<br>Verminderung der internen Nährstoffrücklösung durch Verbesserung der Sauerstoffsituation am Gewässergrund, teilweise direkter Nährstoffentzug | **Tiefenwasserableitung** | OLSZEWSKI 1961<br>GÄCHTER 1976<br>KLAPPER 1976<br>PECHLANER 1978, 1979<br>SCHARF 1984<br>KEIL 1995 (Kombination mit Fällung) |
| | **Frischwasserzuleitung** | OGLESBY 1968<br>REJIC 1978 |
| | **Zwangszirkulation** | SHAPIRO et al. 1982<br>STADELMANN 1988 (Kombination mit Sauerstoffeintrag)<br>TAGGART & MC QUEEN 1981, 1982<br>IMBODEN 1985<br>GÄCHTER et al. 1989 |
| | **hypolimnische Belüftung** | MERCIER 1949<br>BERNHARD 1974<br>ASHLEY 1983<br>STADELMANN 1988<br>GÄCHTER et al. 1989<br>KNOPF & ULRICH 1995<br>RÜMMLER & WALTER 1995 |
| | **Entschlammung** | BENGTSSON et al. 1975<br>HAMM 1975<br>BJÖRK 1985 |
| | **Sedimentabdeckung** | OHLE 1972<br>COOKE 1981 |
| | **Nitratinjektion** | RIPL 1976 |

Von den hier genannten, potentiell möglichen Verfahren zur Senkung der Nährstoffgehalte in Seen, konnten aufgrund verschiedener Voraussetzungen (z.B. Morphologie, Nutzung) am Willersinnweiher bereits frühzeitig einige ausgeschlossen werden. Eine Bewertung der möglichen Reoligotrophierungsmaßnahmen für grundwassergespeiste Baggerseen mit starker Freizeitnutzung wird in Kapitel 4 (S. 28ff.) vorgenommen.

Die Absenkung von Nährstoffkonzentrationen in Seen sollen nicht nur zur bloßen Verringerung der Primärproduktion und daraus resultierend zu Entlastung des Sauerstoffhaushaltes führen, auch auf eine Umstrukturierung der Biozönose wird gezielt. Die Verringerung der Nährstoffkonzentrationen führt zu einer Veränderung des Wettbewerbs in der Phytoplanktonbiozönose. Dominieren in nährstoffreichen Seen oftmals Cyanophyceen (Blaualgen), so werden diese im Zuge der Verringerung der verfügbaren Nährstoffe oftmals durch andere Algengruppen verdrängt (SOMMER 1994). Da Blaualgen für das Zooplankton kaum essbar und damit auch kaum zu kontrollieren sind, führt die Veränderung der Phytoplanktonsukzession auch zu Verschiebungen auf der Ebene des Zooplanktons, was wiederum auf die Fische und rückgekoppelt auf des Phytoplankton wirkt.

Ein immer wieder diskutiertes Phänomen im Zusammenhang mit der Reoligotrophierung von Seen ist die Persistenz limnischer Ökosysteme und die Existenz von Schwellenwerten (KAMP-NIELSEN 1986). Im Mittelpunkt steht die Frage, ob bei der Sanierung und Restaurierung stehender Gewässer bestimmte Schwellenwerte der Gesamtphosphor-Konzentration unterschritten werden müssen, bevor die Phytoplanktonbiomasse mit einem deutlichen Abwärtstrend reagiert. Des weiteren ist die Funktion des Sediments als Nährstoffspeicher und interner Dünger zu beachten. Seesedimente können nach dem Beginn von Maßnahmen über lange Zeit gespeicherte Nährstoffe an den Wasserkörper abgeben und so die TP-Menge auf unverändert hohem Niveau halten (RYDING & FORSBERG 1977). Auch ein nicht angepasstes Nahrungsnetz (mit zu hohem Friedfischanteil) trägt zur verzögerten Reaktion limnischer Systeme auf Sanierungsmaßnahmen bei (LAMPERT 1986).

# 2 Methoden

## 2.1 Erstellung eines Tiefenmodells mittels Echographie

Die möglichst exakte Vermessung der Seebeckenmorphometrie ist Voraussetzung für die Quantifizierung der Nährstoffströme. Mittels der analysierten Nährstoffkonzentrationen im Tiefenprofil des Sees und den zugehörigen Wasservolumina in der entsprechenden Tiefenschicht lassen sich die Bilanzen errechnen. Aber auch für die biotischen Prozesse ist der zeitliche Wechsel der Wasservolumina von Epilimnion und Hypolimnion ebenso von Bedeutung, wie die wechselnde Sedimentoberfläche in anaerobem Milieu. Mittels Echographie (Lowrance x-16 mit einem 8°-Schwinger) und DGPS (**D**ifferential **G**lobal **P**ositioning **S**ystem) wurde deshalb zu Beginn des Untersuchungsprogramms der See auf 26 Transsekten detailliert vermessen (vgl. Abb. 4, S. 24).

## 2.2 Zeitliche und räumliche Kriterien der Probennahme

Vom Boot aus wurde mittels Ansaugpumpe die Entnahme der Wasserproben für die chemischen Analysen sowie für die Bestimmung des Phyto- und Zooplanktons vorgenommen. Um eine Konstanz der Beprobungspunkte zu erreichen, wurden an repräsentativen Punkten fünf Bojen gesetzt. Dort wurde das Boot über die Zeitdauer der Beprobung fixiert, so dass eine allzu große Abweichung vermieden wurde. Im Verlauf der Untersuchungen zeigte sich eine große Ähnlichkeit der Beprobungspunkte, bzgl. physikalisch-chemischer und biologischer Parameter. Infolgedessen wurden die Beprobungen auf die mit ca. 20 m tiefste Stelle des Sees (Profil 2) sowie auf Profil 5 im äußersten Osten des kleinen Seeteils (vgl. Abb. 4) reduziert. Das Profil 2 kann als repräsentative Stelle für das Hauptbecken und Teile des Appendixes angesehen werden. Das Profil 5 sticht durch seine zeitweise beträchtlichen Stoffkonzentrationen (Schwefelwasserstoff, Nährstoffe etc.) in Grundnähe heraus, die sicherlich auf die Biozönose in diesem Bereich wirkt.

Die Beprobungen fanden im Frühjahr und Sommer 1996 in ca. 2-wöchigem Rhythmus statt, anschließend wurde auf ein etwa vierwöchentliches Intervall ausgedünnt, welches zur Erfassung der wesentlichen Veränderungen im See als ausreichend anzusehen ist. Auf das Problem des Einflusses der Probennahmefrequenz auf die Untersuchungsergebnisse wird in Kapitel 5.7 (S. 98) detaillierter eingegangen.

## 2.3 Physikalisch-chemische in-situ-Messungen

Die saisonale Variabilität einiger physikalisch-chemischer Parameter im See, wie etwa die Sauerstoffsättigung oder der pH-Wert können als Indikatoren für die Entwicklung der Nährstoffbedingungen herangezogen werden.

Die Messung der physikalisch-chemischen Parameter (vgl. Tab. 3) wurde mit einer Auflösung von einem Meter im Tiefenprofil vorgenommen. Aufgrund der Druckabhängigkeit der Sauerstofflöslichkeit wurde die Sauerstoffsonde mit Anströmhilfe direkt am Ansaugkopf befestigt und mit diesem versenkt. Sauerstoffsättigung und Sauerstoffgehalt wurden direkt in der entsprechenden Beprobungstiefe gemessen. Das Wasser wurde durch einen Ansaugkopf von 20 cm Durchmesser, der seitlich auf einer Ebene liegend perforiert war, angesaugt. Dieser Ansaugkopf diente gleichzeitig als Sichttiefenscheibe. Über einen Schlauch (Innendurchmesser 15 mm) wurde das Wasser kontinuierlich mittels Pumpe nach oben gefördert, wobei die Pumpleistung ca. 10 l/min betrug. Hier wurde es zunächst in ein Durchflussrohr geleitet in welchem die Messsonden für Leitfähigkeit, Temperatur, pH-Wert und die Trübe befestigt waren. Anschließend konnten aus einem Auslassschlauch die Proben für die chemischen und biologischen Untersuchungen entnommen werden. Ein zweiter Schlauch wurde zum Fluoreszenzphotometer geleitet. Das Fluoreszenzphotometer dient zu Ermittlung des Chlorophyll a-Gehaltes. Da nur relative Gehalte ausgegeben werden, erfordert diese on-line-Messung eine Eichung im Labor. Hierfür wurden bei jedem Beprobungstermin mehrere Eichproben entnommen, die möglichst den gesamten Messbereich des Tages umfassten.

**Tab. 3: Physikalisch-chemische in-situ-Messungen**

| **phys.-chem. Parameter** | **Messgerät** |
|---|---|
| Sauerstoffgehalt/ -sättigung | Fa. WTW Oxi 196 |
| Leitfähigkeit/ Temperatur | Fa. WTW LF 191 |
| pH-Wert | Fa. WTW pH 196 |
| Trübe | Dr. Lange HT 1 |
| relativer Chlorophyll a-Gehalt | Fluoreszenzphotometer Turner Designs 10 AU-005 |

## 2.4 Chemische Analytik der Wasserproben

Für die Beurteilung des Erfolges von Reoligotrophierungsmaßnahmen werden gemäß den gängigen Trophiemodellen (vgl. Tab. 1) neben dem Sauerstoffgehalt und biotischen Summenparametern (Chlorophyll a-Konzentration) insbesondere auch Nährstoffkonzentrationen im Seewasser herangezogen. Diese zeigen sowohl saisonal als auch im Vertikalprofil eine starke Dynamik, was eine engmaschige Probennahme erfordert.

**Tab. 4: Chemische Analyseverfahren**

| | **Element** | **Nachweis** | **Messgerät** |
|---|---|---|---|
| 1 | ortho-Phosphor | gemäß EN 1189:1996 Abschnitt 3 | Spektralphotometer PU 8730 UV/ VIS der Firma Philips |
| 2 | Gesamtphosphor | gemäß EN 1189:1996 Abschnitt 6 | s. 1 |
| 3 | $Ca^{2+}$, $Mg^{2+}$, $K^{+}$, $Na^{+}$ | gemäß DIN 38 406-E3 DIN 38 406-E13, DIN 38 406-E14 | Atomabsorptionsspektrometer AA-680 der Fa. Shimazu |
| 4 | Carbonat Hydrogencarbonat | Acidimetrische Titration gemäß Deutschem Einheitsverfahren D8 | |
| 5 | $NO_2^-$, $NO_3^-$, $Cl^-$, $SO_4^{2-}$ | gemäß EN ISO 10304-1 | Ionenchromatograph DX-100 Fa. Dionex mit LF- und UV-Detektor |
| 6 | Ammonium | gemäß DIN 38 406-E5-1 | s. 1 |
| 7 | Sulfid | gemäß DIN 38 405 -D 26 | s. 1 |
| 8 | Gesamtstickstoff | Mikrowellenaufschluss mit dem Oxidationsmittel Oxisolv® der Fa. Merck | nach Verdünnung ionenchromatographischer Nachweis, s. 5 |
| 9 | Chlorophyll a | gemäß United States Environmental Protection Agency (EPA) Method 445.0 aber ohne Ansäuern | Fluoreszenzphotometer 10-AU-005 Fa. Turner Designs |

Die Wasserproben für die chemischen und biologischen Analysen wurden in der Regel wenige Zentimeter unter der Wasseroberfläche beginnend jeden zweiten Meter im Tiefenprofil entnommen; Proben für die $H_2S$-Bestimmung bei Bedarf, d.h. wenn es olfaktorisch nachgewiesen werden konnte ($H_2S$-Geruch). Für die chemische Analyse der gelösten Verbindungen wurden Halbliterproben in PE-Flaschen entnommen, welche vor Ort mit 0,2 µm Cellulose-Acetat-Filter (Fa. Satorius), die zuvor mit destilliertem Wasser gespült wurden, filtriert und somit konserviert wurden. Für die Bestimmung des Gesamtstickstoffs (TN) und als Rückstellproben wurden 100 ml Probe entnommen und im Labor unmittelbar tiefgefroren. Ebenfalls in PE-Flaschen erfolgte die Probennahme für die Bestimmung von Gesamtphosphor (TP). Gemäß EN 1189 wurde hierfür das Probenwasser direkt am See mit Schwefelsäure stabilisiert.

### 2.4.1 Phosphoranalytik

Im Rahmen dieser Arbeit wurden zwei Phosphorfraktionen analysiert: der sog. gelöste und damit algenverfügbare Phosphor (ortho-Phosphor) und der Gesamt-Phosphor, der sowohl gelösten als auch gebundenen Phosphor umfasst. Der nach der angewendeten Molybdänblaumethode (gemäß EN-Norm) erfasste gelöste Phosphor besteht nur teilweise aus ortho-Phosphor. Zudem werden damit teilweise auch instabile, organische Verbindungen des ortho-Phosphors erfasst. Infolge der Labilität dieser organischen Verbindungen entspricht die ermittelte Konzentration dennoch annähernd der algenverfügbaren Phosphormenge im Wasser (SOMMER 1994). Nach dem Vorschlag von STEINBERG & SCHRIMPF (1980) wird die mit dieser Methode erfasste Phosphorfraktion, in Anlehnung an die angloamerikanische Bezeichnung (**s**oluble **r**eactive **p**hosphorus), als gelöster reaktiver Phosphor (SRP) bezeichnet.

## 2.5 Berechnung von Stoffbilanzen im gesamten See

Die Angabe von Mittelwerten beruht, sofern nicht anders angegeben, auf den mittleren volumen- und zeitgewichteten Stoffkonzentrationen im Verlauf eines Jahres. Auf der Basis der echographischen Aufnahme des Sees (s. Kapitel 2.1) wurde für jede ein Meter mächtige Schicht das Wasservolumen berechnet. Weiterhin erfolgte eine Interpolation der chemischen Analysen, die nur für jeden zweiten Meter durchgeführt wurden, auf jeden Tiefenmeter. Durch die Verrechnung der Konzentrationsangaben (mg/l) mit dem entsprechenden Wasservolumen ergibt sich für jeden Beprobungszeitpunkt die Gesamtkonzentration ($mg/m^3$ etc.). Für die Berechnung von Jahresmittelwerten erfolgte die Interpolation der berechneten Mengen an den Beprobungsterminen auf jeden Tag des Jahres, anschließend erfolgte eine Mittelung über das gesamte Jahr.

## 2.6 Erstellung der Isoliniendiagramme

Die Interpolation der etwa einmal im Monat gemessenen biogeochemischen Tiefenprofile mit dem Programm Surfer® (Golden Sofware Inc.) vermittelt einen kombinierten raum-zeitlichen Eindruck der Entwicklung der verschiedenen Parameter im See. Für die Interpolation wurde dabei das „minimum curvature-Verfahren“ verwendet, welches im Vergleich verschiedener Interpolationsmethoden, neben dem „Kriging“ die plausibelsten Ergebnisse liefert. Näheres zum verwendeten Interpolationsverfahren ist BRIGGS (1974) sowie SMITH & WESSEL (1990) zu entnehmen.

Die Abb. 1 verdeutlicht beispielhaft für die Temperaturdaten eines Jahres den sehr guten Zusammenhang der gemessenen Werte und der Interpolation der dazwischen liegenden Zeiträume. Das gesamte Diagramm bezieht sich auf die im Laufe des Jahres an einem Punkt (Profil 2; vgl. Abb. 4, S. 24) gemessenen Tiefenprofile. Im Diagramm wird auf der x-Achse die Zeit abgebildet, auf der y-Achse die Tiefe des Sees. Die tatsächlich gemessenen Tiefenprofile sind im Diagramm durch eine Kreuzsignatur gekennzeichnet, die gemessenen Werte stehen daneben. Durch die Interpolation der Messwerte ergibt sich eine Darstellung, bei der bestimmte Temperaturgrenzen durch Isolinien eingezeichnet werden und die dazwischen liegenden Bereiche (beispielsweise Temperaturen zwischen 8 und 10 °C) mit einer Graustufe gekennzeichnet sind. Welche Isolinien eingezeichnet werden, ist dabei der subjektiven Auswahl des Bearbeiters überlassen.

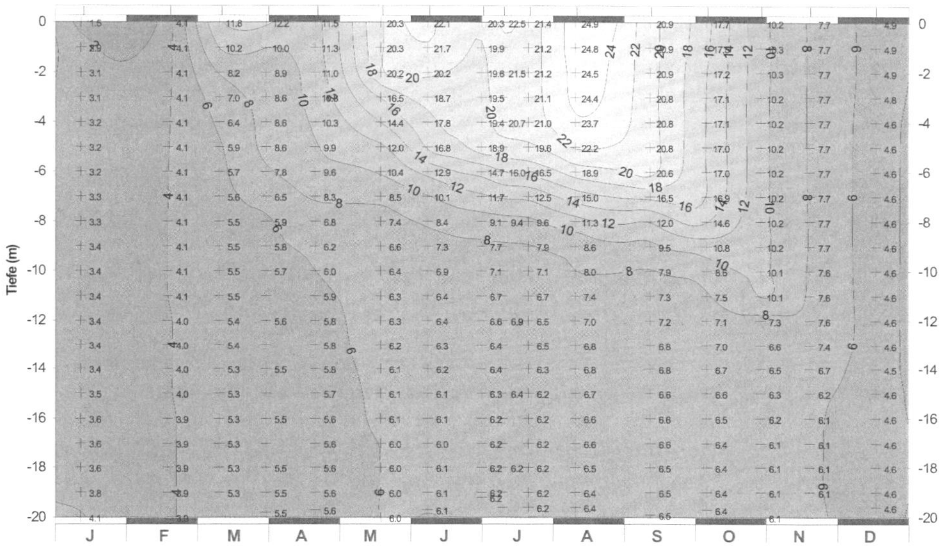


**Abb. 1: Gemessene Temperaturprofile (°C) im Jahr 1997 und die daraus resultierende Interpolation mit dem „minimum curvature" Verfahren im Programm Surfer**

## 2.7 Chemische Analyse der Sedimentproben

Das Sediment ist ein wichtiger Phosphorspeicher mit maßgeblichem Einfluss auf den Nährstoffhaushalt eines Sees. Deshalb wurden zu verschiedenen Zeitpunkten am Willersinnweiher Sedimentproben mittels Stechzylindern (Durchmesser 10 cm, Länge 40 cm) entnommen. Diese wurden von Tauchern so ins Sediment versenkt und verschlossen, dass ungestörte Proben gewonnen wurden. Im Sommer 1999 wurde außerdem nahe dem Profil 5 ein Sedimentkern mittels Gefrierschwert entnommen. Die Kerne wurden vor Ort mit flüssigem Stickstoff tiefgefroren und ins Labor transportiert, wo sie bis zur Weiterverarbeitung tiefgefroren lagerten. Eine saisonale Stratigraphie kann durch beide Verfahren gut erkannt werden (vgl. Abb. 37, S. 90), ebenso der Übergang von überwiegend hellen, oxidierten Sedimentschichten in der Tiefe zu sukzessive stärker anoxischen, schwarzen Sedimentschichten. Dieses durchgängig beobachtete Phänomen dokumentiert eindrucksvoll die Eutrophierung im Willersinnweiher. Dabei ist zu beachten, dass zumindest im Hauptbecken Ende der 70er Jahre eine Entschlammung und Vertiefung stattfand.

Die Sedimentkerne wurden im gefrorenem Zustand in Teilproben separiert, wobei das überstehende gefrorene Kontaktwasser separat behandelt wurde. Anschließend wurden die Proben gewogen und entweder getrocknet oder unter Stickstoffatmosphäre aufgetaut und über 0,2 µm-Cellulose-Acetat-Filter vom Porenwassser getrennt. Die Porenwassermenge wurde gravimetrisch bestimmt und anschließend chemisch analysiert. Das zurückbleibende Sediment wurde mittels bidestilliertem und mit Stickstoff begastem Wasser quantitativ in ein Becherglas überführt und im Stickstoff begastem Trockenschrank getrocknet und gewogen.

Zur Analyse der **Gesamtphosphor-Konzentration** im Sediment wurden ca. 100 mg des getrockneten Sediments analytisch genau eingewogen. Dieses wurde in eine Druckbombe überführt, mit 3 ml Königswasser versetzt und bei 160 °C zwei Stunden aufgeschlossen. Nach der Abkühlung wurde der Überstand mit bidestilliertem Wasser verdünnt und über zuvor mit bidestilliertem Wasser gespülte Cellulose-Acetat-Filter (Porenweite 0,2 µm) vom Sediment separiert und in Messkolben überführt. Die Analyse erfolgte nach der Ammoniummolybdat-Methode (Molybdänblau-Methode), wie sie für TP im Wasser, gemäß EN 1189:1996 Abschnitt 6, beschrieben ist. Zunächst erfolgte mit Natronlauge eine Pufferung der Probe auf einen pH-Wert zwischen pH 3 bis 10. Dabei kam es mitunter zu gelb-orange farbenen Ausfällungen, die sich aber nach Zugabe der Ascorbinsäure wieder lösten. Die blau gefärbte Lösung wurde mit dem Spektralphotometer PU 8730 UV/ VIS der Firma Philips bei 880 nm gemessen; das Messergebnis auf Milligramm Phosphor/ Gramm Sediment umgerechnet.

Zur Ermittlung der potentiellen **Remobilisierung** von Phosphor aus den Sedimenten des Willersinnweihers wurden die oberen fünf Zentimeter eines Sedimentkerns aus dem Hauptbecken verwendet. Die weitere Analyse erfolgte in Schutzgasatmosphäre, um reduzierende Bedingungen aufrecht zu erhalten und eine Oxidation des Materials zu vermeiden. Das gefrorene Sedimentstück wurde aufgetaut und das Porenwasser durch Filtration abgetrennt, das Sediment anschließend quantitativ in ein Becherglas überführt und mit einer definierten Menge (40-50 ml) mit Stickstoff-begastem bidestilliertem Wassers versetzt. Im ersten Schritt wurden nach 30 Minuten Ruhezeit, die durch gelegentliches Rühren unterbrochen wurde, das zugegebene Wasser abfiltriert und bis zur ionenchromatographischen Analyse kühl gelagert. Insgesamt wurden an der gleichen Probe fünf Eluierungsvorgänge mit länger werdenden Intervallen durchgeführt. Zur Berechnung der potentiellen Remobilisierung wurde nachträglich der im zugehörigen Interstitialwasser analysierte Phosphorgehalt addiert, da davon ausgegangen werden kann, dass dieser am leichtesten zu mobilisieren ist.

Die Konzentration **organischen Kohlenstoffs** wurde mittels nasser Veraschung gemäß DIN 19684 Teil 2 bestimmt.

## 2.8 Biologische Analysen

Die im See lebende Tier- und Pflanzengesellschaften sind Spiegelbild ihrer Umweltbedingungen. Auf Veränderungen der Wasserqualität reagieren sie in unterschiedlichen Zeitskalen. Deshalb wurden im Rahmen der Arbeit am Willersinnweiher nicht nur die chemischen Bedingungen des Wassers und der Sedimente analysiert, sondern auch die Veränderungen in der Zusammensetzung der Biozönosen aufgenommen.

In dieser Arbeit werden die Methoden der biologischen Untersuchungen nur in Kürze dargestellt. Auch die Darstellung der Ergebnisse beschränkt sich auf die wesentlichen Punkte, die im Rahmen der Sanierung und Restaurierung besondere Aussagekraft besitzen. Detailliertere Informationen und Ergebnisse für das Jahr 1998 sind in den Diplomarbeiten von Monika CERMAK (1999) (Phytoplankton), Gerd ODENWÄLDER (1999) (Makrozoobenthos und Makrophyten) und Robert THIELICKE (1999) (Zooplankton) zu finden.

Zur Methodik biologischer Gewässeruntersuchungen sei an dieser Stelle auch auf das kürzlich erschienene Werk von v. TÜMPLING & FRIEDRICH (1999) hingewiesen.

### 2.8.1 Submerse Makrophyten

Makrophytenbestände (Unterwasserpflanzen) in Seen sind Indikatoren der chemisch-physikalischen Eigenschaften ihrer Umwelt. MELZER nutzt die Indikatorfunktion vieler sehr spezifischer Unterwasserpflanzen zur Charakterisierung des Nährstoffgehaltes im See, bzw. in einzelnen Seeabschnitten. Die Kartierung der Makrophyten am Willersinnweiher nach der Methode von MELZER (1976) erfolgte in den Jahren 1996 und 1998. Hierzu ist zunächst eine Unterteilung der Seeuferlinie nach Gelände- und Nutzungseigenschaften nötig, da durch Badenutzung, Baumbewuchs, Schutzeinrichtungen am Ufer etc. ein deutlicher Einfluss auf die Unterwasservegetation ausgeübt wird. Die Aufnahme der Makrophyten erfolgte in den vier Tiefenzonen 0-1 m, 1-2 m, 2-4 m und tiefer 4 m. Die erste Bestandsaufnahme der Makrophyten im Willersinnweiher erfolgte im Sommer 1996. Sie wurde in Tauchgängen am Südufer durchgeführt. Da quasi kein Makrophytenbestand existierte wurde auf eine weitere Aufnahme der anderen Uferbereiche verzichtet (freundliche mündliche Mitteilung M. KRETZ, Fa. Weissmann Ökologiemanagement).

Im Sommer 1998 erfolgte eine flächendeckende Aufnahme der inzwischen üppigen Vegetation. Bis in 2 m Wassertiefe wurde die Kartierung bei windstillen Verhältnissen vom Boot aus mit Hilfe eines Sichtrohres durchgeführt. Unterhalb dieser Tiefe waren Tauchgänge notwendig. In den verschiedenen Ufer- und Tiefenabschnitten erfolgte eine Abschätzung des Vorkommens der einzelnen Arten mittels einer fünfstufige Skala: 1= Einzelfund, 2= selten, 3= verbreitet, 4= häufig und 5= massenhaft.

Submerse Makrophyten besitzen, wie andere Pflanzen auch, ein artentypisches Nährstoffoptimum, bei dem sie am besten gedeihen. Außerhalb dieses optimalen Bereiches sind sie weniger konkurrenzfähig und werden von anderen Pflanzen verdrängt. Während einige Arten in einem sehr weiten Nährstoffspektrum gut wachsen, sind andere in ihren Ansprüchen sehr spezifisch. Sie sind besonders geeignete Indikatorarten für die Beurteilung der Trophie eines Gewässers. MELZER et al. (1986) unterteilen diese sehr spezifischen Arten in 9 Indikatorgruppen, mit Indikatorwerten von 1,0 - 5,0 in Schritten von 0,5. Die Indikatorgruppe 1 stellt dabei die höchsten Anforderungen an die Wasserqualität. Am Willersinnweiher wurden Indikatorarten der Gruppen 2,5 bis 5 bestimmt.

Aus der quantitativen Kartierung und den Indikatorwerten spezifischer Arten wird nach einer mathematischen Umformung, welche die Quantitäten stärker betont, der **Makrophytenindex** berechnet (MELZER et al. 1986). Dieser erlaubt die Beurteilung des Belastungszustandes verschiedener Seeteile, wobei sechs Belastungsstufen unterschieden werden:

| Indexbereich | Nährstoffbelastung |
|---|---|
| 1,00 – 1,99 | sehr gering |
| 2,00 – 2,49 | gering |
| 2,50 – 2,99 | mäßig |
| 3,00 – 3,49 | erheblich |
| 3,50 – 3,99 | stark |
| 4,00 – 5,00 | sehr stark |

## 2.8.2 Makrozoobenthos

Das Makrozoobenthos (auf oder im Sediment lebende Tiere) hat eine wichtige Funktion als Nahrungsgrundlage für die Fische. Es kann ebenfalls als Indikator der Wasser- und Sedimentbedingungen im See verwendet werden. Hierfür wurden am Willersinnweiher mit Hilfe von Stechzylindern (Durchmesser 5 cm, Länge 25 cm) im Juli und August 1998 an repräsentativen Uferstellen mit differierender natürlicher Ausstattung und Nutzungsstruktur sowie entlang eines Transsektes durch den tiefsten Punkt des Sees Sedimentproben entnommen. Um die jahreszeitlichen Einflüsse beurteilen zu können, wurde eine zweite Beprobung des Transsektes im Dezember 1998 vorgenommen. An jeder Beprobungsstelle wurden dabei bis zu fünf Parallelproben entnommen. Das Probenmaterial wurde im Labor gesiebt (Maschenweite 2,5 mm) und der Siebrückstand unter dem Binokular nach anhaftenden Organismen untersucht. Weiter wurde die Probe mit 1mm und 0,65 mm-Maschenweite gesiebt und der jeweilige Siebrückstand auf Makroinvertebraten untersucht. Die verwendete Bestimmungsliteratur und genauere Angaben zur Konservierung der einzelnen Gruppen sowie detailliertere Untersuchungsergebnisse sind der Diplomarbeit von ODENWÄLDER (1999) zu entnehmen.

## 2.8.3 Phytoplankton

Das wichtigste Maß für die Intensität der Primärproduktion im Gewässer und damit für die Trophie, ist die Chlorophyll a-Konzentration. Auch die Artenzusammensetzung des Phytoplanktons sowie die saisonale Sukzession werden durch den Nährstoffgehalt beeinflusst und können damit als Indikatoren der Trophie verwendet werden. Im Rahmen einer Reoligotrophierung wird deshalb oftmals eine Umstrukturierung des Phytoplanktons festgestellt. Diese Veränderungen tragen ihrerseits zur weiteren Entspannung bei, da insbesondere die bei hohen Nährstoffgehalten dominierenden Cyanophyceen (Blaualgen) durch das Zooplankton nicht effektiv kontrolliert werden können. Sie tragen somit häufig zur Belastung des Sauerstoffhaushalts und zu Nutzungseinschränkungen bei. Durch die Diversifikation der Phytoplanktongesellschaft in Folge einer Nährstoffverminderung, ist dessen effektivere Kontrolle durch das Zooplankton möglich und die Durchlässigkeit der Nahrungskette wird gewährleistet. Damit wird das System entlastet.

Die möglichst dichte Erfassung der Veränderungen im Phytoplankton des Willersinnweihers wird deshalb als wichtiges Element für die Beurteilung der Zustandsentwicklung angesehen.

Im Zeitraum 1996 bis Frühjahr 1998 wurde die vom Zooplankton befreite 500 ml-Probe anschließend, noch vor Ort, über 0,2 µm Cellulose-Acetat-Filter mit Unterdruck filtriert. Der gewonnene Filter wurde für die quantitative und qualitative Bestimmung des Phytoplanktons genutzt. Dafür wurde der Filter in Schnappdeckelgläschen mit filtriertem Probenwasser und Lugol'scher Lösung konserviert und der Rückstand im Labor mittels Gummiwischer vom Filter abgelöst. Zur qualitativen und quantitative Erfassung wurde nach dem Homogenisieren eine Teilprobe entnommen. Bei Bedarf wurde diese verdünnt und in einer 500 µl Zählkammer nach Kolkwitz unter dem Inversmikroskop ausgewertet und auf einen Liter hochgerechnet. Ab September 1998 wurden für die Phytoplanktonbestimmung 100 ml Wasserprobe unfiltriert entnommen und sofort nach der Probennahme mit Lugol'scher Lösung konserviert. Zur Auszählung wurden Sedimentierkammern mit 1 und 10 ml Inhalt verwendet. Die Zählung wurde meist bei 100-facher Vergrößerung durchgeführt, kleine Formen wurden bei einer bis zu 400-fachen Vergrößerung ausgewertet. Die dabei verwendete Bestimmungsliteratur ist in CERMAK (1999) zitiert.

Um eine gute Vergleichbarkeit des Phytoplanktongehaltes im Verlauf des Untersuchungszeitraumes zu erhalten, können neben den Abundanzen (Individuen/Liter) auch die je nach Größe der Arten z.T. um mehrere Größenordnungen variierenden Biovolumen der verschiedenen Taxa verwendet werden. Hierzu wird über geometrische Näherungsformeln (ROTT 1981) das Biovolumen der verschiedenen Arten ermittelt. Für die meisten am Willersinnweiher dominierenden Arten konnten Literaturwerte übernommen werden (NAUWERCK 1963, WETZEL 1983, REYNOLDS 1984). Die Umrechnung von Abundanzen auf das Biovolumen birgt aber Unsicherheitsfaktoren, da die angegebenen Biovolumina einzelner Arten teilweise erheblich differieren. Die Umrechnung der Biovolumen in Biomasse geschieht unter der Annahme eines mittleren spezifischen Gewichtes des Phytoplanktons von 1,02 $g/cm^3$.

Die qualitative Auswertung wurde teilweise bis auf die Ebene der Arten zumindest aber bis zur Klasse durchgeführt. Eine vergleichbare quantitative Darstellung der zeitlichen Entwicklung wird nur durch Aggregation der Untersuchungen auf die Ebene der Ordnung bzw. Klasse ermöglicht. Dabei wurden die untersuchten Proben des Tiefenprofils mit den entsprechenden Wasservolumina der Tiefenschichten in Beziehung gesetzt. Für die Darstellung der zeitlichen Entwicklung wurden die Ergebnisse der Auszählung der oberen 10 m genutzt, um den Arbeitsaufwand in bewältigbaren Grenzen zu halten, zumal die Phytoplanktongehalte im Hypolimnion in der Regel vernachlässigbar sind.

### 2.8.4 Zooplankton

Das Zooplankton ist wichtiger Regulator für die Primärproduktion des Phytoplanktons. Damit nimmt es starken Einfluss auf den Zustand der Biozönose und auch auf den Sauerstoff- und Nährstoffhaushalt eines Sees.

Von der entnommenen Wasserproben wurden für die Gewinnung des Zooplanktons unmittelbar nach der Probennahme 500 ml Probe filtriert. Im Zeitraum von April 1996 bis August 1997 wurde dafür ein 200 µm danach ein 55 µm Netz verwendet. Dies bedeutet, dass zu Beginn lediglich das Crustaceen-Plankton (Mesozooplankton <2mm) erfasst wurde, welches für die Kontrolle des Phytoplanktons im See die entscheidende Rolle spielt. Rotatorien und Naupliuslarven (Mikrozooplankton <0,2mm) werden damit nur teilweise erfasst, dafür werden große Algen, wie beispielsweise *Ceratium* oder *Asterionella* bei dieser Maschenweite nicht separiert und sind folglich in der Phytoplanktonprobe enthalten. Das Zooplankton wurde in Schnappdeckelgläschen (20 ml) überführt und mit Lugol'scher Lösung konserviert. Zeitweise wurden parallel Lebendproben gewonnen, die aber keinen signifikanten Unterschied zu den konservierten Proben aufwiesen, weshalb im weiteren Verlauf darauf verzichtet wurde.

Vor der Bestimmung und Auszählung der Proben, musste eine vollständige Sedimentation des Zooplanktons stattfinden. Der Bodensatz wurde mit 3 bis 4 ml Flüssigkeit und unter dem Binokular aussortiert; die Bestimmung fand mit Hilfe eines Mikroskops statt. Bei Massenvorkommen von Rotatorien wurden aus der homogenisierten Probe, nachdem die Crustaceen aussortiert waren, ein Teilprobe entnommen und die Ergebnisse auf das Gesamtvolumen extrapoliert. Die verwendete Bestimmungsliteratur ist der Arbeit von THIELICKE (1999) zu entnehmen.

# 3 Der Willersinnweiher

Als Baggersee, der fast ausschließlich durch das Grundwasser und zu minimalen Anteilen aus dem Niederschlag gespeist wird, ist der Chemismus des Willersinnweihers sehr stark durch den Grundwasserchemismus geprägt und damit stark von der Landnutzung im Einzugsgebiet. Bei der Formulierung eines Leitbildes für die Seenentwicklung im Rahmen von Reoligotrophierungsmaßnahmen muss daher zunächst das Einzugsgebiet berücksichtigt werden.

## 3.1 Geographische Lage

Der Willersinnweiher liegt im Oberrheingraben am nördlichen Rand der Stadt Ludwigshafen zwischen den Stadtteilen Friesenheim, Oggersheim und Oppau, also in einer dichtbesiedelten und stark anthropogen geprägten Industrielandschaft. Das Gewässer liegt in der Rhein-Niederung auf unter 90 m ü.NN.

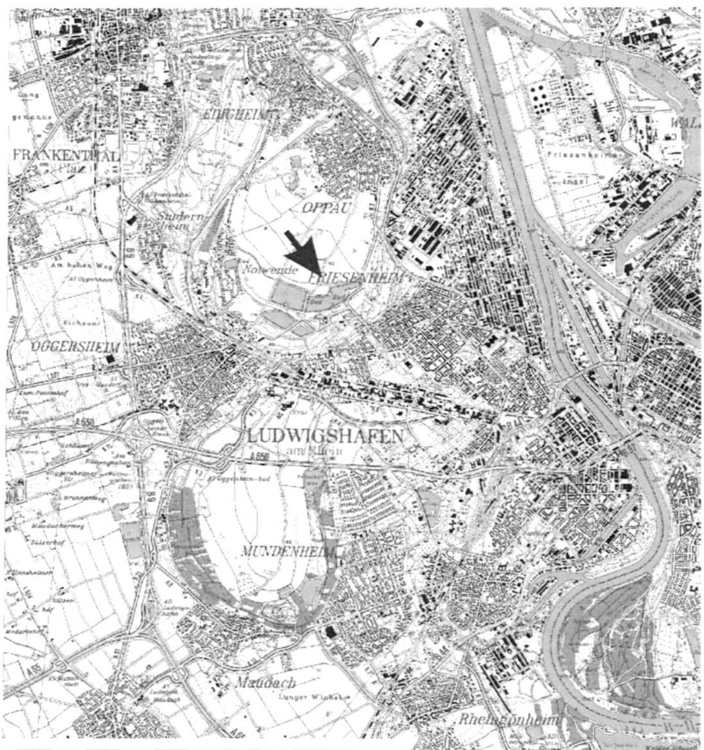


**Abb. 2: Lage des Willersinnweihers**

Das ca. 2150 m lange Ufer wird zu rd. 50 % durch Vereins- und Schwimmbadgelände und zugehörige Gebäude geprägt, von diesen werden allerdings nur Teile als Badestrand genutzt. Rund 800 m, d.h. 40 % sind öffentlich zugänglich, wobei das Nordufer am kleinen Seebecken (ca. 350 m) aufgrund seiner Steilheit durch Badende kaum frequentiert wird. Lediglich etwas mehr als 10 % der gesamten Uferlänge sind durch Absperrmaßnahmen geschützt und können als Rückzugsräume für Tiere und Pflanzen dienen. Vom Wasser aus sind auch diese Bereiche zugänglich, so dass auch hier Störungen durch Nutzer des Sees auftreten können. Das westliche Ufer wird vom Vereinsgelände des Wassersportvereins (WSV 07) und des Angelsportvereins (Gutfang Oppau e.V.) eingenommen. Unmittelbar dahinter verläuft ein Straßendamm, der den Willersinnweiher vom Begütenweiher trennt. Nördlich des Sees schließen Ackerflächen bis fast direkt an den See an. Im östlichen Bereich liegt hinter dem Grundstück der BASF-Badegesellschaft, also ohne direkten Seezugang, eine Kleingartenanlage. Daran anschließend erstreckt sich das weitläufige Gelände des Chemie-Unternehmens BASF. Im Süden liegen hinter den Geländen des Ludwigshafener Schwimmvereins (LSV) und des Schwimmbads ebenfalls Äcker und Kleingartenflächen sowie weitere Sportflächen. In etwas größerer Entfernung beginnt der zu Ludwigshafen gehörende Stadtteil Friesenheim. Das Abfalldeponiekataster des Landesamtes für Umweltschutz und Gewerbeaufsicht/ Rheinland-Pfalz registriert zudem unter den bebauten Flächen des Südufers Ablagerungsstellen mit Schlacken und vermutlich auch Produktionsrückständen der chemischen Industrie, deren genauere Zusammensetzung allerdings nicht bekannt ist.

**Abb. 3: Luftbild des Willersinnweihers und seiner Nachbarseen sowie ihrer Umgebung**

## 3.2 Morphometrische und hydrologische Daten

Der Willersinnweiher ist mit ca. 16 ha Fläche, der größte See einer Gruppe von vier Baggerseen, die im W und SW anschließen. Der W - O orientierte Willersinnweiher kann in zwei Becken gegliedert werden; eine etwa 8 m tiefe Schwelle erschwert den grundnahen Wasseraustausch beider Teilsysteme. Die größte Tiefe des Willersinnweihers beträgt in Abhängigkeit vom Wasserstand etwa 20 m (Beprobungsprofil 2, vgl. Abb. 4) und befindet sich im größeren westlichen Seebecken. Der kleinere östliche Seeteil weist dagegen eine maximale Tiefe von lediglich 13,5 m auf (Beprobungsprofil 5). Das Gesamtvolumen des Sees kann auf der Basis von echographischen Aufnahmen mit ca. 1,3 Mio. $m^3$ angegeben werden. Im Zusammenhang mit saisonalen Schwankungen des Wasserstandes von bis zu ca. 40 cm, kann die Wassermenge um bis zu 60.000 $m^3$, also ca. 5 %, variieren.

**Abb. 4: Morphometrie des Willersinnweihers vor der Uferrenaturierung und Lage der Beprobungsprofile**

Die echographische Aufnahme (vgl. Abb. 4) dokumentiert die unregelmäßige Morphologie des Seebodens, das steile Relief und das weitgehende Fehlen von Flachbereichen. Die Ufer sind sehr geradlinig und zeigen nur wenige Ausbuchtungen. Bei einer maximalen Länge von 850 m und einer maximalen Breite von 325 m ergibt sich bei einer Uferlänge von insgesamt 2,2 km ein Uferentwicklungsfaktor von nur 1,55. Dies bedeutet, das Ufer ist nur 55 % länger, als es bei einem kreisförmigen See mit gleicher Fläche wäre. Gemäß hydrogeologischer Kartierung durchfließt das Grundwasser den See von SSO (aus der Richtung des Rheines) in Richtung NNW (MINISTERIUM FÜR UMWELT BADEN-WÜRTTEMBERG et al. 1987) (vgl. Kapitel 5.1.1, S. 37).

Der Willersinnweiher zeigt in den meisten Jahren ein dimiktisches und holomiktisches Mischungsverhalten. Aufgrund seiner Morphologie und der klimatischen Verhältnisse im Oberrheingebiet kann im Verlauf der Untersuchungsjahre aber eine klare Tendenz zu unvollständiger Zirkulation registriert werden. Die Folgen davon sind eine ungenügende Sauerstoffsättigung des Tiefenwassers bereits zu Beginn des Frühjahres sowie stark erhöhte Ionenkonzentrationen in Grundnähe, insbesondere im kleinen Seebecken (Profil 5). Ursache war im Untersuchungsjahr 1996 eine lang anhaltende Eisbedeckung des Sees bis in den März, mit einem anschließenden raschen Anstieg der Lufttemperaturen und resultierend der sehr schnellen Entwicklung einer Schichtung im Seewasserkörper. Dies ist am Willersinnweiher keine Ausnahme, denn eine vergleichbare Entwicklung wurde bereits im Frühjahr 1991 beobachtet (LfW 1996).

**Tab. 5: Eutrophierungsrelevante morphometrische und hydrologische Kenndaten des Willersinnweihers**

| | | | |
|---|---|---|---|
| maximale Länge des Sees | 850 | m | |
| maximale Breite des Sees | 325 | m | |
| Fläche | 16 /17⁺ | ha | ⁺mit neuer Flachuferzone |
| maximale Tiefe | 20 | m | |
| mittlere Tiefe | 8,1 /7,7⁺ | m | ⁺mit neuer Flachuferzone |
| Wasservolumen | 1,3 Mio. | $m^3$ | |
| Uferentwicklungsfaktor | 1,55 | | vor Modellierung der neuen Flachufer |
| kf-Wert des Grundwasserleiters | $2 - 3*10^{-3*}$ | m/s | |
| Hydraulischer Gradient des Grundwasserleiters | $0,12^*$ | ‰ | |
| Hydraulischer Querschnitt | 6.000 | $m^2$ | |
| theoretischer Zufluss/Jahr | 440.000 - 660.000 | $m^3$ | sehr unsicher |
| theoretische Austauschzeit | 2 - 3 | a | sehr unsicher |

*abgeleitet aus MINISTERIUM FÜR UMWELT BADEN-WÜRTTEMBERG et al. (1987)

Die Bedingungen im Ballungsgebiet sind gekennzeichnet durch einen stark mit Nährstoffen angereicherten belasteten Oberen Grundwasserleiter und einen deutlichen atmosphärischen Eintrag. Sie sorgen dafür, dass die im Oberrheingebiet gelegenen Seen - in der Regel Baggerseen - häufig von einer schnellen Eutrophierung bedroht sind. Eigene Untersuchungen an allen Seen im Stadtgebiet Ludwigshafens zeigen jedoch, dass trotz dieser Belastungssituation in einigen Seen mesotrophe Bedingungen vorliegen. Im Jäger-, Holz'schen- und Schreiberweiher, Seen im südlichen Stadtgebiet, wurden 1998/99 TP-Konzentrationen zwischen 0,02 und 0,025 mg/l gemessen. Im Unterschied zum Willersinnweiher sind diese jedoch polymiktische Flachseen. Während Jäger- und Holz'scher Weiher erst in den 70er Jahren entstanden, existiert der Schreiberweiher bereits seit den 30er Jahren, so dass also auch bei relativ alten Baggerseen im Gebiet mesotrophe Bedingungen erhalten bleiben können.

Für den Willersinnweiher ist neben der Nährstoffbelastung aus dem weiteren Einzugsgebiet deshalb wahrscheinlich auch von einem Nährstoffeintrag durch unmittelbare Anlieger auszugehen. Bis Mitte der 90er Jahre existierten dort einige Abwassergruben, die teilweise erst im Rahmen des Sanierungsprojektes stillgelegt bzw. überprüft wurden. Tests zeigten in einigen Fällen eine ungenügende Abdichtung. Somit kann aus diesen Quellen von einem möglicherweise nicht unerheblichen Nährstoffeintrag in den See ausgegangen werden. In der Folge wird seit 1996 eine leitungsgebundene Entsorgung des Abwassers vorgenommen.

Ein Vergleich des Willersinnweihers mit den Nachbarseen ermöglicht bei gleichen landschaftlichen und klimatischen Gegebenheiten die Bewertung des Einflusses von Alter und Nutzung der Seen auf die trophischen Verhältnisse. Im unmittelbar westlich an den Willersinnweiher grenzenden Begütenweiher (s. Abb. 3, S.23) finden gegenwärtig noch Saugbaggerarbeiten statt. Das gewonnene Substrat wird im Kratz'schen Weiher von seiner Feinsubstanz gereinigt. Der dazwischen liegende Großparthweiher sowie der Begütenweiher sind zwar keine offiziellen Badegewässer, unterliegen aber neben einer Angel- auch einer Badenutzung, wohingegen der Kratz'sche Weiher keiner Freizeitnutzung unterliegt.

## 3.3 Entstehung und Nutzung

Der Willersinnweiher entstand in den 30er Jahren durch Baggertätigkeiten im Oberen Grundwasserleiter, welche Kies für das nahegelegene BASF-Gelände lieferten. Durch das Eindringen des Grundwasser entstand ein See, der schon bald als Freizeitsee genutzt wurde. Zu dieser Zeit war die Morphologie jedoch nicht mit der heutigen identisch. Diese entstand als Reaktion auf einen Sauerstoffmangel im Herbst 1975, der Belüftungsmaßnahmen notwendig machte. Im Jahr 1978 wurde der See, in dem bis dahin ein Damm das kleine vom großen Becken fast vollständig trennte, vertieft und verbunden. Bei dieser Gelegenheit wurde das große Seebecken auf seine heutige maximale Tiefe von ca. 20 m vertieft, während der kleinere östliche Teil nur in geringerem Umfang verändert wurde. Gleichzeitig wurde im Hauptbecken eine Entschlammung des Seegrundes vorgenommen. Laut mündlicher Mitteilung von alteingesessenen Ludwigshafener Bürgern wurde der Schlamm allerdings in einer Grube südlich des Sees deponiert. Es ist folglich davon auszugehen, dass der größere Teil der Nährstoffe aus diesem Material in der Zwischenzeit mit dem Sicker- und Grundwasserstrom wieder in den See gelangte.

Der Willersinnweiher ist seit 1989 offizielles Badegewässer gemäß EU-Badegewässer-Richtlinie (RL 76/160/EWG). Dementsprechend muss die Wasserqualität des Sees in chemischer, physikalischer und mikrobiotischer Hinsicht gesetzlich festgelegten Mindestanforderungen genügen. Seit seiner Einstufung als offizielles Badegewässer und der damit einhergehenden Untersuchung von behördlicher Seite sorgten am Willersinnweiher Überschreitungen der vorgeschriebenen bakteriologischen Grenzwerte für eine mehrmaligen Schließung der Sees (August 1993, Juli 1995 und 1998). Für den See ebenfalls als kritisch einzustufen war eine Phase des Sauerstoffmangels im Herbst 1995, als laut Messungen des Landesamtes für Wasserwirtschaft (LfW 1996) im gesamten See Sauerstoffgehalte von durchgehend maximal 3,3 mg/l gemessen wurden. Da sich die Sauerstoffgehalte stabilisierten und anschließend anstiegen, konnte eine Notbelüftung vermieden werden.

Neben der Badenutzung wird der See durch die Mitglieder des Angelsportvereins „Gutfang Oppau e.V." genutzt und dementsprechend bewirtschaftet, d.h. es findet ein Fischbesatz zu Angelzwecken statt. Die Angelnutzung am Willersinnweiher ist derzeit als extensiv einzuschätzen (KRETZ 1997).

Zu Beginn der Untersuchungen im Jahr 1996 zeichnete sich der See durch das fast vollkommene Fehlen von Makrophyten aus. Dies wurde bereits 1992 im Rahmen eines fischereibiologischen Gutachtens registriert (SPÄH 1992). Ein wesentlicher Grund hierfür dürfte möglicherweise ein insgesamt hoher Fischbestand, vor allem ein Besatz mit Graskarpfen sein, der in der Vergangenheit in zahlreichen See im Gebiet (DILEWSKI & SCHARF 1988, 1991) und laut Besatzstatisitk des Angelvereins auch am Willersinnweiher (bis 1983/84) stattfand. Die Konsequenz dieses Besatzes ist in Seen häufig die vollständige Zerstörung der Unterwasservegetation, die in der Folge durch die freigesetzten Phosphormengen zu einem verstärkten Algenwachstum sowie verringerten Sichttiefen führen (KLAPPER 1995)(vgl. Kap. 6.1, S. 103 sowie 6.5, S. 139 ff.).

## 3.4 Quellen der Nährstoffbelastung am Willersinnweiher

Da der Willersinnweiher keine oberirdischen Zu- und Abflüsse besitzt, sondern ausschließlich durch Grund- und Niederschlagswasser gespeist wird, kommt dem Grundwasser eine entscheidende Bedeutung für die Wasserqualität des Sees zu.

Die Eintragsmenge des Niederschlags liegt bei ca. 600 mm Niederschlag im Jahr (entspricht ca. 96.000 $m^3$ für den gesamten See). Im Vergleich zum Gesamtvolumen (1,3 Mio. $m^3$) sind dies lediglich 7 %. Mengenmäßig kann der Niederschlag weitgehend vernachlässigt werden. Dennoch ist die nasse und trockene Deposition wegen der nicht unerheblichen Nährstoffbelastung in die Betrachtungen der Phosphor-Eintragspfade einzubeziehen. Neben dem Grundwasser und der Deposition sind weitere externe Quellen, wie der Falllaubeintrag und die Wasservögel, der Bodenabtrag, sowie die Nutzung des Willersinnweihers als Bade- und Angelgewässer zu berücksichtigen.

In das Grundwasser abfließendes Seewasser sowie die Entnahme von Fischen sorgt für einen gewissen Nährstoffexport. Andere Nährstoffausträge, beispielsweise durch Vögel, welche dem See Futter entnehmen, die Überreste aber an Land ausscheiden, sind einerseits kaum quantifizierbar, andererseits auch von untergeordneter Bedeutung für das Gesamtsystem.

Eine wichtige Phosphorquelle für Seen kann der **interne Phosphorspeicher** sein. Die am Seegrund akkumulierten **Sedimente** bilden einen seeinternen Nährstoffpool von großer Bedeutung. Dort gespeichertes Phosphor kann insbesondere unter anaeroben Bedingungen, die in eutrophen Seen über große Teile des Jahres herrschen, remobilisiert werden und steht im Wasser dem Algenwachstum zur Verfügung. Da diese redoxsensitive Remobilisierung im Hypolimnion stattfindet, beeinflusst sie das Algenwachstum jedoch nicht unmittelbar. Erst zur Zeit der Zirkulation wird der gelöste Phosphor im See gleichmäßig verteilt und steht dem Algenwachstum zur Verfügung.

Die mittlere Mächtigkeit der autochthonen Sedimente liegt im Willersinnweiher bei ca. 8 cm, wobei die Mächtigkeit mit steigender Wassertiefe zunimmt. Die maximalen Mächtigkeiten liegen bei ca. 45 cm, was insbesondere unter Berücksichtigung der Ende der 70er Jahre durchgeführten Entschlammung, recht bedeutend ist. Die entnommenen und untersuchten Sedimentkerne lassen bereits durch ihre Farbveränderung von hellen zu schwarzen (sulfidischen) Schichten den Rückschluss auf die Eutrophierung des Willersinnweihers zu (vgl. Abb. 37, S. 90). Damit muss auch im Willersinnweiher von einem Einfluss der Sedimente auf den verfügbaren Nährstoffgehalt im Gewässer ausgegangen werden. Summarisch wurde im Rahmen der Arbeit ein in den Sedimenten gespeicherter Phosphorgehalt von 2,7 t ermittelt (vgl. Kapitel 5.6, S. 89ff.). Dem Sediment kann damit zumindest potentiell ein beträchtliches Eutrophierungspotential zugesprochen werden. Genauere Analysen des Sediments und Laborversuche zur Rücklösung aus den Sedimenten werden ebenfalls in Kapitel 5.6 dargestellt und diskutiert.

Eine Analyse der Bedeutung der verschiedenen Phosphorquellen für den Willersinnweiher wird in Kapitel 5 (S. 37ff.) vorgenommen und diskutiert.

# 4 Durchgeführte Reoligotrophierungsmaßnahmen

Die Verbesserung des trophischen Zustandes eines Gewässers erfordert zunächst eine Analyse der potentiellen diffusen und punktuellen Nährstoffquellen sowie darauf abgestimmte Maßnahmen, die zur Verringerung des Nährstoffeintrages führen. Die durch **Sanierungsmaßnahmen** hervorgerufene Verringerung der Phosphorkonzentrationen im See limitiert die Primärproduktion und entlastet so den Sauerstoffhaushalt und das gesamte Ökosystem des Sees. Diese Entlastung beruht auf den im Folgenden kurz dargestellten Zusammenhängen.

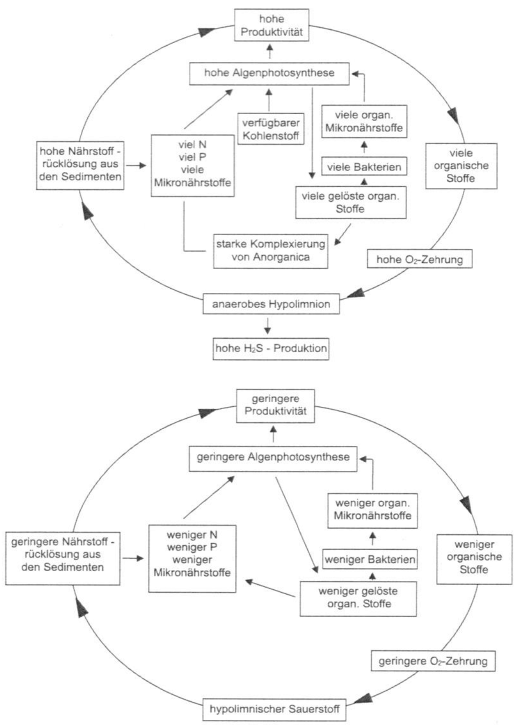


**Abb. 5: Regelkreis einer beschleunigten Eutrophierung im nährstoffreichen See (oben) und Veränderung des Regelkreises bei reduziertem Phosphorgehalt nach einer Reoligotrophierung (unten)**(leicht verändert aus KLAPPER 1992)

Gemäß einfacher stöchiometrischer Berechnungen besitzen Algen eine molare Biomassezusammensetzung von C:N:P von ca. 106:16:1 (sog. Redfield-Verhältnis). Aus einem Gramm Phosphor entstehen damit etwa 114 g Algentrockenmasse (entspricht 1 kg Lebendmasse), wobei in der euphotischen Zone 140 g Sauerstoff freigesetzt werden. Beim Abbau dieser Biomasse werden demnach wieder 140 g Sauerstoff benötigt, welches in der Regel unterhalb der Sprungschicht entzogen wird. In geschichteten eutrophen Seen, wie dem Willersinnweiher, entstehen dadurch im Hypolimnion anaerobe Verhältnisse, was wiederum zu einer verstärkten Rücklösung von Phosphor aus den Sedimenten führt. Positiv rückgekoppelte Mechanismen führen zu einem selbstverstärkenden Effekt der Eutrophierung (vgl. Abb. 5).

Umgekehrt bewirkt die im Rahmen einer Sanierung und Restaurierung erreichte Verringerung der Nährstoffkonzentrationen im See eine Entspannung des Sauerstoffhaushalts mit folglich geringerer Phosphorrücklösung und wiederum geringerer Primärproduktion.

Der Willersinnweiher hat als Baggersee keine oberirdischen Zu- und Abflüsse. Somit ist der Chemismus des Seewassers größtenteils vom Grundwasser abhängig. Das Einzugsgebiet des Sees liegt im agrarisch intensiv genutzten und stark industrialisierten Oberrheingraben. Folglich ist eine Eintragsverminderung im Sinne einer Seensanierung, anders als in anderen Seen mit eng begrenztem Einzugsgebiet, nur sehr eingeschränkt möglich. Hier könnte langfristig bestenfalls eine Umstellung der Landwirtschaft auf eine ökologische Wirtschaftsweise zur Entspannung der trophischen Situation der Gewässer herbeiführen. Auch der atmosphärische Nährstoffeintrag entzieht sich dem unmittelbaren Einfluss und könnte nur in größeren zeitlichen und räumlichen Dimensionen reduziert werden. So bleibt im Falle des Willersinnweihers als einzig praktikabler Weg die Verminderung der Nährstoffeinträge aus dem unmittelbaren Umfeld sowie die Verbesserung der internen Regelmechanismen.

## 4.1 Sanierungsmaßnahmen

Um einen direkten Nährstoffeintrag aus der Ringkanalisation gesichert ausschließen zu können, fand 1996 als erste Maßnahme die **Kontrolle** und - wo notwendig - die Reparatur der **Kanalisation** rund um den Willersinnweiher statt.

Des weiteren wurden die noch vorhandenen **Abwassergruben**, der umliegenden Gebäude größtenteils **stillgelegt** und die Abwässer seit 1996 **leitungsgebunden entsorgt**. Zur Zeit existiert noch eine Grube, die aus einem doppelwandigen Kunststoffbehälter besteht, der auf seine Funktionstüchtigkeit überprüft ist und in regelmäßigen Abständen entleert wird. Zudem wurde durch mehrmalige Tauchgänge sichergestellt, dass keine Abwasserrohre in den See münden, aus denen illegal Abwässer in den See geleitet werden könnten. Folglich kann gegenwärtig ein punktueller Nährstoffeintrag durch Abwasser am Willersinnweiher weitgehend ausgeschlossen werden.

Durch **Umgestaltungsmaßnahmen am Nordufer** wird ein etwaiger direkter Oberflächenabfluss aus der landwirtschaftlichen Nutzfläche am Nordufer des Sees wirkungsvoll eingedämmt. Im Zuge der Umgestaltungsmaßnahmen zur Flachuferzone wurden dort die hohlen Pappeln gefällt und standortgemäße Baumarten gepflanzt. Mit der Entfernung der Pappeln wird der Laubeintrag in den kleinen Ostteil des Sees verringert, auch wenn der Beitrag von Falllaub zur Eutrophierung von Seen kontrovers diskutiert wird (POLTZ 1978, CASPER et al. 1985) und diese Nährstoffquelle am Willersinnweiher sicherlich nur eine sehr untergeordnete Rolle spielt.

Die **Öffentlichkeitsarbeit** rund um den See wird als wichtiges Element für die Sanierung angesehen. Informationstafeln am See und öffentliche Ausstellungen zum Projekt im Rathaus der Stadt Ludwigshafen und an verschiedenen Schulen sowie nicht zuletzt zahlreiche Exkursionen mit Schulkassen verschiedener Altersstufen bilden dabei zentrale Elemente. Die Bevölkerung wird dadurch in das Reoligotrophierungsvorhaben eingebunden und für die Probleme ihres Naherholungsgebietes sensibilisiert. Das vermittelte Wissen über die Zusammenhänge im Ökosystem See soll so dazu beitragen, den Nährstoffeintrag z.B. durch Fäkalausscheidungen von Badegästen zu verringern. Auch das Verständnis für die Notwendigkeit von Ruhe- und Schutzzonen für Tiere und Pflanzen, die nicht betreten werden dürfen, wird geschaffen.

Weitergehende Sanierungsmaßnahmen sind am Willersinnweiher aufgrund seiner Genese als Baggersee ohne eng begrenztes Einzugsgebiet nicht möglich. Deshalb wurde 1996 mittels interner Maßnahmen begonnen, die Nährstoffumsätze im See positiv zu beeinflussen und somit auf den trophischen Zustand einzuwirken.

## 4.2 Restaurierungsmaßnahmen

Restaurierungsmaßnahmen als einzige Schritte auf dem Weg zur Reoligotrophierung eines Seeökosystems sind in der Regel bloße Symptombekämpfung und ändern an den Ursachen einer Eutrophierung meist wenig. Zur Unterstützung von umfassenden Sanierungsmaßnahmen sind sie allerdings geeignet, eine beschleunigte Verbesserung der trophischen Situation herbeizuführen. In diesem Sinne wurde an zahlreichen Seen eine Vielzahl differierender Restaurierungsmethoden angewandt (Tab. 2, S. 12), von denen am Willersinnweiher allerdings nur wenige Verwendung kommen konnten. Die Nutzung des Willersinnweihers als offizielles Badegewässer und wichtiges Naherholungsgebiet begrenzt die Möglichkeiten der Eingriffe, da aufgrund der komplexen ökosystemaren Zusammenhänge die Folgen solcher Maßnahmen kaum vorhersagbar sind. Durch gesetzliche Vorgaben scheiden Verfahren wie die Zwangszirkulation als Dauermaßnahme an Badegewässern in Rheinland-Pfalz aus.

Sehr häufig wird eine **Zwangszirkulation** oder eine **hypolimnische Belüftung** als Restaurierungsmaßnahme eingesetzt (KLAPPER 1992). Das Einbringen von Sauerstoff bis in tiefe Gewässerbereiche zielt auf eine verstärkte Bindung von Phosphor im Sediment. Zudem wird dessen Remobilisierung durch redoxsensitive Prozesse im Sommer verhindert. Damit kommt es zu einer Limitierung des wichtigsten Nährstoffes und in der Folge auch zur Verringerung der Primärproduktion. In vielen Seen konnte mit diesen Verfahren eine Stabilisierung des Systems und eine Entspannung des Sauerstoffhaushaltes erreicht werden (vgl. z.B. SCHARF et al. 1992, KNOPF & ULRICH 1995, RÜMMLER & WALTER 1995, ZINTZ & ZINTZ 1995). Auch die gesamte Biozönose profitiert erheblich durch die Erweiterung ihres Lebensraumes (THEIß & MEYER-JENIN 1995). Allerdings führen Zwangszirkulation und künstliche Belüftung nur zur scheinbaren Entspannung der Situation, wenn nicht parallel auch der Nährstoffeintrag verringert wird. Unmittelbar nach dem Aussetzen dieser Maßnahmen, tritt eine erneute Schichtung im Wasserkörper ein und die sehr schnell anaerob werdenden Verhältnisse im Hypolimnion bewirken bald eine massive Rücklösung des gebundenen Phosphors (JAEGER 1995). Selbst bei einer Verbesserung der Sauerstoffverhältnisse, wie sie beispielsweise im Sempachersee erreicht wurde, kann nicht immer auch die Rücklösung von Phosphor aus den Sedimenten vermindert werden (HUPFER & GÄCHTER 1995). Ebenfalls nicht erreicht werden konnte dort ein weiteres Ziel der Maßnahme, die Gewährleistung einer natürlichen Reproduktion der Fische (Felchen).

Auch die in überaus effektive **chemische Nährstofffällung** von Phosphor aus dem Seewasser kann zu einer starken Verringerung der algenverfügbaren Nährstoffe in Seen beitragen. Durch das Einbringen verschiedener Salze (beispielsweise Aluminium- oder Eisensalze) wird Phosphor aus der Wassersäule gefällt und sedimentiert an der Kontaktzone zwischen Sediment und Wasser am Gewässergrund. Hier wird zudem die P-Rücklösung gehemmt. Nachteil dieser Methode ist die Gefahr einer erheblichen Veränderung des Seewasserchemismus (massive Erniedrigung des pH-Wertes) und damit nicht kontrollierbare Folgen für die Biozönose. Deshalb ist auch diese Maßnahme mit der Badenutzung des Willersinnweihers nicht zu vereinbaren. Zudem müssen auch die Kosten in einem sinnvollen Verhältnis zum Nutzen stehen. Maßnahmen wie die **Entschlammung** werden deshalb i.d.R. nur bei flachen und kleinen Gewässern sinnvoll angewendet, da die Entfernung der nährstoffreichen autochthonen Seesedimente sehr kostenintensiv ist. Zudem kann durch die plötzliche Remobilisierung von Nährstoffen während des Verfahrens ein erhebliches Risiko für die Biozönose des Sees ausgehen.

Neben den hier sowie in Tab. 2 (S.12) aufgeführten technischen und halbtechnischen Verfahren gibt es jedoch auch **„sanfte“ Maßnahmen**, die allgemein anerkannt zur Förderung des ökologischen Gleichgewichtes im Gewässer beitragen und deshalb am Willersinnweiher zum Einsatz kommen konnten.

Gerade in den älteren Baggerseen, die weitgehend nach wirtschaftlichen Bedürfnissen gestaltet wurden (größtmögliche Substratausbeute bei minimaler Fläche), kann die Anlage von **Flachuferzonen** eine (Re)-vitalisierung bewirken und dadurch zur Entspannung beitragen (DVWK 1992, OSTENDORP 1995). Auch die **Anpassung der fischereilichen Nutzung** an die natürlichen Gegebenheiten kann zur Verschiebung der Nahrungsnetze im See, hin zu quasinatürlichen Verhältnissen führen. Als Maßnahmen gehören dazu u.a. der Verzicht auf Anfütterung, die gezielte Dezimierung planktivorer Fische, der ausschließliche Besatz mit einheimischen und biotopgerechten Arten sowie die Stärkung der Raubfischpopulation (**Nahrungskettensteuerung**) Unter diesen Umständen wird die Primärproduktion, auch bei erhöhten Nährstoffgehalten im See deutlich effektiver kontrolliert. Im hypertrophen Feldberger Haussee führte die Fernhaltung der eingeleiteten Abwässer einer nahegelegenen Stadt nicht zu einer wesentlichen Verbesserung des trophischen Zustandes. Erst die Nahrungskettensteuerung, welche eine massive Verringerung des planktivoren Fischbestandes und den Besatz mit Raubfischen beinhaltete, führte zu einer deutlichen Entspannung. Das Crustaceen-Plankton verdoppelte sich und die Phosphorkonzentration sank auf etwa 10 % des Ausgangsgehaltes. Allerdings kam es in der Zusammensetzung des Phytoplanktons, infolge des verstärkten Grazingdruckes durch das Zooplankton auf das Phytoplankton, zu einer unerwünschten Verschiebung von Grün- zu fraßresistenten Blaualgen (KASPRZAK et al. 1995). Gerade in eutrophen Angelgewässern ergeben sich oft zu hohe Bestände von Friedfischen und zu geringe Raubfischdichten (DEHUS & BERG 1998). Folge ist ein nicht angepasster Prädationsdruck auf das große Zooplankton, was zu einer unkontrollierten Vermehrung des Phytoplanktons mit den zugehörigen negativen Effekten für den Sauerstoffhaushalt des Sees führt. Eine Verringerung des Fischbestandes und die Verschiebung in der Artenzusammensetzung zugunsten von Raubfischen kann nicht nur das Algenwachstum stärker limitieren sondern auch die Makrophyten fördern, welche einen zusätzlichen stabilisierenden Einfluss auf die Biozönose nehmen (WRIGHT 1990, WRIGHT & PHILLIPS 1992, SCHEFFER et al. 1993).

In der umfassenden Übersicht von REYNOLDS (1994) kommen durchaus differierende Ergebnisse des Restaurierungserfolges durch gezielte Eingriffe bei den Fischen zum Ausdruck. Dabei scheinen v.a. die Morphologie und die Größe der Gewässer einen Einfluss auf die Effizienz der Maßnahmen zu haben. Demnach sind die Erfolgsaussichten bei kleineren Seen (<100 ha) mit mittleren Tiefen unter 10 m am größten. Der Willersinnweiher entspricht diesem Typ von See. Es besteht also die Chance, dass Veränderungen, die an der Spitze der Nahrungskette durchgeführt werden bis zum Phytoplankton und dem Nährstoffgehalt im Wasserkörper durchgreifen.

Außer der Modellierung von Flachbereichen und einer Nahrungskettensteuerung wurde am Willersinnweiher im Rahmen des Projektes auch ein **„Bewachsener Bodenfilter“** vorgeschlagen (ähnlich bis synonym: Schilfkläranlage, Wurzelraumkläranlage). Bewachsene Bodenfilter werden seit Jahren zur dezentralen naturnahen Reinigung häuslicher Abwässer in ländlichen

Gebieten eingesetzt (GELLER et al. 1992, BAHLO & WACH 1995). Es gibt verschiedene Systeme, die sich beispielsweise nach dem verwendeten Substrat, Strömungsrichtung, Bepflanzung etc. unterscheiden. Am Willersinnweiher sollte gemäß unserer Planung ein etwa ein Meter tiefes, nach unten abgedichtetes Becken mit Substrat (Kies/ Sand/ Schluff) gefüllt und mit Schilf (*Phragmites australis*) bepflanzt werden. Das Wasser wird durch ein Leitungssystem oberflächennah eingebracht und im Verlauf der vertikalen Versickerung durch verschiedene Prozesse gereinigt (Phosphor vor allem durch Adsorption an Bodenpartikel). Das Schilf wirkt weniger durch einen direkten Phosphorentzug, als durch sein Wurzelsystem, welches für die Belüftung des Substrates sorgt. Aerobe Bedingungen sind eine wesentliche Voraussetzung für die Funktion der Anlage, da die Phosphorbindungen unter anaeroben Bedingungen teilweise reversibel sind. Folge davon wäre eine Rücklösung des bis dahin gebunden Phosphors. Nach unserer Planung sollte der Bewachsene Bodenfilter mit Wasser aus dem Hypolimnion bzw. aus der Grenzschicht zwischen Meta- und Hypolimnion beschickt werden und nach dem Reinigungsprozess in das Hypolimnion zurückgeleitet werden. Durch dieses Verfahren wäre gemäß Modellrechnungen nach einer Laufzeit von 7 Jahren ein Übergang vom hocheutrophen zum meso-eutrophen See möglich. Anschließend war ein reduzierter Betrieb zum Ausgleich des jährlichen Phosphor-Neueintrages geplant, um auch längerfristig eine erneute Eutrophierung des Sees zu verhindern. Die Möglichkeit der Reinigung von, im Vergleich zu häuslichem Abwasser, relativ gering belastetem Wasser wurde an der Kläranlage Berlin-Ruhleben demonstriert (v. KUNOWSKI et al. 1997). Aufgrund der bislang nicht erteilten wasserrechtlichen Genehmigung wurde das Projekt bis zum Abschluss der Arbeit nicht begonnen. Zudem führten die eingeleiteten Maßnahmen zu einer raschen und gravierenden Verbesserung der trophischen Situation im See, so dass zum gegenwärtigen Zeitpunkt die Notwendigkeit einer solchen Wasserbehandlung am Willersinnweiher nicht mehr gegeben erscheint.

### 4.2.1 Modellierung neuer Flachuferzonen

Zu Beginn des Projektes war die Uferstruktur des Willersinnweihers hochgradig unnatürlich; der Uferentwicklungsfaktor betrug lediglich 1,55. Eine Uferrenaturierung war deshalb ein wichtiger Beitrag auf dem Weg zur Reoligotrophierung.

Aufgrund der besonderen Nutzungsstrukturen am See mit sehr großen Uferteilen, die von Vereinen genutzt werden, waren dieser Umgestaltung allerdings Grenzen gesetzt. Die für Seen mit gemischter Nutzung angegebene Mindestfläche von 2 ha mit naturnaher Ausrichtung (DVWK 1992) konnte nicht ganz zusammenhängend erreicht werden. Dennoch gelang es, in unmittelbarer Nachbarschaft zu der seit 1992 bestehenden Flachuferzone, einen großen Teil des Nordufers als Flachuferzone umzugestalten (vgl. Abb. 6). Hinweise zur Gestaltung von Renaturierungsvorhaben an Baggerseen werden u.a. in DVWK (1992) gegeben. Am Willersinnweiher wurde am Nordufer des kleinen Seebeckens eine Erweiterung um etwa 15 m vorgenommen. Die maximale Wassertiefe der neuen Flachuferzone beträgt im Mittel bis 1,5 m, wobei nicht abgetragenes Substrat (Kies/ Sand) als kleine Inseln das Areal strukturieren. Am landseitigen Bereich des Flachufers wurde ein ca. 15 m langes Areal als Steilufer gestaltet, welches schnell durch Uferschwalben besetzt wurde. Auch der seltene Eisvogel (*Alcedo atthis*) wurde an diesem Ufer mehrfach gesichtet (bereits vor der Umgestaltung). An den Inseln und am neuen Ufer wurden nach Abschluss der Maßnahmen 1997 Initialpflanzungen von Schilf (*Phragmites australis*), Rohrkolben (*Typha sp.*) und Binsen (*Schoenplectus lacustris*) vorgenommen, die in unseren Breiten natürliche Uferbegleiter sind. Diese Pflanzungen sollen die bislang am Willersinnweiher relativ geringen Röhrichtbestände aufstocken. Auffällig bei den Schilfflächen am Willersinnweiher ist die geringe wasserseitige Ausdehnung. Auch in flachen Uferbereichen, wie auf dem Vereinsgelände des Wassersportvereins (WSV 07) im nordwestlichen Teil des Sees endet die *Phragmites*-Besiedelung an der Mittelwasserlinie, während es sich landwärts deutlich ausbreitet. Als Gründe für ungenügendes Schilfwachstum sieht OSTENDORP (1995) neben der Veränderung des Wasserspiegels und direkter Zerstörung vor allem übermäßiges Aufkommen von Fadenalgenwatten, starke Wellenbewegungen (z.B. durch Motorboote), Beweidung (Bisam, Nutria, untergeordnet auch Bläßhühner) und Nährstoffbelastung/ Faulschlammbildung. Für den Willersinnweiher kann in den vergangenen Jahren die direkte Zerstörung sowie eine gravierende Veränderung des Wasserspiegels ausgeschlossen werden. Ebenso wurde im Untersuchungszeitraum eine Schädigung durch Fadenalgenwatten nicht wahrgenommen und Motorboote existieren am See nicht. Bisam und Nutria existieren zwar, die Schädigung des Schilfes durch sie müsste dann aber auch landseitig das Wachstum verhindern, was nicht der Fall ist. Bleiben also einerseits Bläßhühner und andererseits anaerobe, stark belastete Sedimente als Ursache. Bläßhühner sind in den letzten Jahren vermehrt am Willersinnweiher anzutreffen und kommen theoretisch auch als Schädiger des Schilfes in Frage. Andererseits wurden im Rahmen der Beprobungen am See nicht beobachtet, dass sie am Willersinnweiher Schilf als Nahrungspflanze nutzen. Tatsächlich liegen am Ufer unter einer sehr dünnen aeroben Schicht sofort sulfidische Sedimente (schwarz gefärbt durch Eisensulfid). Wahrscheinlich wird erst die grundsätzliche Entschärfung der Belastungssituation am Willersinnweiher das Problem des geringen Schilfwachstums lösen können.

**Abb. 6: Luftbild des Willersinnweihers nach der Umgestaltung des Nordufers zur Flachuferzone**

Auf dem Bild wird die Erweiterung des Willersinnweihers in Richtung Norden deutlich. Die zwei Areale mit den kleinen Inseln wurden im Zuge der Restaurierung als Flachuferbereiche neu gestaltet. Der zum Willersinnweiher gerichtete Rand der Inseln zeichnet den alten Uferverlauf nach.

Mit der Modellierung der Flachuferzonen wird die Ufervegetation gefördert. Phragmitesbestände bilden die Nahtstelle zwischen terrestrischem und limnischem Lebensraum und erfüllen wichtige landschaftsökologische Funktionen. Neben einer Artenschutzfunktion, insbesondere für einige gefährdete Vogelarten, haben Schilfbestände u.a. folgende wichtige Funktionen (OSTENDORP 1995): Schilfbewuchs schützt das Ufer vor Erosion durch Welleneinwirkung und vermindert somit den Nährstoffeintrag in den See. Weiterhin schützt es das freie Seewasser (Pelagial) vor diffusen Nährstoffeinträgen, die durch Oberflächenabschwemmung aus landwirtschaftlichen Nutzflächen eingetragen werden können. Durch dichte Bestände wird außerdem die Zugänglichkeit des Seeufers erschwert, wodurch der direkte Nährstoffeintrag, z.B. durch Badende oder Angler vermindert wird. Insbesondere *Phragmites australis* fördert die mikrobiellen Umsätze im Substrat und bewirkt den verstärkten Abbau zugeführter Nährstoffe.

Der direkte Reinigungseffekt von Schilfbeständen für das Seewasser ist allerdings als eher gering einzustufen (OSTENDORP 1995), da die Wassermengen, die in die Röhrichtbestände eintreten und sie bodennah wieder verlassen, im Vergleich zum gesamten Wasserkörper des Sees minimal sind. Allein die neu gestalteten Flachuferbereiche können durch ihre Fernwirkung auf das gesamte Ökosystem also sicherlich nicht den jährlichen Neueintrag von Phosphor in das Gewässer ausgleichen. Auch bei jährlicher Ernte des Schilfs ist der direkte Nährstoffaustrag als minimal einzuschätzen. So beträgt nach KVET (1973 aus HAMM 1991) die in 1 $m^2$ Fläche gespeicherte Nährstoffmenge bei *Phragmites australis* lediglich ca. 2,7 g P bzw. 37 g N, LÖFFLER & GUNATILAKA (1988 aus HAMM 1991) gehen von ca. 5,5 g Phosphor aus, was aber den Sachverhalt nicht wesentlich verändert.

Neben der Förderung von Röhrichtbeständen werden mit der Anlage der Flachuferzonen am Willersinnweiher weitere Ziele verfolgt. Flachufer dienen als Laich- und Aufwuchsplatz für viele Fische. Insbesondere anspruchsvollere Arten (wie z.B. Hechte, *Esox lucius*) benötigen für ihre natürliche Vermehrung einen geschützten flachen Uferbereich. Ferner werden durch Flachuferzonen die boden- und wasserpflanzenbewohnenden Nährtiere gefördert, die eine Verbesserung der Ernährungssituation von Fischen bewirken. Auch für das Zooplankton geht von Flachuferbereichen ein positiver Einfluss aus, da dort eine günstige Ernährungssituation herrscht und die Makrophyten zudem eine Schutzwirkung haben (HOSPER 1989). Darüber hinaus wirkt Schilf keimtötend, was den zeitweise auftretenden hygienischen Problemen im See, zumindest in einem gewissem Maße, entgegenwirken kann.

Durch die angelegte Flachuferzone wurde eine Förderung der bis 1996 recht dürftigen Unterwasservegetation im See erwartet, welche auch erzielt wurde (vgl. Kapitel 6.1, S. 103ff.). Submerse Makrophyten (Unterwasserpflanzen) und das zugehörige Periphyton (Aufwuchs auf untergetauchten Oberflächen) entziehen dem See und den Seesedimenten Nährstoffe und sorgen für deren längerfristige Fixierung in ihrer Biomasse. Makrophyten stehen somit in direkter Konkurrenz zum Phytoplankton und beschränken unerwünscht starkes Algenwachstum im See. Des weiteren verringern Makrophyten durch die Abgabe wachstumshemmender Stoffe direkt die Phytoplanktonentwicklung (WIUM-ANDERSEN 1987, GROSS et al. 1996). Eine aus beiden Mechanismen resultierende geringere Phytoplankton-Biomasse im See entspricht einer weniger starken Sauerstoffzehrung im Tiefenwasser. Daneben sorgt ein ausreichender Bestand von Unterwasservegetation für einen aktiven Eintrag von Sauerstoff in tiefere Wasserzonen und schränkt damit zusätzlich die $H_2S$-Bildung ein. Theoretisch kann durch eine Makrophytenernte ein dauerhafter Nährstoffentzug aus dem Gewässer erfolgen, wobei allerdings die Bewertung dieses Restaurierungsverfahrens stark variiert. BARTHELMES (1977) rechnet durch eine Makrophytenernte nicht mit einem nennenswerten Nährstoffentzug. Dagegen beurteilt FICHTNER (1983) an einem makrophytenreichen Kleingewässer deren Ernte als effektivste Maßnahme der Phosphor-Reduzierung im See.

### 4.2.2 Nahrungskettensteuerung

Ein Reoligotrophierungsprozeß kann nach GOLTERMAN (1990) rascher verlaufen, wenn begleitend zu den Sanierungsmaßnahmen auch eine gezielte Nahrungskettenmanipulation stattfindet. Sie setzt am Ende des Nahrungsnetzes eines Sees, bei den Fischen an und soll über alle trophische Ebenen kaskadenartig bis hinunter zum Phytoplankton wirken (SHAPIRO & WRIGHT 1984, BENNDORF et al. 1984).

Im eutrophen See, mit einem unausgewogenen Raub-/ Friedfisch-Verhältnis, bewirkt ein starker Fraßdruck der Friedfische eine Reduktion der großen Zooplanktonarten (z.B. *Daphnia sp.*, Wasserflöhe), die weniger gut zu erbeutenden kleinen Taxa wie Rotatorien dominieren dementsprechend. Da gerade die großen effektiven Filtrierer im besonderen Maße zur Kontrolle des Phytoplanktonwachstums beitragen, sind häufiger auftretende Massenentwicklungen der Algen die Folge. Die Verringerung von planktivoren Fischen im Rahmen einer Nahrungskettenmanipulation kann den Modellvorstellungen entsprechend den Fraßdruck auf das große Zooplankton verringern und folglich eine bessere Kontrolle von unerwünschtem Algenwachstum bewirken.

Ob und in welchem Maße sich Veränderungen an der Spitze der Nahrungskette tatsächlich bis auf die Ebene des Phytoplanktons auswirken ist wissenschaftlich sehr umstritten. Eine kritische Auseinandersetzung mit dem top-down-Konzept findet sich beispielsweise in DeMELO et al. (1992). Die Autoren gehen davon aus, dass ein Eingriff in der Spitze der Nahrungspyramide, bei den Fischen, kaum einen Effekt auf die Ebene der Primärproduzenten ausübt. Wie beschrieben, ist bei den morphologischen Charakteristiken des Willersinnweihers, nach der zusammenfassenden Darstellung von REYNOLDS (1994), ein Eingriff beim Fischbestand durchaus erfolgversprechend.

Bereits 1992 wurde am Willersinnweiher ein fischereibiologisches Gutachten durchgeführt (Dr. H. Späh, Bielefeld), in dem ein zu hoher Fischbestand sowie ein Übermaß an Friedfischen und nur sehr wenige Raubfische im See ermittelt wurden (näheres vgl. Kapitel 6.5, S. 139ff.). Überdies zeigten die Friedfische unterdurchschnittliche Korpulenzfaktoren, was auf eine mangelnde Ernährung und einen schlechten Gesundheitszustand der Fische schließen lässt. Die nachfolgend vorgeschlagene veränderte fischereiliche Bewirtschaftung des Sees beinhaltete als Kernpunkte einen Verzicht auf den Besatz mit Friedfischen, zudem sollten gezielt die dominierenden Brachsen befischt und dauerhaft reduziert werden. Zusätzlich wurden verstärkt die Raubfische Hecht (*Esox lucius*) und Zander (*Stizostedion lucioperca*) eingesetzt, um ein natürliches Verhältnis zwischen Raub- und Friedfischen im See aufzubauen. Um den krautlaichenden Raubfischen, trotz der im See fehlenden Makrophytenvegetation eine natürliche Reproduktion zu ermöglichen, wurde vorgeschlagen einige Nadelbäume als Totholz in den See zu verbringen, die von Hecht und Zander und Barsch genutzt werden könnten, so dass sich der Bestand dieser Raubfische aufbauen und stabilisieren könne. Diese Maßnahme wurde jedoch nicht verwirklicht.

Zu Beginn dieses Projektes wurde im Sommer 1996 ein weiteres fischereiliches Gutachten in Auftrag gegeben, um eine etwaige Veränderung im Fischbestand erfassen und bewerten zu können und gegebenenfalls, in Zusammenarbeit mit dem zuständigen Angelverein, weitere Maßnahmen erarbeiten zu können.

Die veränderte fischereiliche Bewirtschaftung in Verbindung mit der internen Maßnahme der Flachufermodellierung zielt auf eine Renaturierung der Regelkreise im See. Dies soll sich in einer Stärkung des Zooplanktons und einer Verminderung unerwünschter Algenmassenentwicklungen im Willersinnweiher widerspiegeln. Mit der effektiveren Kontrolle des

Phytoplanktons wurde eine Verbesserung der Sichttiefe, eine resultierende Förderung der Makrophyten und auf eine Entlastung des Sauerstoffhaushaltes im See erwartet. Kritische Sauerstoffmangelsituationen, die das gesamte System bedrohen - wie zuletzt im Herbst 1995 - sollten damit auch langfristig unwahrscheinlicher werden.

## *4.3 Zusammenfassung: Maßnahmen und Ziele*

*Die Verringerung des Nährstoffeintrags in den Willersinnweiher (Sanierungsmaßnahmen) sollte unterstützt durch die internen Maßnahmen der Flachufermodellierung und der angepassten fischereilichen Bewirtschaftung sowie durch den hypolimnischen Nährstoffentzug mit Hilfe des Bewachsenen Bodenfilters längerfristig (ca. acht Jahre) zu einer Senkung der Phosphorkonzentration bis auf den Übergangsbereich meso- bis eutroph und zu einer Stabilisierung des Ökosystems führen. Dieser Trophiegrad wird bei den äußeren Gegebenheiten des Einzugsgebiets und der Nutzung sowie aufgrund unserer Untersuchungen an den anderen Baggerseen im Stadtgebiet von Ludwigshafen als erreichbar eingestuft. Eine noch stärkere Reoligotrophierung erscheint demnach für den Willersinnweiher gegenwärtig nicht möglich und infolge der Belastung aus dem Einzugsgebiet auch längerfristig nicht realistisch.*

*Bei der Reoligotrophierung sind die in Abb. 5 (S. 28) dargestellten und die für die einzelnen Maßnahmen beschriebenen Rückkoppelungsmechanismen von Bedeutung. So soll beispielsweise der Besatz mit Raubfischen zur Verringerung der Zahl der Friedfische führen, was wiederum das Zooplankton, durch geringere Mortalitätsraten, entlastet. Infolge höherer Zooplanktondichten kann das Phytoplankton besser kontrolliert werden; dies entlastet den Sauerstoffhaushalt, die Nährstoffbindung in den Sedimenten wird verbessert sowie die P-Rücklösung aus dem Sediment verringert. Aus der Senkung der Nährstoffkonzentration resultiert ein weiterer erwarteter Effekt mit bedeutenden Konsequenzen: die Veränderung des Wettbewerbs im Phytoplankton und damit eine Verdrängung der Blaualgen zugunsten besser ingestierbarer Algengruppen. Damit wird die Ernährungssituation des Zooplanktons verbessert, wodurch das Phytoplankton infolge des verstärkten Grazingdruckes effektiver kontrolliert wird, was abermals positiv auf den Sauerstoffhaushalt wirkt. Einzelne Maßnahmen können durch zahlreiche Rückkoppelungsschleifen eine sich selbst verstärkende Reoligotrophierung im System erreichen.*

*Obwohl die Maßnahme des Bewachsenen Bodenfilters nicht umgesetzt wurde, zeigte der Willersinnweiher weitreichende Veränderungen, sowohl der physikalisch-chemischen Parameter als auch in der Biozönose, die im Folgenden detaillierter dargestellt werden.*

# 5 Entwicklung der physiko-chemischen Parameter

Die Entwicklung der physiko-chemischen Parameter im Willersinnweiher wird sehr stark von den veränderten Nährstoffeinträgen geprägt, die seit der Durchführung der Sanierungsmaßnahmen wirken. Deshalb soll zunächst die Eintragssituation am Willersinnweiher näher beleuchtet werden. Da auch der Verlauf der Witterung in gewissem Umfang die biogeochemischen Prozesse im See steuert, wird im Anschluss kurz auf den Witterungsverlauf im Untersuchungszeitraum eingegangen.

## 5.1 Bilanzierung des Phosphoreintrages

Wie in Kapitel 3.4 (S. 27) kurz geschildert, müssen an Baggerseen mehrere Phosphor-Eintragsquellen berücksichtigt werden, wobei dem Grundwasser oftmals eine herausragende Rolle zukommt. Dieser Eintrag entzieht sich jedoch, ebenso wie die trockene und nasse Deposition, einer kurzfristigen Beeinflussung im Rahmen von Sanierungsmaßnahmen und kann bestenfalls in langen Zeiträumen in Richtung geringerer Nährstoffgehalte beeinflusst werden.

### 5.1.1 Wasserhaushalt und Grundwasser

Der Willersinnweiher besitzt als Baggersee keine oberirdischen Zu- und Abflüsse; somit ist das Grundwasser wichtig für die Wasserqualität des Sees. Die geogene Grundbelastung des Grundwassers mit Nährstoffen ist im Oberrheingebiet als gering anzusehen. Die Landesanstalt für Umweltschutz Baden-Württemberg (LfU 1996) veranschlagt auf der Basis verschiedener Studien (LfU 1975, 1977, 1981) diese geogen bedingte Konzentration auf 12 µg/l TP. Allerdings ergeben sich primär aus der intensiven landwirtschaftlichen Nutzung im gesamten Gebiet erhebliche Nährstoffeinträge in das Grundwasser. Daneben sind lokal bis regional punktuelle Verunreinigungen, beispielsweise durch eine undichte Kanalisation, Schadstoffeinleitungen oder Deponien, nicht zu unterschätzen.

Angesichts der Bedeutung des Grundwassers für die Wasserqualität im See wurde diese Nährstoffquelle im Rahmen des Projektes näher untersucht. Dafür wurden rund um den Willersinnweiher in den Oberen Grundwasserleiter neun Beobachtungsrohre eingebracht, an denen mehrfach Proben entnommen und im Labor chemisch analysiert wurden. Der Pegel 2 befand sich am Nordufer und musste bei der Erweiterung des Sees im Rahmen der Flachufermodellierung entfernt werden.

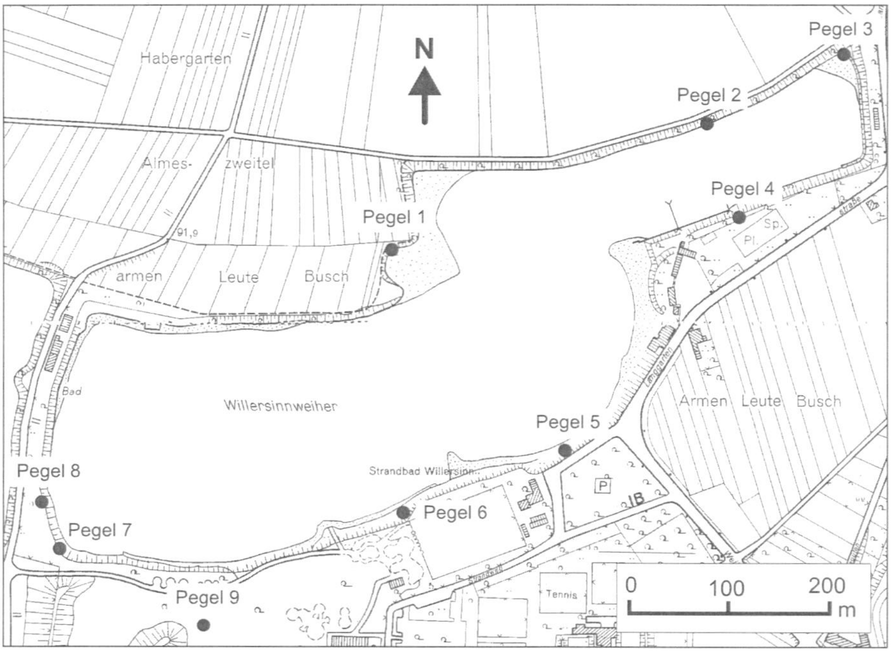


**Abb. 7: Lage der Grundwasserrohre am Willersinnweiher**

Aus den Analysen ergibt sich, wie aufgrund der intensiven landwirtschaftlichen Nutzung im gesamten Oberrheingebiet zu erwarten ist, eine erhebliche anthropogene Beeinflussung (s. Abb. 8 und Abb. 9). Die durchschnittliche Gesamtphosphor-Konzentration aus dem Mittel aller Analysen liegt bei 0,16 mg/l, wobei eine beträchtliche Spannbreite von 0,01 bis 0,48 mg/l registriert wurde (vgl. Abb. 8). Die Gesamtstickstoff-Analysen ergeben eine mittlere Konzentration von 2,7 mg/l, die Schwankungsbreite liegt dabei zwischen 0,5 bis 14 mg/l (Abb. 9). Die Abbildungen zeigen teilweise recht große Konzentrationsunterschiede zwischen den einzelnen Probenahmeterminen, vor allem aber auch deutliche Unterschiede zwischen den Pegelstationen. Dabei kann nicht unmittelbar zwischen Grundwasserzufluss und Seeabfluss unterschieden werden. Auffällig war bei den TP-Gehalten vor allem der Pegel 4 auf dem südlich des Sees gelegenen Vereinsgelände des LSV, der durchweg sehr niedrige Phosphorgehalte von deutlich unter 0,05 mg/l aufwies. Bei den Stickstoffgehalten fallen die Pegel 1, 4 und insbesondere Pegel 9 durch eine überdurchschnittliche Belastung auf. Wobei kein offensichtlicher Zusammenhang zwischen der vermeintlichen Zufluss- und Abflussrichtung existiert. Pegel 1 liegt nahe der alten Flachuferzone aber auch nicht allzu weit von landwirtschaftlicher Nutzfläche, die nördlich angrenzt, also in Abflussrichtung. Die Pegel 9 und 4 befinden sich südlich des Sees, d.h. in Zuflussrichtung. Im Vergleich dazu weisen die Pegel 2 und 3 sowie 5 bis 8 recht einheitliche TN-Konzentrationen auf, die sich im Regelfall um 0,6 bis 1,2 mg/l bewegen.

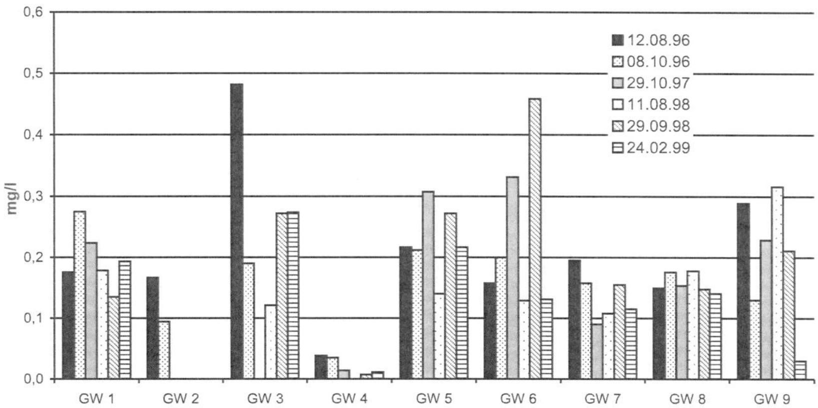


**Abb. 8: TP-Konzentrationen im Grundwasser**

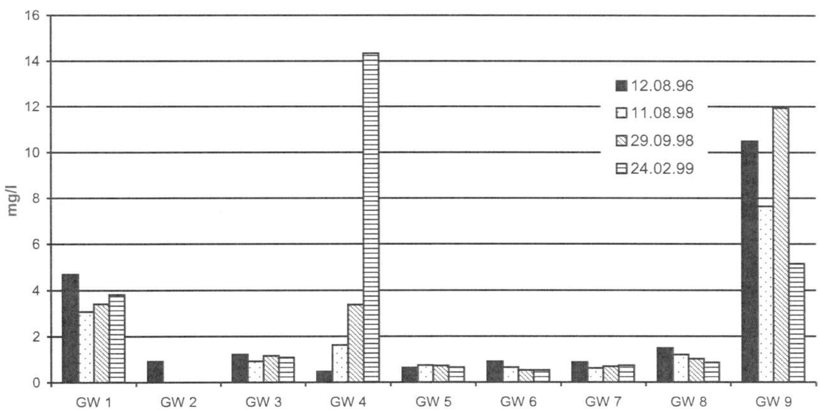


**Abb. 9: TN-Konzentrationen im Grundwasser**

Würden die TP- und TN-Konzentrationen im See auf dem gleichen Niveau wie die Mittelwerte der Grundwasseranalysen liegen, so ergäbe sich aus der OECD-Kassifikation (1982) ein hypertropher Status des Sees (vgl. Tab. 1, S.8). Diese Konzentrationen wurden allerdings in der Vergangenheit zu keiner Zeit erreicht (Daten des LfW).

Nach der "Hydrogeologischen Kartierung und Grundwasserbewirtschaftung im Rhein-Neckar-Raum" (MINISTERIUM FÜR UMWELT BADEN-WÜRTTEMBERG et al. 1987) durchfließt das Grundwasser den See von SSW (aus der Richtung des Rheines) in Richtung NW. Gemäß der Kartierung verläuft die Trennstromlinie, welche diese Fließrichtung von einer differierenden aus WSW nach ONO trennt, am künstlich geschaffenen Damm, welcher zwischen dem Willersinnweiher und dem Begütenweiher liegt. Die Fließrichtung am Willersinnweiher ist mit einem gewissen Unsicherheitsfaktor zu versehen. Messungen des Institutes für Umweltphysik der Universität Heidelberg im Jahr 1999 bestätigten das Einfließen des Wassers aus Süden (freundliche mündliche Mitteilung von U. Wollschläger). Allerdings ist davon auszugehen, dass diese Strömungssituation im Jahresverlauf je nach Witterungsbedingungen (Niederschlag, Verdunstung etc.) und Grundwasserentnahme variieren kann. Vier Wasserwerke in der Umgebung sowie weitere Verbraucher üben wahrscheinlich Einfluss auf die natürliche Strömungsrichtung aus. Auch die chemischen Analysen lassen, wie oben dargestellt, keinen Schluss auf Zu- und Abstromsituation zu. Aus diesen Gründen wurden alle Pegelmessungen als potentielle Eintragsquellen betrachtet und für die Berechnung des jährlichen Phosphoreintrags der Mittelwert aus allen Analysen genommen.

Auf der Basis des kf-Wertes und des hydraulischen Gefälles des Grundwasserleiters kann in Verbindung mit dem grundwasserwirksamen Seequerschnitt eine einfache Bilanzierung des Grundwasserzuflusses und somit der Wasseraustauschrate im See vorgenommen werden. Zur Berechnung dieser wichtigen Kenngröße am Willersinnweiher wurde die südliche Anströmrichtung zugrunde gelegt. Daraus ergibt sich bei einer Fließgeschwindigkeit im Bereich von 0,2-0,3 m am Tag (Hydrogeologischen Kartierung und Grundwasserbewirtschaftung im Rhein-Neckar-Raum, 1987) und einer Querschnittsfläche in der angenommenen Fließrichtung des Grundwassers von etwa 6.000 $m^2$ eine theoretische Wasseraufenthaltszeit im See von zwei bis drei Jahren.

Mittels der jährlichen Zuströmung in Höhe von etwa 440.000 $m^3$, bzw. auf der Basis der schnelleren Fließgeschwindigkeit von 660.000 $m^3$ und den mittleren Phosphorgehalten im Grundwasser von 0,16 mg/l, würde der Phosphoreintrag in den Willersinnweiher aus dieser Quelle im Bereich von etwa 70 bis über 100 kg pro Jahr betragen. Da Seen natürlicherweise als Nährstoffallen fungieren, würde der größte Teil dieses Zuflusses im See verbleiben und dort akkumuliert werden.

Diese Werte sind jedoch mit sehr vielen Fragezeichen zu versehen, da an Seen ohne oberirdische Zu- und Abflüsse eine exakte Wasserhaushaltsbilanzierung und damit auch die Phosphorbilanzierung sehr schwierig ist. Deren Wasserhaushalt wird nahezu ausschließlich von der Menge des zufließenden Grundwassers und dem Abdichtungsgrad von Ufer und Seegrund bestimmt. Die Voraussetzungen (gemäß LfU 1996), welche für die Gültigkeit der oben angewandten einfachen Berechnungsgrundlagen erfüllt werden sollten, sind in Tab. 6 zusammengefasst. Werden diese Bedingungen eingehalten, sollte der Chemismus des Seewassers zumindest während der Zirkulation mit dem des Grundwassers weitgehend übereinstimmen. Die Tabelle gibt ebenso Auskunft über die Gegebenheiten am Willersinnweiher.

**Tab. 6: Voraussetzungen für die Anwendung einfacher Bilanzrechnungen über den Grundwasserzustrom und deren Gültigkeit am Willersinnweiher**

| Voraussetzungen für die einfache Bilanzierung | Bedingungen am Willersinnweiher |
|---|---|
| keine Stratifizierung des Aquifers | unbekannt |
| aerobe Bedingungen, hohe Nitratgehalte des Aquifers | nicht gegeben |
| großes hydraulisches Gefälle und Durchlässigkeit | nicht gegeben |
| keine Abdichtung der Seeufer | nicht gegeben |
| keine Rücklösungsprozesse aus dem Sediment | nicht gegeben |

Die genannten Bedingungen werden am Willersinnweiher überwiegend nicht erfüllt, bzw. es liegen keine genaueren Erkenntnisse darüber vor. Der Vergleich der mittleren Konzentrationen reaktiver Ionen im Willersinnweiher mit denen der Grundwasseranalysen der nahe gelegenen Pegel, zeigt deutliche Unterschiede.

**Tab. 7: Mittlere Konzentrationen reaktiver Ionen im See und im Grundwasser**

| Ion | Grundwasser (mg/l) (gemittelt 1996-1999) | See (mg/l) (gemittelt 1990-1995) |
|---|---|---|
| TP | 0,16 | 0,09 |
| TN | 2,7 | 1,2 |
| $Ca^{+}$ | 136 | 101 |
| $HCO3^{-}$ | 251 | 140 |
| $NO_3^{-}$ | 1,6 | 0,3 |

Der Vergleich von Grund- und Seewasser zeigt deutliche Konzentrationsunterschiede bei einigen wichtigen Ionen. Dabei sind insbesondere die Nährstoffkonzentrationen von Phosphor und Stickstoff bedeutend. Sowohl die TP- als auch die TN-Konzentration ist im Grundwasser erheblich höher als im Seewasser. Ein weiterer Beleg für die Unzulänglichkeit einfacher Modelle am Willersinnweiher.

Die mittlere Phosphorkonzentration des Grundwassers von 0,16 mg/l (Zeitraum 1996-1999) weicht sehr deutlich von der im Zeitraum von 1990 bis 1995, also vor Beginn der Reoligotrophierungsmaßnahmen gemittelten Konzentration während der Frühjahreszirkulation von 0,09 mg/l (berechnet nach Daten des LfW) ab. Zur Erklärung dieser Diskrepanz sind mehrere Ansätze denkbar:

- Infolge einer starken Abdichtung der Ufer ist der Grundwasserzufluss wesentlich geringer, als dies in der Berechnung zugrunde gelegt wurde.
- Die Pegel erfassen nur die oberen Meter des Grundwasserleiters. Ist dieser deutlich stratifiziert, so sind die analysieren Proben möglicherweise nicht repräsentativ und zeigen zu hohe Werte.
- Die Zuströmung erfolgt hauptsächlich aus der Richtung, die durch den am geringsten belasteten Pegel abgedeckt wird. Durch die Gleichgewichtung aller Pegel wird die Phosphorbelastung des Grundwassers überschätzt.
- In den letzten Jahren könnte eine starke Veränderung der Belastung des Grundwassers stattgefunden haben.

Tatsache ist auf jeden Fall, dass die mittlere Phosphorkonzentration im See bereits vor Beginn der Maßnahmen, wesentlich niedriger lag als der Mittelwert aller Grundwasserproben. Diese Diskrepanz hat sich im Laufe der Untersuchungsjahre, mit der Reoligotrophierung des Sees, noch deutlich verstärkt. Eine wichtige Ursache für die Überschätzung ist sicherlich ein in der Realität deutlich geringerer Grundwasserzufluss, als dies auf der Basis der hydraulischen Durchlässigkeit des Grundwasserleiters anzunehmen ist. Im Rahmen des an der Universität Heidelberg laufenden Graduiertenkollegs „Wirkung fluider Phasen auf Locker- und Festgesteine" (GRK 273) wird gegenwärtig an der Modellierung der Grundwasserdynamik am Willersinnweiher gearbeitet (Bearbeiterin: Ute Wollschläger, Institut für Umweltphysik der Universität Heidelberg).

### 5.1.2 Sonstige Eintragspfade

Es muss davon ausgegangen werden, dass durch eine wesentlich geringere Wasseraustauschrate, als dies im vorhergehenden Kapitel überschlagsmäßig berechnet wurde, der Chemismus des Willersinnweihers stark von seeinternen Prozessen (Bindung und Rücklösung in Sedimenten, Bindung in Biomasse etc.) gesteuert wird. Da sich bereits die wahrscheinlich wichtigste Eintragsquelle, das Grundwasser, einer Erfassung entzieht, bleibt die Eintragsbilanz unsicher. Dennoch wird im Anschluss versucht anhand von Analogschlüssen aus der Literatur (vgl. auch LfU 1996) die Bedeutung der einzelnen Eintragsquellen für den Phosphorhaushalt im Willersinnweiher abzuschätzen. Die Werte beziehen sich auf die Zeit nach dem die Reoligotrophierungsmaßnahmen bereits greifen.

**Trockene und nasse Deposition**: Nach HAMM (1991) ist bei einer Niederschlagsmenge von etwa 840 mm/m$^2$ (also rund 200 mm mehr als am Willersinnweiher) mit einem Phosphoreintrag von ca. 0,4 kg/ha im Jahr zu rechnen. Andere Autoren (z. B. ZIMMERMANN 1991) gehen von höheren Phosphoreinträgen bis 1 kg/ha im Jahr aus.

Legt man den oben genannten Wert nach HAMM (1991) zugrunde, ergibt sich für den Willersinnweiher aus der nassen und trockenen Deposition ein jährlicher Phosphoreintrag von insgesamt etwa 7 kg. Da keine Niederschlagsanalysen aus nahegelegenen Regensammlern zur Verfügung stehen, muss mit einem gewissen Unsicherheitsfaktor gerechnet werden.

**Falllaubeintrag**: Die Bedeutung des Laubeintrages als einem eutrophierungsrelevanten Parameter wird kontrovers diskutiert. KLAPPER (1992) sowie CASPER et al. (1985) gehen für den oligotrophen Stechlinsee, der in einem Waldgebiet liegt, von einem geringen Anteil der Phosphorzufuhr durch Laubeintrags aus. Insgesamt kann durch den Laubfall eines Baumes eine organisch gebundene Phosphormenge von rund 5 g eingetragen werden (KEIM & GEISSLER 1992 in LfU 1996). Von diesem wird jedoch nur ein sehr geringer Anteil von maximal 5 % als wasserlösliches, algenverfügbares Phosphor kurzfristig freigesetzt (CASPAR et al.1985). Untersuchungen von BOSTRÖM (1984) haben ergeben, dass Sedimente aus Falllaub ein geringes Nährstoff-Rücklösungsvermögen besitzen.

Der Willersinnweiher liegt in einer eher durch Felder geprägten, offenen Landschaft. Bäume grenzen nur vereinzelt direkt an den See (insbesondere am Westufer). Die meisten der Bäume in der Umgebung stehen nicht direkt am See, und folglich erreicht nur ein kleinerer Teil des Laubes tatsächlich das Seewasser. Zudem wurde im Rahmen der Modellierung von Flachuferzonen ein größerer Teil des vorhandenen Baumbestandes (Pappeln) am See entfernt. Die neu gepflanzten standortgemäßen Arten liefern momentan nur wenig Laub. Dies wird sich mit dem zunehmenden Alter der Bäume sicherlich ändern; auf die Gesamtbilanz hat dies jedoch nur geringen Einfluss. Zusammenfassend ist der Laubeintrag am Willersinnweiher nicht als relevanter Eutrophierungsfaktor anzussehen.

Nach der Umgestaltung des Nordufers, welche 1997 stattfand, wird durch den Laubfall der Bäume von einem maximalen Phosphoreintrag von 2 kg/a ausgegangen.

**Wasservögel**: Auch die Bedeutung der Wasservögel für die Eutrophierung von stehenden Gewässern ist umstritten. An Rastplätzen von Zugvögeln kann aufgrund der enormen Vogelzahlen von einem nennenswertem Einfluss ausgegangen werden. An hiesigen Seen muss selbst bei relativ hoher Vogeldichte mit einer bescheidenen Bedeutung gerechnet werden (ZIEMANN 1986). Nach MANNY et al. (1975) enthält die tägliche Fäkalienmenge einer Kanadagans ca. 0,5 g Phosphor, wovon jedoch nur 16 % direkt in Lösung gehen.

Für den Willersinnweiher bedeutet dies einen Eintrag durch ca. 20 Kanadagänse von rund 1 kg (bei 120 Aufenthaltstagen). Wobei lokal deutliche Unterschiede in der Bedeutung des Eintrags durch Wasservögel auftreten. So wird die alte Flachuferzone durch einen geringen Wasseraustausch und eine hohe Frequentierung durch verschiedene Vögel (Gänse, Enten, Bläßhühner, Kormorane, Graureiher usw.) sicherlich stärker betroffen sein als die Westseite mit ihren steilen Ufern. Dem steht allerdings ein Austrag gegenüber, da die Tiere dem See Biomasse und damit Phosphor entziehen.

Ein Problem für den See ist eher der mit der Fütterung der Tiere in Verbindung stehende Eintrag von Nahrungsmitteln in den See. Für die Mineralisierung von 1,5 kg Brot wird 1 kg Sauerstoff benötigt, was dem gesamten Sauerstoff von 100 $m^3$ sauerstoffgesättigtem Wasser entspricht. Zusätzlich können bei sehr starker Fütterung hygienische Probleme durch Keime auftreten.

**Badenutzung**: Durch die Badenutzung von Seen kommt es einerseits zur Schädigung durch die direkte Einbringung von Nährstoffen in das Seewasser, andererseits muss auch die Beeinträchtigung des Lebensraumes durch mechanische Störung berücksichtigt werden. Mechanische Störungen ergeben sich beispielsweise durch den Vertritt von Röhrichten und Störungen von Rückzugsgebieten sowie Sedimentaufwirbelung in Flachuferbereichen. Der Nährstoffeintrag durch Badende konzentriert sich auf die Sommermonate. Pro Badegast muss je Tag mit einem Eintrag von ca. 1,8 g Stickstoff und 0,1 g Phosphor durch Urin, Schuppen, Schweiß, Badeöl etc. direkt in das Epilimnion gerechnet werden (PSENNER et al. 1984, SCHARF & LÜTTMANN 1990).

Für den Willersinnweiher ist in den letzten Jahren (möglicherweise aufgrund der zeitweisen Sperrungen des Sees für den Badebetrieb, nach der Überschreitung mikrobieller Grenzwerte) ein deutlicher Rückgang der Badegäste festzustellen. Bei einem durchschnittlichen Badebetrieb von geschätzt 50 Badegästen/Tag an 90 Tagen im Jahr ergibt sich im Moment für den Willersinnweiher ein Phosphoreintrag von etwa 0,5 kg im Jahr.

**Fischereiliche Nutzung**: Eine nicht angepasste fischereiliche Bewirtschaftung führt zu mechanischen Störungen sowie zu Nährstoffeintrag z.B. durch übermäßigen Fischbesatz, Anfütterung sowie Düngung. Insbesondere vom Anfüttern der Fische geht ein Eutrophierungspotential aus, da 1 kg Anfütterungsmaterial ca. 1 bis 3 g Phosphor enthält (ZIEMANN 1986). Hinzu kommt die oben erwähnte Sauerstoffzehrung bei Mineralisierungsprozessen im See. Wird in Seen auf das Anfüttern und die Düngung verzichtet sowie ein angepasster Besatz und eine entsprechende Bewirtschaftung durchgeführt, kann ein starker Nährstoffeintrag über diese Quellen wirksam vermieden werden. Eine solche adäquate Bewirtschaftung, mit einem standortgemäßen Fischbesatz und dem Verzicht auf Anfütterung, sollte es am Willersinnweiher zumindest seit 1996 geben.

Für den Willersinnweiher wird, bei einer derzeit nicht sehr starken fischereilichen Nutzung, von einem Phosphoreintrag durch diese Quelle von 3 kg pro Jahr ausgegangen.

Diesem Wert steht ein nur sehr schwer abzuschätzender Phosphorentzug durch Fischentnahme entgegen, der momentan auf 1 kg/a veranschlagt wird.

**Oberflächenabfluss**: Mit erosionsbedingten Nährstoffeinträgen ist in Baggerseen ohne oberflächigen Zufluss nur im Uferbereich zu rechnen, wo durch Niederschlag und Welleneinwirkung Bodenmaterial in den See gebracht wird. Handelt es sich bei eingetragenem Material um sandig-kiesiges Substrat, so ist nur mit einem minimalen Phosphoreintrag zu rechnen. Selbst bei Eintrag von Feinmaterial ist aufgrund der chemischen Eigenschaften des erodierten Materials eher mit einer Nährstoffbindung zu rechnen (SCHEFFER & SCHACHTSCHABEL 1998). Dennoch wird über Feinmaterial Phosphor ins Gewässer eingetragen, da unter bestimmten Bedingungen eine Rücklösung des an das Sediment gebundenen Phosphors möglich ist.

Am Willersinnweiher wird von einem jährlichen Phosphoreintrag durch oberflächigen Zufluss von maximal 0,5 kg ausgegangen.

**Einsickerung von Abwasser**: Ein weiterer, nicht bilanzierbarer Unsicherheitsfaktor war zu Beginn des Projektes ein etwaiger Nährstoffeintrag aus der Kanalisation sowie den bei Seeanliegern vorhandenen Abwassergruben. Diese potentiellen Eintragsquellen wurden, wie beschrieben (Kapitel 4.1, S. 29), zu Beginn des Projektes ausgeschaltet, und können zumindest seit diesem Zeitraum als relevante Phosphorquellen vernachlässigt werden. Für frühere Jahre muss allerdings, zumindest bis 1992, mit einem nachweislich erheblichen Eintrag in den Oberen Grundwasserleiter gerechnet werden (LfW 1996).

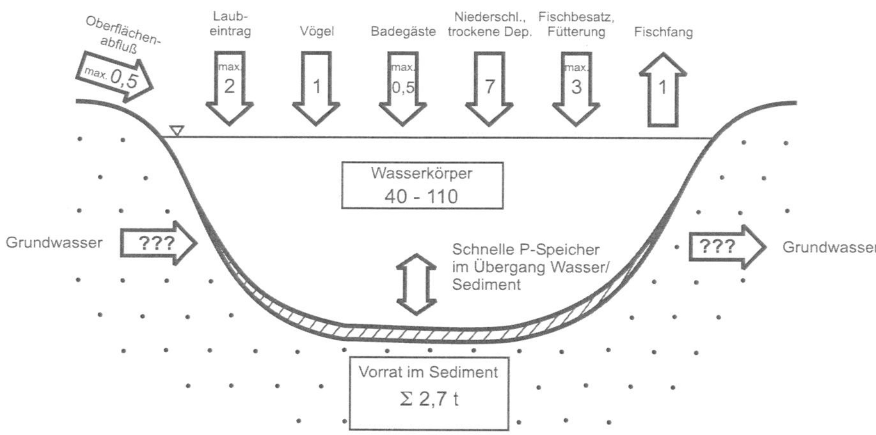


**Abb. 10: Modell der aktuellen jährlichen Phosphorbelastung des Willersinnweihers aus den verschiedenen Eintragsquellen (kg/a)**

Die natürliche Funktion von Seen als Nährstoffallen in der Landschaft bewirkt die Akkumulation dieser Einträge über die Jahre. Verkürzt dargestellt, war die Folge einer stark anthropogen geprägten Umwelt, einer ungünstigen Topographie des Seebeckens und einer teilweise nicht angepassten Nutzung des Willersinnweihers, dessen rasch zunehmende Eutrophierung. Diese führte bis 1996 immer wieder zu geringen Sichttiefen und zu Sauerstoffmangelsituationen im See. Dadurch wurde einerseits das Ökosystem als ganzes geschädigt, andererseits aber auch die Nutzung des Sees als Freizeitgewässer bedroht.

Die dargestellte Abschätzung lässt am Willersinnweiher heute insbesondere das Grundwasser und die nasse und trockene Deposition als wichtige Eintragsquellen erscheinen. Der Eintrag durch eine undichte Kanalisation und Abwassergruben kann nach den durchgeführten Maßnahmen wahrscheinlich vernachlässigt werden. Die Höhe des Nährstoffeintrags aus dieser Quelle vor dem Greifen der Maßnahmen, kann nicht abgeschätzt werden; es kann allerdings vermutet werden, dass diese zeitweise beträchtliche Ausmaße angenommen hatte.

Aus den dargestellten diffusen Quellen ergeben sich ohne Berücksichtigung des Grundwassers gegenwärtig Phosphoreinträge von mindestens 14 kg/a. Da die Wasserbilanz des Sees und damit auch der Phosphoreintrag über das Grundwasser überaus unsicher ist, erscheint es sinnvoll, auf die Berechnung der jährlichen flächenbezogenen Belastung nach dem Vollenweidermodell zu verzichten, da diese in hohem Maße spekulativ wäre.

Die meisten der oben dargestellten Phosphor-Eintragspfade sind nicht, bzw. nur sehr unzureichend oder in langfristigeren Zeitdimensionen beeinflussbar. Gerade das Grundwasser und die nasse und trockene Deposition als sehr wichtige Nährstoffquellen zählen dazu. Auch der Laubeintrag sowie der Eintrag durch Vögel können nur gering beeinflusst werden. Da der Willersinnweiher ein Badesee ist, und diese Naherholungsfunktion auch erhalten bleiben soll, wird auch immer ein gewisser Nährstoffeintrag durch Badegäste in den See gelangen. Durch Informationsarbeit kann aber sowohl der Nährstoffeintrag durch Badegäste als auch durch die Fütterung der Tiere bis zu einem gewissen Grad verringert werden.

Der große Nährstoffpool im Sediment könnte durch einige in Tab. 2 (S. 12) erwähnte Maßnahmen verringert, bzw. die Rücklösung daraus, z.B. durch Belüftungsmaßnahmen, reduziert werden. Maßnahmen wie die Entschlammung sind allerdings sehr kostenintensiv und bei Gewässern der Größe und Tiefe des Willersinnweihers nur unter Schwierigkeiten zu bewerkstelligen. Zudem muss hier dem Status als offizielles Badegewässer Rechnung getragen werden. Die Maßnahmen dürfen diese Nutzung nicht einschränken oder gefährden. Des weiteren sind einige Verfahren, wie beispielsweise die Zwangszirkulation, in Rheinland-Pfalz an solchen Seen nur in Notsituationen gestattet, um die Seen vor dem Umkippen zu bewahren. Durch die eingeleiteten Sanierungs- und Restaurierungsmaßnahmen sollte sich die Sauerstoffsituation im See so weit entspannen, dass die redoxsensitive Rücklösung verringert wird, und das Sediment seine Speicherfunktion effektiv erfüllen kann, was über die in Abb. 5 (S. 28) dargestellten Rückkoppelungseffekte zu einer beschleunigten Entlastung des Sees führen kann.

## 5.2 Meteorologische Bedingungen im Untersuchungszeitraum

Die meteorologischen Bedingungen, wie Lufttemperatur oder Windgeschwindigkeit, wirken direkt oder indirekt über physikalische Prozesse auf den Wasserkörper eines Sees. Hier beeinflussen sie in starkem Maße sowohl chemisch-physikalische Kenngrößen, als auch die Biotik. Die jährlichen Schwankungen der biogeochemischen Parameter eines Sees werden dabei maßgeblich vom Witterungsverlauf, insbesondere im Frühjahr und Herbst beeinflusst.

Die Lufttemperaturen steuern maßgeblich das Auftreten von Schichtungs- und Zirkulationsphasen im See und nehmen damit in besonderem Maße Einfluss auf die biogeochemischen Prozesse im See. Deshalb sollen im Folgenden anhand von Halbstunden- sowie Mittelwerten über 24 Stunden die Bedingungen der drei Untersuchungsjahre kurz dargestellt werden.

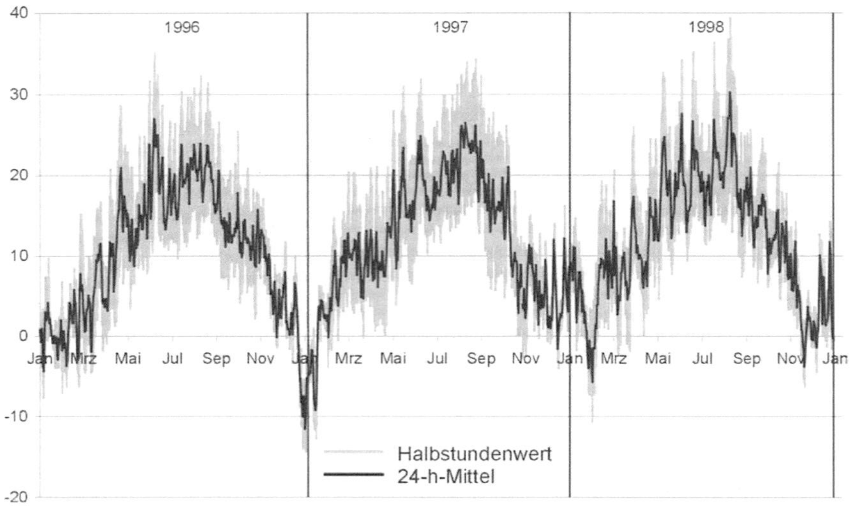


**Abb. 11: Verlauf der Lufttemperaturen an der Station Ludwigshafen/ Mundenheim 1996-1998** (Halbstundenwerte und 24-Sunden-Mittel; berechnet nach Daten des ZIMEN des Landesamtes für Umweltschutz und Gewerbeaufsicht Rheinland-Pfalz)

Das Temperaturgeschehen des Jahres 1996 war in Bezug auf die Dynamik des Seewasserkörpers vor allem im zeitigen Frühjahr auffällig, als die Tagesmitteltemperaturen noch bis März im negativen Bereich lagen. Folge davon war eine lange Eisbedeckung, die erst durch einen massiven Warmlufteinbruch Anfang März beendet wurde. Mit diesem brach die Eisdecke schnell auf, und die Mitteltemperaturen der Luft stiegen vom 13.3. bis 25.3. von -0,7 °C auf 12 °C, was im See den Beginn der Schichtung zur Folge hatte. Die Wassertemperaturen lagen oberflächennah am 21.3. bei 9 °C und erreichten am 17.4. in den oberen zwei Metern bereits Werte zwischen 12,5 bis 16 °C, während im Hypolimnion 6 °C erreicht wurden. Aufgrund der Witterung wurde eine sehr scharfe Thermokline im See ausgebildet. Im Herbst 1996 sank die mittlere Lufttemperatur ab Mitte November auf Werte um 5 °C. Die Wassertemperaturen sinken damit ebenso auf einheitliche Temperaturen ab und es wird eine Zirkulation ermöglicht. Der Abkühlungsprozess des Seewassers benötigt jedoch einige Zeit, so dass homogene Temperaturen im gesamten Tiefenprofil erst Mitte Dezember erreicht werden. Zu diesem Zeitpunkt betrug die Sauerstoffsättigung lediglich ca. 40 %.

Im zweiten Untersuchungsjahr herrschten zum Jahreswechsel deutliche Minustemperaturen. Allerdings wurde schon ab dem 19. Januar die Nullgradgrenze überschritten. Die Eisdecke brach bald danach auf und bis Mitte Februar erreichte die Wassertemperatur im gesamten Tiefenprofil 4 °C. Zum gleichen Termin konnte trotz der homogenen Temperaturbedingung die Zirkulation nicht zu einer Sauerstoffsättigung des gesamten Wasserkörpers führen, diese erreichte lediglich 70 %. Dennoch sind diese Sättigungswerte bedeutend besser als 1996, als ab 15 m zu dieser Zeit Werte um 30 % herrschten. Auch in diesem Jahr ist ab Mitte März eine deutliche Temperatursprungschicht im See ausgebildet und der Sauerstoffvorrat wird im Hypolimnion gezehrt. Bis zum 1. April sind dort die Sauerstoffwerte bereits auf 40 % gesunken und nochmals drei Wochen später bis auf 15 %. Kühle Lufttemperaturen werden im Herbst 1997 ab Ende Oktober registriert, eine massive Abkühlung und Absenkung des

Epilimnions in die Tiefe ist die Folge. Homogene Wassertemperaturen liegen dennoch erst im Übergang November/ Dezember vor, was bis Mitte Dezember zu einer Sauerstoffsättigung zwischen 80 bis 90 % führt.

Im Jahr 1998 herrschte Ende Januar/ Anfang Februar eine Kälteperiode mit negativen Lufttemperaturen. Bis Ende März lagen die Tagesmitteltemperaturen zumeist unter 10 °C, erst danach stiegen die Werte deutlich darüber. Durch diese Bedingungen herrschten bis 24.3. in der gesamten Wassersäule Temperaturen um 6 °C. Während zum Beprobungstermin Ende Februar die Sauerstoffsättigung noch nicht bis in die Tiefe durchgedrungen war, konnten bis zur Märzbeprobung erstmals im Untersuchungszeitraum durchgehend 100 % erreicht werden. Einen Monat später war, nachdem sich eine Sprungschicht ausgebildete hatte, eine Zehrung im Hypolimnion feststellbar. Auch im Herbst 1998 wurden erst Mitte Dezember homotherme Bedingungen im See erreicht. Zu diesem Termin betrug die Sauerstoffsättigung immerhin durchgehend 80 %. Aufgrund der fehlenden Eisdecke und der relativ milden Temperaturen wurde bis zum Januar 1999 wiederum eine durchgehende Sauerstoffsättigung im See erreicht.

Die Verknüpfung der meteorologischen Daten mit der Temperaturentwicklung des Wassers zeigt deren bedeutende Einflussnahme, die sich auch in der nun folgenden physiko-chemischen Entwicklung des Sees widerspiegelt. Im Jahr 1996 war die Zirkulation des Willersinnweihers aufgrund der Witterungsbedingungen nur sehr schwach ausgeprägt. Dies gilt verstärkt für das kleine Seebecken, das infolge seiner windgeschützten Lage noch ungünstigere Voraussetzungen für eine Vollzirkulation aufweist. Das Frühjahr 1997 war durch bessere Zirkulationsbedingungen geprägt. Eine Sauerstoffsättigung des gesamten Seewasserkörpers wurde dennoch nicht erreicht. Im Jahr 1998 herrschten erstmals Vollzirkulationsbedingungen, die eine Sauerstoffsättigung im See herbeiführen konnten und damit optimale Startbedingungen für den Sauerstoffhaushalt während der Stagnationsphase schaffte.

## 5.3 Entwicklung der in-situ gemessenen Parameter

Im Folgenden werden zunächst die wesentlichen Ergebnisse aus den chemisch-physikalischen und im Anschluss die biologischen Untersuchungen am Willersinnweiher dargestellt und diskutiert. Mit ihrer Hilfe soll gezeigt werden, wie sich mit den Reoligotrophierungsmaßnahmen die Bedingungen im See verändert haben. Dabei muss aber auch diskutiert werden, inwieweit natürliche annuelle Variabilitäten der meteorologischen Verhältnisse einwirken und etwaige Sanierungserfolge überlagern, bzw. verstärken.

Ohne auch nur eine chemische Analyse im Labor durchführen zu müssen, liefert die Messung einiger Parameter im Tiefenprofil eines Sees aussagekräftige Hinweise auf dessen trophischen Zustand (vgl. Kapitel 1.2.2, S.7). Zu diesen einfach aufzunehmenden Variablen gehören der Sauerstoffgehalt und die Sauerstoffsättigung, der pH-Wert aber auch die elektrische Leitfähigkeit und die Sichttiefe. Der Temperaturverlauf im Tiefenprofil und über die Zeit ist eine wichtige steuernde Größe der biogeochemischen Prozesse im See, welche die oben genannten Parameter entscheidend beeinflusst.

In der Regel werden in den nachfolgenden Abbildungen die Daten von Profil 2 (tiefste Stelle) des Sees dargestellt und diskutiert, stark differierende Befunde am Profil 5 werden teilweise aufgegriffen. Sie indizieren zwar zeitweise eine extreme Belastung dieses Seeabschnittes, besitzen jedoch lediglich eine relativ kleine räumliche Ausdehnung, so dass sie bei der Berechnung der Stoffbilanzen nur eine kleine Veränderung der Ergebnisse in eine stärker belastete Richtung ergeben. Für die Lebensgemeinschaft im kleinen Seebecken ist diese stärkere Belastung sicherlich von großer Bedeutung, da hier beispielsweise hohe Schwefelwasserstoff-Konzentrationen die Organismen schädigen, andererseits höhere Nährstoffgehalte vorliegen, was die Primärproduktion steigert.

### 5.3.1 Temperatur

Der Wärmehaushalt eines Sees ist ein wichtiger regulierender Faktor für alle biogeochemischen Prozesse im See. Auch die Lebensgemeinschaft wird durch die saisonal und von Jahr zu Jahr wechselnden Temperaturverhältnisse entscheidend beeinflusst.

Aufgrund der geringen Wärmeleitfähigkeit von Wasser bildet sich in unseren Breiten in tieferen Seen eine sommerliche Temperaturschichtung aus. Lediglich durch Wind und Wellen verursachte Turbulenzen vermögen einen bedeutenden Wärmeaustausch zu bewirken, und ermöglichen bei nahezu homothermen Verhältnissen im Herbst und Frühjahr die Zirkulation der gesamten Wassermasse. Als Folge der regelmäßigen Durchmischung werden Stoffgradienten aufgehoben und das Wasser mit Sauerstoff gesättigt. Im Verlauf des Frühjahres kommt es durch die steigende Globalstrahlung zur Erwärmung des Oberflächenwassers; eine allmähliche Temperaturschichtung und die Stagnation der Wassermassen sind die Folge. Die warme (leichtere) Oberflächenschicht (Epilimnion) und eine kalte (schwerere) Tiefenschicht (Hypolimnion) werden von einer Sprungschicht (Metalimnion), in der ein Temperaturgradient von mindestens 1K/m herrscht, getrennt. Etwas vereinfacht dargestellt, ist das Epilimnion die Zone, in der photoautotrophe Organismen (Phytoplankton und im Litoral auch Makrophyten) Photosynthese betreiben und Biomasse sowie Sauerstoff produzieren. Dagegen überwiegen im Hypolimnion sauerstoffzehrende Abbauprozesse durch Mikroorganismen. Als Folge der stabilen Schichtungsverhältnisse im Sommer, welche die vertikalen Austauschprozesse gelöster Substanzen stark hemmen, treten in nährstoffreichen Gewässern - durch den bakteriellen Abbau organischer Substanz - anaerobe bzw. reduzierende Bedingungen im Tiefenwasser auf. Diese Verhältnisse beeinflussen den Kreislauf vieler Ionen und der Biozönose im See. Das Metalimnion wirkt auch für das Phytoplankton weitgehend als Barriere und verhindert die Ausschöpfung von Nährstoffressourcen aus dem Hypolimnion, wodurch die Produktivität eines tiefen geschichteten Gewässers im Vergleich zu ungeschichteten Seen vermindert wird.

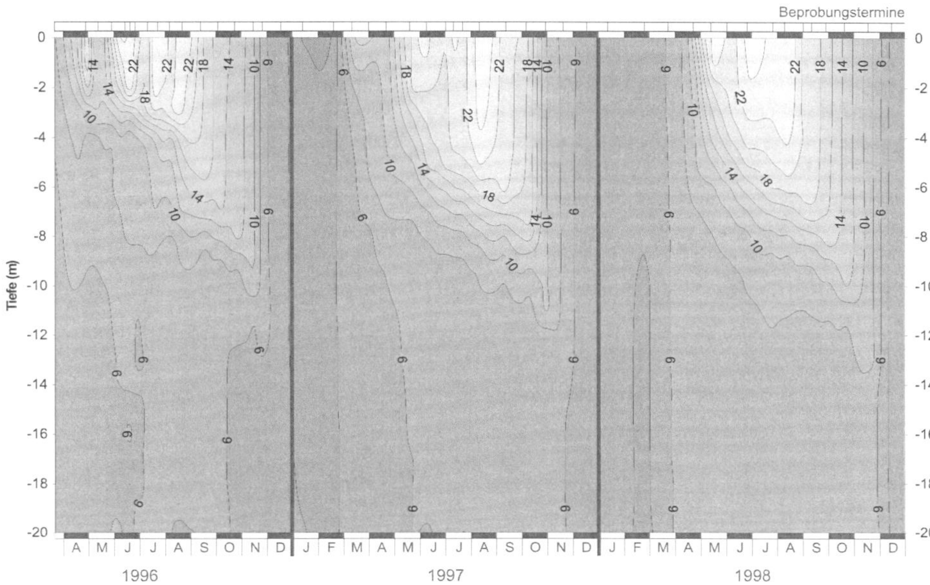


**Abb. 12: Verlauf der Wassertemperaturen im Untersuchungszeitraum (°C)**

Für den Willersinnweiher kann im Isoliniendiagramm in allen drei Untersuchungsjahren grob der typische Verlauf mit sommerlicher Stagnationsphase, abgelöst durch Zirkulationszeiten, nachvollzogen werden. Bei genauerer Betrachtung fällt auf, dass homotherme Bedingungen über das gesamte Tiefenprofil nur in sehr kurzen Zeitspannen erreicht werden, und die Schichtungsphase relativ früh im Jahr, d.h. meist ab März/ April, beginnt. Insbesondere 1996 setzt die Schichtung im Anschluss an eine Eisbedeckung bereits Anfang März ein. Aufgrund der meteorologischen Bedingungen bildet sich in diesem Jahr eine sehr scharfe Sprungschicht bereits in 2 m Wassertiefe aus, während in den darauffolgenden Jahren das Epilimnion wesentlich mächtiger ist. Auch das Frühjahr 1997 ist durch eine frühe Schichtung des Wassers geprägt. Der Einfluss der Witterung überträgt sich auf den Seewasserkörper und beeinflusst hier die biogeochemischen Prozesse, wie auch in den folgenden Abbildungen deutlich wird. Jeweils ab ca. Ende August beginnt die Sprungschicht abzusinken. Durch abnehmende Lufttemperaturen kommt es sukzessive zur Auflösung der stabilen Schichtung, bis schließlich, ab Ende November/ Dezember, annähernd gleiche Wassertemperaturen im gesamten Wasserkörper herrschen. Durch den Einfluss des Windes und die oberflächennahe Abkühlung kann der gesamte Wasserkörper zirkulieren und das Sauerstoffdefizit im See ausgleichen. Im östlichen Seebecken (Profil 5) werden homotherme Bedingungen, aufgrund der geringeren Wassertiefe, meist schon etwas früher erreicht. Im Vergleich der drei Jahre fällt im Frühjahr 1998 eine deutlich länger anhaltende Phase gleicher Temperaturbedingungen im See auf; die Ausbildung einer Temperaturschichtung verläuft infolge der meteorologischen Bedingungen verzögert (vgl. Abb. 11, Verlauf der Lufttemperatur). Dies ermöglicht eine lang andauernde Zirkulation, welche den gesamten Wasserkörper bis zum Seegrund erfasst. Zudem erreicht das warme Oberflächenwasser, wie die folgende Abbildung darstellt, in diesem Sommer größere Tiefen als dies beispielsweise 1996 der Fall ist.

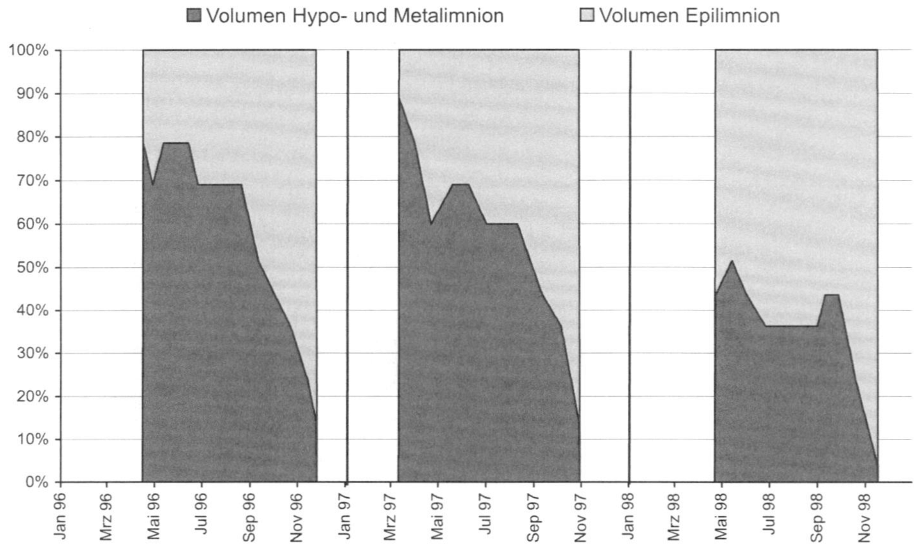


**Abb. 13: Verlauf des Volumens von Meta- und Hypolimnion im Vergleich zum Epilimnion während der Stagnationsphasen im Untersuchungszeitraum**

Die Abbildung zeigt für die Untersuchungsjahre den von der Tiefenlage der Thermoklinen abhängigen Anteil von Epilimnion sowie Meta- und Hypolimnion am gesamten Wasservolumen des Sees. Der Verlauf ist vor allem witterungsabhängig, besitzt aber großen Einfluss auf zahlreiche biogeochemischen Parameter. Insbesondere der Vergleich von 1996 und 1998 zeigt das unterschiedliche Volumen, welches einerseits zum phototrophen Aufbau von Biomasse genutzt werden kann, bzw. dem Abbau abgestorbener Substanz zur Verfügung steht. Aus der Lage der Thermoklinen ergibt sich die jährlich variierende anaerobe Sedimentfläche, aus der Nährstoffe remobilisiert werden können.

## 5.3.2 Elektrische Leitfähigkeit

Die elektrische Leitfähigkeit ist das Maß für die Summenkonzentration der im Wasser gelösten An- und Kationen. Sie ist abhängig von der geologischen Situation und der anthropogenen Beeinflussung im Einzugsgebiet des Gewässers. Im Jahreszeitenverlauf verändert sich das Verteilungsmuster der Ionen im See in Abhängigkeit von den ablaufenden Umsetzungsprozessen. Phytoplankton und Makrophyten entziehen für den Aufbau ihrer Biomasse der trophogenen Zone Ionen. Ferner können in kalkreichen Seen (Hartwasserseen), wie dem Willersinnweiher, insbesondere bei hoher Primärproduktion Fällungsprozesse zum massiven Ionenentzug aus dem Oberflächenwasser führen. Die entstandenen Calcitkristalle unterliegen im Hypolimnion einer teilweisen Rücklösung. Folglich entsteht, in Abhängigkeit von der biotischen Aktivität, ein Ionenungleichgewicht, das aufgrund der oben beschriebenen Dichteschichtung des Wassers nicht ausgeglichen werden kann. Der Zehrung von Ionen im oberflächennahem Wasser steht im Hypolimnion eine Freisetzung durch den Abbau von abgestorbener organischer Substanz und durch die Lösung von Calcitkristallen entgegen, welche ihren Ausdruck im hypolimnischen Anstieg der Leitfähigkeit findet. Zusätzlich verstärken, insbesondere unter anaeroben Bedingungen, Remobilisierungsprozesse aus den Sedimenten den Ionengradienten zwischen Epilimnion und Hypolimnion.

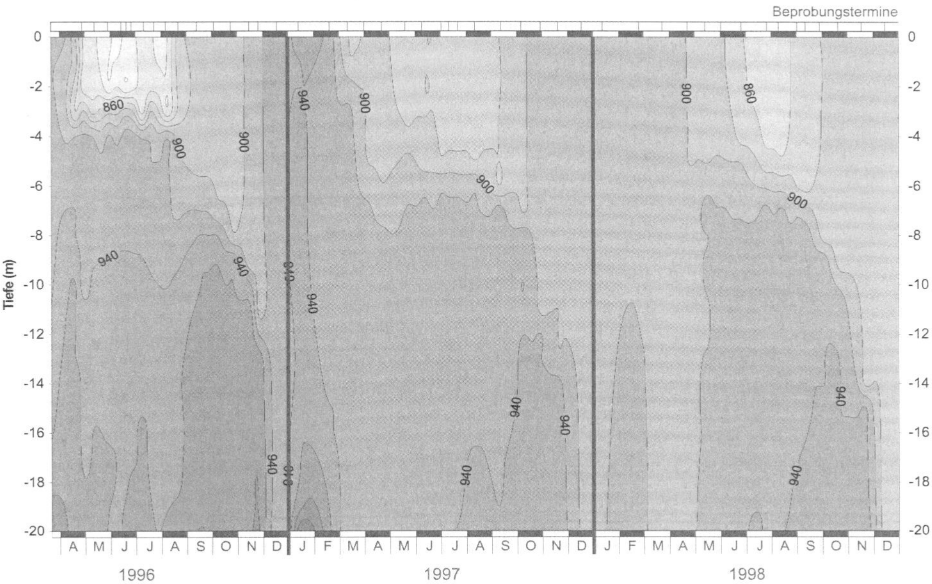


**Abb. 14: Verlauf der elektrischen Leitfähigkeit im Untersuchungszeitraum (µS/cm)**

Der Verlauf der Elektrischen Leitfähigkeit zeigt während jeder sommerlichen Stagnationsphase einen Ionenentzug im Epilimnion und eine Ionenfreisetzung durch Abbauprozesse im Hypolimnion. Diese Differenz war durch die Schichtungsbedingungen und die biotische Aktivität im Jahr 1996 am stärksten ausgeprägt.

Im Willersinnweiher kommt es bei einer mittleren Leitfähigkeit von 920 µS/cm über den gesamten Messzeitraum von drei Jahren, zu einer verschieden deutlich ausgeprägten Differenz der Ionengehalte in Epilimnion und Hypolimnion. Am Profil 2 ist der Kontrast im Jahr 1996, mit einer Differenz von etwa 170 µS/cm, am deutlichsten ausgeprägt (790-965 µS/cm). In den folgenden Stagnationsphasen werden im Epilimnion Leitfähigkeiten von minimal 860 (1997) bzw. 850 µS/cm (1998) ermittelt, während die Maxima im Hypolimnion um 950 µS/cm (1997 und 1998) liegen. Das Jahr 1996 fällt also durch die größere Differenz der Ionengehalte zwischen Epi- und Hypolimnion auf. Hierbei spielen mehrere Faktoren eine Rolle. Zum einen war die biotische Aktivität 1996 stärker als in den Folgejahren und führte so zu einem stärkeren Ionenentzug. Damit im Zusammenhang stehend, ist auch eine intensivere Calcitfällung als Ursache zu nennen. Ein sicherlich gravierender Auslöser für das stärkere Ungleichgewicht im ersten Untersuchungsjahr sind die thermischen Bedingungen. Das Epilimnion und damit auch die trophogene Zone ist in diesem Jahr weniger mächtig ausgeprägt als in den Folgejahren; somit steht für die Primärproduktion nur ein kleineres Wasservolumen zur Verfügung, und die Zehrung fällt, insbesondere bezogen auf dieses kleinere Wasservolumen, wesentlich stärker aus. Eine weitere Auffälligkeit sind die erhöhten Leitfähigkeiten in Grundnähe zur Zeit der Winterstagnation. Sie zeigen, dass im Willersinnweiher unter anaeroben Bedingungen sehr schnell Ionen aus den Sedimenten remobilisiert werden können, die kurzzeitig einen beträchtlichen Anstieg der Leitfähigkeiten bewirken. Mit dem Einsetzen der Frühjahreszirkulation wird diese Ionenanreicherung wieder ausgeglichen. Erreicht die Zirkulation den Grund nicht, so können sie bestehen bleiben, so wie dies 1996 insbesondere im kleinen Seebecken der Fall war.

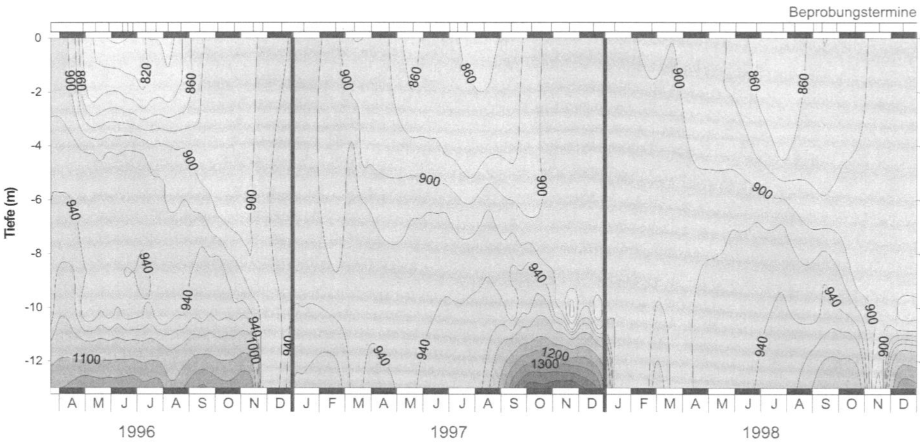


**Abb. 15: Verlauf der elektrischen Leitfähigkeit im kleinen Seebecken (Profil 5) (µS/cm)**

Das Profil 5 zeichnet sich, im Vergleich zum großen Seeteil, durch eine dramatisch erhöhte Leitfähigkeit im grundnahen Hypolimnion aus. Während die elektrische Leitfähigkeit und damit die Ionenkonzentration im Epilimnion nahezu identisch verläuft, treten 1996 im Hypolimnion das gesamte Jahr bis zum Beginn der Herbstzirkulation Leitfähigkeiten bis über 1550 µS/cm auf. Im Jahr 1997 kann dieses Muster, mit Leitfähigkeiten bis 1650 µS/cm, erst ab dem Spätsommer beobachtet werden, wobei die vertikale Ausdehnung größer ist als im Vorjahr. Eine vergleichbare Entwicklung der Leitfähigkeit kann im Sommer 1998 nicht verzeichnet werden. Eine Erklärungsmöglichkeit für diese Besonderheit ist die stärkere Konzentration der Abbauprozesse auf das wegen der geringen Seetiefe kleinere Wasservolumen. Gegen diese Vermutung sprechen aber die wenig intensive Ausprägung 1997 und das fast völlige Ausbleiben 1998, obwohl in diesen beiden Jahren das Hypolimnion noch stärker eingeengt ist. Allerdings fiel die Primärproduktion in diesen Jahren auch geringer aus und ein Teil des Abbaus findet bereits im Epilimnion statt. Da die Anreicherungszone nur sehr grundnah auftritt, sind Remobilisierungsprozesse aus den stark belasteten Sedimenten am Profil 5 sehr wahrscheinlich. Wie bereits erwähnt, blieb die Frühjahreszirkulation 1996 insbesondere im östlichen Seebecken sehr rudimentär. Somit dauert hier die Rücklösung aus den Sedimenten über eine lange Zeitspanne an und bleibt, da keine durchgreifende Zirkulation stattfindet, auch im Frühjahr erhalten. Eine weitere Alternative zu diesem Erklärungsmuster könnte ein Zusammenhang mit dem Grundwasserstand darstellen. Ein vom Wasserstand abhängiger zeitweiser Zufluss von Grundwasser könnte Ionen aus dem Sediment in den Wasserkörper überführen oder aber selbst hoch belastetet Wasser einbringen und damit die starke Belastung von Profil 5 auslösen. Mit dieser Hypothese ließe sich das relativ unregelmäßige Auftreten der Anreicherungszone über dem Sediment plausibel erklären. Auch das Ausbleiben im Jahr 1998, als lediglich eine Erhöhung der Leitfähigkeit wie am Profil 2 gemessen wird, ließe sich gut begründen, da in diesem Jahr der Wasserstand im See außergewöhnlich niedrig war und erst wieder im Verlauf des darauf folgenden Winters und Frühjahres auf normale Werte anstieg. Parallel kommt es ab Dezember wieder zu einem starken Anstieg der Leitfähigkeit in Grundnähe, die das ganze folgende Jahr 1999 erhalten bleibt.

### 5.3.3 Sauerstoff

Der Sauerstoff hat neben dem Kohlendioxid eine steuernde Bedeutung für die biogeochemischen Prozesse in Seen. Er gelangt aus der Atmosphäre sowie durch die Photosynthese der Algen und Makrophyten ins Gewässer. Der Sauerstoffgehalt in der Wassersäule und im Jahresverlauf zeigt sehr deutlich den Gegensatz von trophogener Zone im Epilimnion und tropholytischer Zone im Hypolimnion. Während im Epilimnion bei der Primärproduktion Sauerstoff produziert wird, kommt es im Hypolimnion zum sauerstoffzehrenden Abbau abgestorbener Biomasse. Aufgrund der räumlichen Trennung von Photosynthese und mikrobiellem Abbau in geschichteten Seen dient die Sauerstoffkonzentration im Hypolimnion in einigen Trophiemodellen (OECD, DVWK usw., vgl. Kapitel 1.2.2, S. 7) auch als Parameter der Trophiebestimmung. Während in oligotrophen Seen der hypolimnische Sauerstoffvorrat zum Abbau der sedimentierten Biomasse ausreicht ($O_2$-Sättigung im Hypolimnion lt. OECD >80 %), entsteht in eutrophen Seen während der Sommerstagnation eine anaerobe Tiefenzone. Durch die hohen Schwefelwasserstoff-, Methan- und Ammonium-Konzentrationen in den anaeroben Bereichen, wird das Hypolimnion dann für höhere Tiere und Pflanzen zu einer lebensfeindlichen Region. Mit den anaeroben Bedingungen im Hypolimnion wird zudem einer verstärkten Nährstoffrücklösung aus den Sedimenten Vorschub geleistet (vgl. Kapitel 1.2.3, S. 9 sowie 5.6, S. 89).

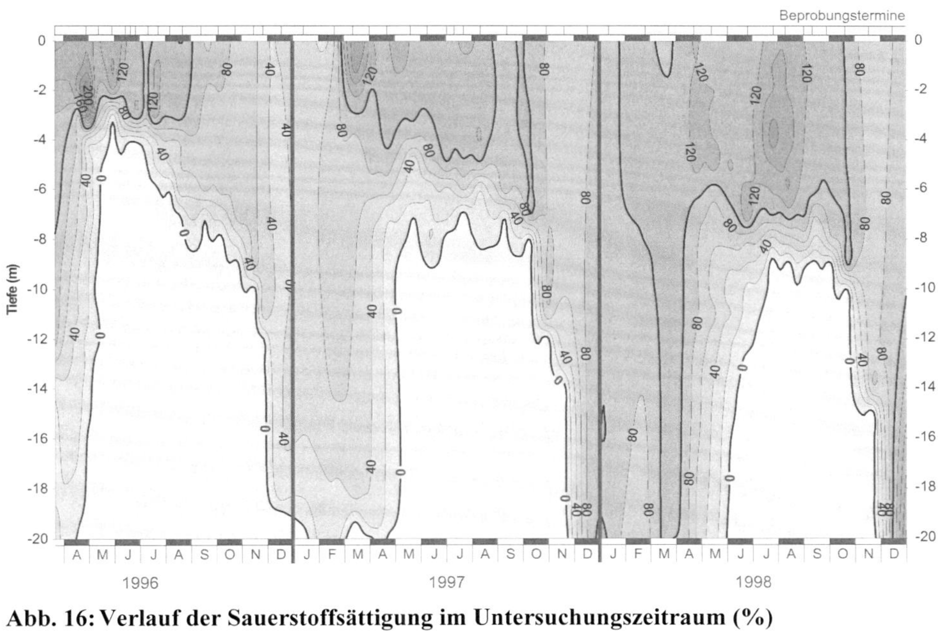


**Abb. 16: Verlauf der Sauerstoffsättigung im Untersuchungszeitraum (%)**

Die Abbildung zeigt die über lange Zeit im Jahr anhaltenden anaeroben Bedingungen im Hypolimnion sowie die von der biotischen Aktivität abhängige Sauerstoffübersättigung im Epilimnion. Auffällig sind das mächtige anaerobe Hypolimnion im ersten Untersuchungsjahr und die engere räumliche und zeitliche Eingrenzung anaerober Bedingungen in den folgenden Jahren.

Im Verlauf des Untersuchungszeitraumes bildet sich im Willersinnweiher zu jeder Stagnationsphase ein anaerobes Hypolimnion aus. Dem gegenüber stehen Phasen mit einer mehr oder minder ausgeprägten Sauerstoffübersättigung im Epilimnion, die 1996 kurzzeitig Werte von über 200 % erreicht. Solche Extremwerte werden in den folgenden Jahren nicht mehr gemessen. Aufgrund der Witterungsbedingungen ist das Epilimnion 1997 und 1998 wesentlich mächtiger ausgebildet, was sich gleichermaßen in den Sauerstoffverhältnissen widerspiegelt. So liegt die Grenze der 100%-Sauerstoffsättigung 1997/98 wesentlich tiefer als 1996. Parallel erreicht das anaerobe Hypolimnion 1996 seine maximale Ausdehnung (bis in 4 m Tiefe) und reicht in den folgenden Jahren nicht so weit in Richtung Wasseroberfläche (1997 bis 7 m; 1998 bis 9 m). Auch die Zeitspanne anaerober Verhältnisse nimmt von 1996 bis 1998 sukzessive ab, was in Abb. 17 deutlicher dargestellt ist. Anaerobe Bedingungen, die nicht nur die unterste Beprobungstiefe umfassten, herrschte 1996 an 34 Wochen im See. Im Jahr 1997 verkürzt sich dieser Zeitraum auf 27 Wochen und 1998 auf 22 Wochen. An dieser Entwicklung haben die meteorologischen Bedingungen einen wesentlichen Einfluss, aber auch die Phytoplanktonentwicklung, bzw. die Besiedelung des Litorals mit Makrophyten ab 1997 spielen eine Rolle. Sie konkurrieren einerseits mit den Algen um Nährstoffe und hemmen somit deren Entwicklung, was die Sauerstoffzehrung im Hypolimnion verringert und bringen zudem aktiv Sauerstoff in tiefere Wasserschichten ein.

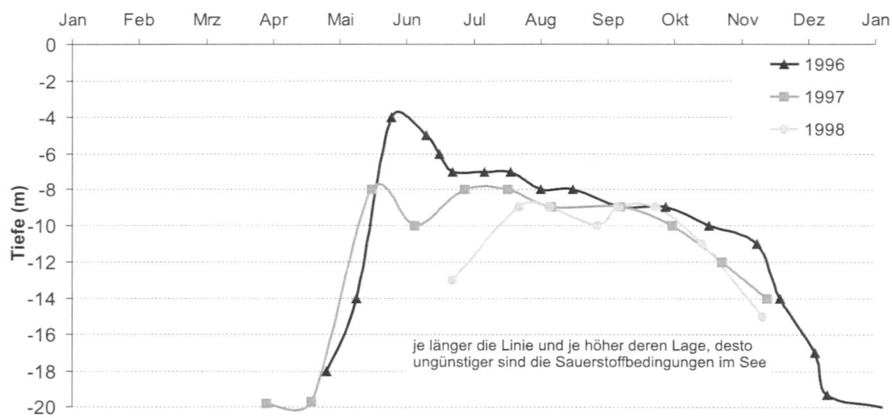


**Abb. 17: Verlauf der Sauerstoff-Nullinie im Untersuchungszeitraum**

Ein wichtiger Faktor für den Sauerstoffhaushalt im See ist die Intensität der Zirkulationsphasen. Die Abb. 16 zeigt für den Willersinnweiher klar die Tendenz zu unvollständigen Zirkulationen. Insbesondere 1996 reicht die Sauerstoffsättigung, die während der Frühjahreszirkulation in der gesamten Wassersäule 100 % erreichen sollte, im März nur bis in 8 m Tiefe. Es herrscht also schon zu Beginn der Stagnation ein Sauerstoffdefizit im Hypolimnion, welches sich im Zuge der Abbauprozesse schnell verstärkt. Ab dem Spätsommer wird zwar mit dem Absinken der Sprungschicht Sauerstoff in die Tiefe gebracht aber auch zur Herbstzirkulation wird 1996/97 eine vollständige Sättigung nicht erreicht; ein Trend der auch im Frühjahr 1997 und abgeschwächt im Herbst 1997 seine Fortsetzung findet. Erst im Frühjahr und Herbst 1998 treten Vollzirkulationen auf, während derer die gesamte Wassersäule mit Sauerstoff gesättigt wird. Ursache für unvollständige Zirkulationen am Willersinnweiher ist das Zusammenspiel der Seebeckenmorpholgie (große mittlere Tiefe) mit den meteorologischen Bedingungen. Ein schneller Anstieg der Lufttemperaturen im Frühjahr überträgt sich auf die Wassermassen und bedingt eine frühzeitige Temperaturschichtung, die ein Umwälzen des Wassers verhindert oder zumindest häufig unvollkommen bleiben lässt.

In geschichteten Seen ist die Größe des hypolimnischen Volumens ausschlaggebend für die Speicherkapazität an gelöstem Sauerstoff, der dem Abbau organischer Substanz zur Verfügung steht. Der wichtigste Einflussfaktor bei der Einstellung der Thermoklinen ist, neben der Witterung, die Morphologie des Seebeckens. Das Verhältnis zwischen epilimnischen und hypolimnischen Wasserkörper ist daher eine Kenngröße, welche die Effektivität des bakteriellen Abbaus und damit auch den Nährstoffgehalt der Seesedimente entscheidend mit beeinflusst. Wie stark dieses Verhältnis im Untersuchungszeitraum variiert zeigt die Abb. 13 (S. 50).

Im kleinen Seeteil ist infolge der geringeren Wassertiefe (13,5 m im Gegensatz zu 20 m) das Verhältnis zwischen Hypolimnion und Epilimnion wesentlich ungünstiger. Die Thermokline verläuft mehr oder minder auf gleicher Höhe wie bei Profil 2 im Hauptseebecken, folglich steht im kleinen Seebecken für den mikrobiellen Abbau der sedimentierenden organischem Substanz ein wesentlich geringerer Teil der Wassersäule zur Verfügung. Dieser Sachverhalt vermag möglicherweise auch die zeitweise sehr hohe Belastung des grundnahen Wassers zu erklären.

### 5.3.4 pH-Wert

Der pH-Wert eines Sees wird vor allem durch die Geologie des Einzugsgebietes bestimmt. Die kalkreichen Rheinschotter im Oberrheingraben, bewirken meist leicht alkalische Verhältnisse in den hier vorkommenden Gewässern. In Seen ergibt sich aus dem Zusammenspiel abiotischer (z.B. Wassertemperatur) und biotischer Faktoren ($CO_2$-Entzug durch Photosynthese) ein Jahresgang und während der Stagnation eine vertikale Differenzierung der pH-Werte im See. Bei dem vorliegenden mittleren pH-Wert von 7,8 ist im Gewässer fast ausschließlich Hydrogencarbonat als Kohlenstoffquelle vorhanden. Dieses wird im Epilimnion durch die Photosynthese des Phytoplanktons gezehrt, wodurch gemäß Gleichung 1 die pH-Werte ansteigen, da bei der Nutzung von Hydrogencarbonat durch die Pflanzen dem Wasser gleichzeitig auch Protonen entzogen werden.

**Gleichung 1:** $$6\,HCO_3^- + 6\,H^+ \rightarrow C_6H_{12}O_6 + 6\,O_2$$

Im Gegenzug dominiert im Hypolimnion, durch die bakteriellen Abbauprozesse, ein Protonenüberschuss, wodurch die pH-Werte sinken. Durch die Lösung von Calcit erfolgt jedoch ein gewisser Ausgleich, und die Absenkung des pH-Wertes wird abgeschwächt.

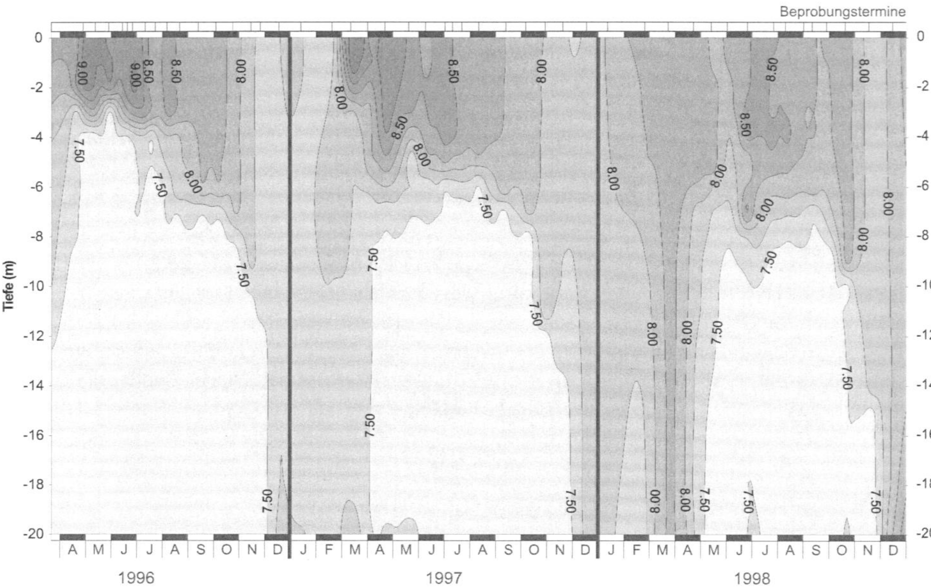


**Abb. 18: Verlauf des pH-Wertes im Untersuchungszeitraum**

Durch die hohen Kalkgehalte der Rheinschotter besitzt der Willersinnweiher einen mittleren pH-Wert von 7,8. Infolge der biotischen Aktivität im Epilimnion geht in jeder Vegetationsperiode eine Verschiebung vonstatten, die 1996 zeitweise sehr hohe Werte von über 9 erreichen, was auf die hohe Primärproduktion hindeutet.

Im Epilimnion treten in allen drei Sommern Werte deutlich über pH 8 auf, während im Hypolimnion meist minimale Werte um 7,4 gemessen werden. Durch das Kalk-Kohlensäure-Gleichgewicht existiert in Seen ein natürliches Puffersystem, wodurch Werte über pH 8 nur bei hoher Photosyntheseaktivität erreicht werden (vgl. Kapitel 5.4.1, S. 66). Wie bereits bei den zuvor beschriebenen Kennwerten, tritt auch beim pH-Wert im ersten Untersuchungsjahr (Ende April bis Ende Juni) mit Werten über 9, die extremste Verschiebung auf. Auch die pH-Werte in den Nähe des Neutralwertes im Hypolimnion werden 1996 in einer wesentlich längeren Zeitspanne als in den Folgejahren gemessen. Sie induzieren, dass durch den Abbau organischer Substanz frei gewordenes $CO_2$ nicht mehr als Calciumhydrogencarbonat ($Ca(HCO_3)_2$) gebunden werden kann, da die Pufferkapazität des Kalk-Kohlensäure-Gleichgewichtes erschöpft ist. In den weiteren Jahren werden solche Extremwerte im Epilimnion, zeitlich sehr begrenzt, Anfang März 1997 erreicht, während die Spitzenwerte 1998 erst im Juli auftreten und lediglich bei pH 8,5 liegen. Auch hierbei spielen neben der höheren Phytoplanktonaktivität im Jahre 1996 auch die Schichtungsverhältnisse eine Rolle. Die räumlich eng begrenzte Photosyntheseaktivität entzieht im Sommer 1996 dem Epilimnion sehr viel Kohlenstoff in Form von Hydrogencarbonat wodurch der pH-Wert ansteigt. In den folgenden Jahren sind erhöhte pH-Werte korrespondierend zur Grenze des Epilimnions bis in größere Tiefen festzustellen, dabei erreichen sie aber nicht mehr die hohen Werte von 1996. Dennoch lassen der Verlauf der pH-Werte, wie auch die Sauerstoffgehalte, einen Rückschluss auf die in allen Jahren starke Primärproduktion im See zu. Diese wird im Untersuchungszeitraum jedoch von Jahr zu Jahr kleiner.

### 5.3.5 Chlorophyll a

Jede Pflanze ist durch das im Photosynthese-Komplex angesiedelte Molekül Chlorophyll a gekennzeichnet. Die Menge dieses Moleküls steht in einem relativ engen Verhältnis zur Pflanzenbiomasse und wird deshalb in limnologischen Modellen häufig als Indikator für die Primärproduktion herangezogen (s. Kapitel 1.2.2, S. 7). Mit der Messung der Chlorophyll a-Konzentration im Pelagial wird dabei nur die in den Algen enthaltene Biomasse erfasst. Die Makrophyten des Litorals bleiben unberücksichtigt. Während ein verstärktes Algenwachstum, aufgrund der Belastung des Sauerstoffhaushalts bei deren Absterben, negative Auswirkungen für ein Gewässer hat, gehen vom Makrophytenbewuchs überwiegend positive und stabilisierende Impulse aus (Hemmung der Algen, Sauerstoffeintrag in tiefere Gewässerschichten etc.). Die Makrophytenvegetation kann bei einer starken Nährstoffbelastung geschädigt und sogar völlig vernichtet werden, wie dies im Willersinnweiher bis 1996 der Fall war.

Näherungsweise kann man von einem Chlorophyll a-Gehalt von 2 Gewichts-% der Algentrockenmasse ausgehen (SCHWOERBEL 1999). Allerdings existiert je nach Art und physiologischem Zustand eine Schwankungsbreite zwischen 0,4 bis 4 % (SOMMER 1994). Die Primärproduktion im Gewässer ist einerseits von physikalischen Faktoren (Licht, Temperatur etc.), andererseits von den chemischen Bedingungen (Nährstoffgehalt) abhängig. Des weiteren steuert das Zooplankton durch seinen Fraßdruck die Primärproduktion des Phytoplanktons bis zu einem gewissen Grad (vgl. auch Kapitel 6.3 und 6.4 über die Entwicklung des Phyto- und Zooplanktons im Untersuchungszeitraum).

Typischerweise verläuft der Chlorophyll a-Gehalt im See mit einem Maximum im Frühjahr, stimuliert durch Erhöhung der Strahlung und Wassertemperatur. Erst verzögert reagiert das Zooplankton auf die angestiegene Primärproduktion und zeigt ebenfalls ein verstärktes Wachstum. In Folge des erhöhten Fraßdruckes wird das Phytoplankton dezimiert und der Chlorophyll a-Gehalt nimmt ab. Verstärkt wird die Abnahme der Phytoplanktondichte durch die im Verlauf des Sommers immer stärker werdende Limitierung der Nährstoffe im Epilimnion, die durch die Sedimentation von abgestorbener Biomasse in das Hypolimnion bedingt wird. Als weiterer verstärkender Prozess ist die Calcitfällung zu nennen, bei der Algen als Kristallisationskeime dienen (STABEL 1986). Mit dem Absinken des Epilimnions im Spätsommer wird sukzessive nährstoffreiches Tiefenwasser in das Oberflächenwasser eingemischt, wodurch eine erneute Algenentwicklung einsetzen kann, die allerdings durch die abnehmenden Temperaturen und die Strahlung begrenzt wird.

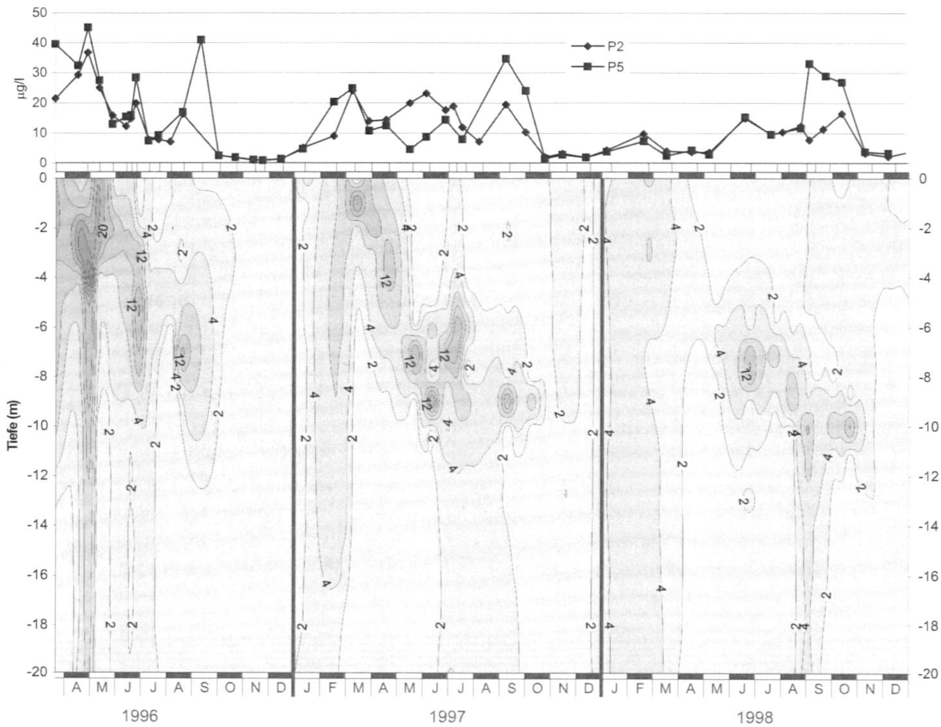


**Abb. 19: Verlauf der Chlorophyll a-Gehalte im Untersuchungszeitraum (unten) und maximale Chlorophyll a-Konzentration zu jedem Untersuchungszeitpunkt (oben)(µg/l)**

Die Chlorophyll a-Konzentration zeigt einerseits den durch meteorologische und biotische Bedingungen gesteuerten typischen Jahresgang, mit einem Maximum in Frühjahr, einer Verringerung im Sommer und einem kleinen Maximum im Herbst. Im Verlauf der drei Untersuchungsjahre werden die Chlorophyll a-Gehalte im Frühjahr sukzessive geringer. 1997 und 1998 schichtet sich das Phytoplankton an der Grenze zum Hypolimnion ein, wo höhere Nährstoffkonzentrationen nutzbar sind und gleichzeitig noch eine ausreichende Lichtintensität herrscht.

Entsprechend der biotischen Aktivität werden im Willersinnweiher die höchsten Chlorophyll a-Konzentrationen im Frühjahr bis Frühsommer gemessen. Die größten Werte liegen im Tiefenprofil dabei nicht direkt an der Wasseroberfläche, sondern etwas darunter. Im Verlauf des Sommers ist eine sehr starke Tendenz zum Absinken der Maximalwerte zu verzeichnen. Insbesondere in den Jahren 1997 und 1998 ist eine Einschichtung der Phytoplanktonmaxima auf Wassertiefen bis 10 Meter festzustellen. Dabei sind mehrere Steuerungsfaktoren beteiligt. Zunächst schädigt eine zu hohe UV-Strahlung die Algen, so dass ein Absinken vorteilhaft ist. Durch den zunehmenden epilimnischen Nährstoffmangel im Sommer, besteht in stabil geschichteten Seen die Möglichkeit, durch eine Einschichtung der Algen an der Grenze zwischen Meta- und Hypolimnion an nährstoffreicheres Wasser zu gelangen. Höhere Sichttiefen als 1996 erlauben in den Folgejahren auf der einen Seite die tiefere Einschichtung des Phytoplanktons, wirken sich positiv rückgekoppelt aber auch mit steigenden Sichttiefen aus. Diese Einschichtung erfordert jedoch relativ windstille Bedingungen, da die meisten Algenarten bereits bei Windgeschwindigkeiten von größer 3 m/s ihre Position nicht mehr aktiv steuern können, sondern passiv verdriftet werden (LAMPERT & SOMMER 1999). Diese Verdriftung mit der Strömung tritt zu Zirkulationszeiten auf und ist an den hohen Chlorophyll a-Gehalten in größeren Tiefen erkennbar (z.B. Februar 1997). Im Jahr davor kann dieses Phänomen erst im Herbst beobachtet werden, als die Lichtdurchlässigkeit der oberen Meter aufgrund der geringer werdenden Primärproduktion ansteigt, und damit eine Photosynthese auch in diesen Tiefen möglich wird.

Die maximalen Chlorophyll a-Konzentrationen werden 1996 mit ca. 45 µg/l (östl. Seebecken) erreicht, als zu Beginn der Stagnation im gesamten Oberflächenwasser recht hohe Konzentrationen herrschen. Anfang September wird in Profil 5 in 7 m Tiefe noch einmal eine Konzentration von über 40 µg/l gemessen. Zu dieser Zeit haben sich die Lichtbedingungen im See soweit verbessert, dass eine Einschichtung der Algen an der Untergrenze des Metalimnions erfolgen kann. Hier können im Tiefenprofil sehr eng begrenzt hohe Konzentrationen auftreten. In den Folgejahren beruhen die meisten der gemessenen Maxima auf solchen im Tiefenprofil sehr eng begrenzten Messwerte. Bezogen auf die horizontale Ausdehnung können diese Konzentrationen allerdings im gesamten See nachvollzogen werden. Im Folgenden Jahr liegen die Maximalwerte bei 35 µg/l. Im Sommer 1998 werden noch Maximalwerte von etwas über 30 µg/l ermittelt (Profil 5), im Profil 2 liegt der Maximalwert lediglich bei 17 µg/l, wobei es sich wiederum um eine Konzentration an der Obergrenze des Hypolimnion handelt. Die Maximalwerte der Chlorophyll a- Konzentration zeigen im Willersinnweiher im Zuge der Reoligotrophierungsmaßnahmen eine klar sinkende Tendenz. Diese Maximalwerte sind allerdings kein sehr verlässlicher Parameter für die Primärproduktion. Die volumengewichteten Mittelwerte der Chlorophyll a-Konzentrationen in der trophogenen Zone erlauben dagegen eine exaktere Beurteilung der Primärproduktion im Untersuchungszeitraum als die Maximalkonzentrationen, die häufig nur punktuell am Übergang zwischen Meta- und Hypolimnion auftreten.

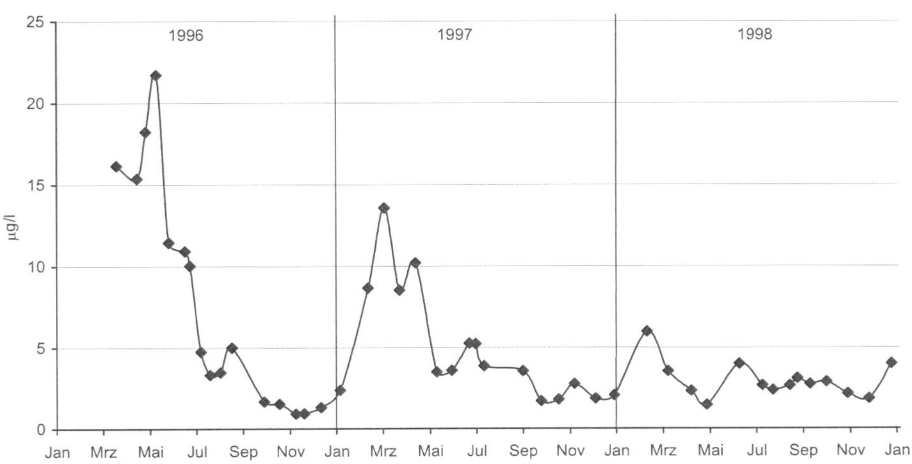


**Abb. 20: Verlauf der mittleren Chlorophyll a-Konzentrationen in der trophogenen Zone**

Die Abb. 20 veranschaulicht die im Untersuchungszeitraum stark gesunkene Primärproduktion des Phytoplanktons. Werden im ersten Untersuchungsjahr Anfang Mai noch volumengewichtete Mittelwerte in der trophogenen Zone von über 20 µg/l erreicht, so sinken diese anschließend in der Klarwasserphase schnell ab und erreichen Ende Juli Werte um

3,5 µg/l. Auch im Frühjahr 1997 kommt es ab Februar zu einem sehr raschen Anstieg der Algenentwicklung, die allerdings nur noch bis zu einer maximalen Konzentration von 13 µg/l ansteigt. In diesem Jahr sinken die Chlorophyll a-Konzentrationen deutlich früher, bereits ab Mai stark ab und erst im November kommt es noch einmal zu einem kleinen Herbstmaximum, das jedoch sehr schwach ausgeprägt ist. Im Jahr 1998 werden die maximalen Konzentrationen schon im Februar registriert. Sie erreichen nur noch Werte um 6 µg/l und sinken danach schnell. Auch in diesem Jahr ist ein Herbstmaximum nur in Ansätzen erkennbar. Grund für das weitgehende Fehlen eines Maximums im Herbst kann einerseits das Zooplankton sein, welches das Phytoplankton effektiv begrenzen kann. Andererseits erfolgt die rasche Tieferlegung des Epilimnions und damit die Einmischung der hypolimnischen Nährstoffe im Willersinnweiher erst so spät im Jahr, dass aufgrund der mangelnden Lichtintensität der Aufbau eines großen Maximums unterbunden wird.

Dieser Verlauf geringer werdender Primärproduktion im Willersinnweiher spiegelt sich ebenso in den Sichttiefen wider. Sie werden über die Jahre im Mittel immer größer und bewirken die Verbesserung des Lichtklimas im See.

### 5.3.6 Sichttiefe

Die Sichttiefe ist ein einfacher Parameter, der in Seen Information über den Gehalt von Trübepartikeln gibt. In grundwassergespeisten Seen, bei denen es nicht zum nennenswerten Eintrag mineralischer Substanzen kommt, ist die Sichttiefe ein gutes Maß für den Phytoplanktongehalt. Äußere Faktoren, wie Wellengang und Lichtverhältnisse, beeinflussen die Genauigkeit der Messungen in gewissem Umfang; dennoch vermittelt dieser Parameter ein ungefähres Bild der biologischen Aktivität im Pelagial des Sees. Aufgrund der Aussagekraft und der einfachen Erhebung der Sichttiefe wird sie in den gängigen Trophiemodellen (vgl. Kapitel 1.2.2, S. 7) berücksichtigt. Auch die EU-Richtlinien für Badegewässer enthalten Vorschriften über die Sichttiefe. Danach ist bei einer Sichttiefe von unter einem Meter während der Badesaison das Gewässer für den Badebetrieb zu schließen. Da auch Größe und Form der Algen erheblichen Einfluss auf die Sichtverhältnisse nehmen, besteht kein sehr enges Verhältnis zwischen Sichttiefe und Phytoplanktonbiomasse (vgl. Abb. 21). So vermindert ein Biomassemaximum - bedingt durch Blaualgen - die Sichttiefe wesentlich stärker als ein durch Ceratium verursachtes Maximum. Bei den letzteren ist die Biomasse infolge der sehr großen Individuen quasi gebündelt und erzeugt so bei gleicher Chlorophyll a-Konzentration eine geringere Trübung des Wassers (CHORUS 1995). Dennoch verläuft die Sichttiefe mehr oder minder gegenläufig zum Chlorophyll a-Gehalt im See. Bedingt durch die Phytoplanktonentwicklung existiert ein Minimum der Sichttiefe im Frühjahr. Erst wenn das Zooplankton einen erhöhten Fraßdruck ausübt, und das Phytoplankton dezimieren kann, steigt die Sichttiefe, und es kann ein Klarwasserstadium erreicht werden. Bei extrem hohen Nährstoffgehalten und in flachen Seen kann allerdings häufig keine Klarwasserphase ausgebildet werden. Mit der sog. Herbstblüte des Phytoplanktons nehmen die Sichttiefewerte noch einmal ab, was allerdings durch die sinkenden Wassertemperaturen nur ein kurzzeitiger Effekt ist.

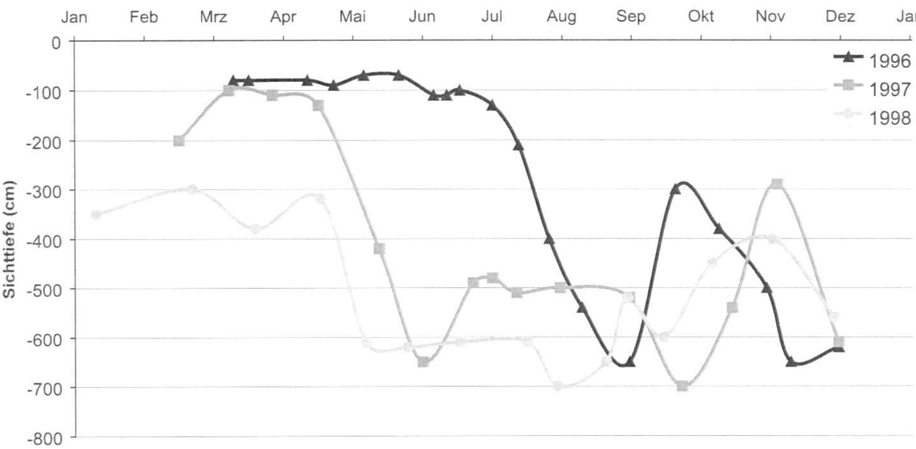


**Abb. 21: Verlauf der Sichttiefe im Untersuchungszeitraum**

Neben dem saisonalen Verlauf mit zwei Minima der Sichttiefe und einem sommerlichen Klarwasserstadium wird im Untersuchungszeitraum die starke Verbesserung der Sichttiefe deutlich. Diese ist auf die Verringerung der Primärproduktion des Phytoplanktons im Rahmen der Reoligotrophierungsmaßnahmen zurückzuführen. Auffällig ist, dass parallel dazu ab 1997 im See Makrophyten (Unterwasserpflanzen) aufkamen, die zuvor jahrelang gefehlt hatten (vgl. Kapitel über die Makrophyten 6.1, S. 103ff.).

In allen Jahren kann auch im Willersinnweiher der typische Verlauf der Sichttiefe, mit einem Minimum im Frühjahr/ Frühsommer, einer anschließenden Klarwasserphase sowie einem kleinerem Minimum im Herbst festgestellt werden. Dennoch stellt der Vergleich der Sichttiefe in den Untersuchungsjahren 1996 bis 1998 die Veränderungen im See in eindrucksvoller Weise dar. Im ersten Jahr 1996 werden bis Ende Juni Sichttiefen um einen Meter und etwas darunter gemessen. Danach beginnt mit dem rapiden Absinken der Sichtgrenze ein Klarwasserstadium, welches Mitte September mit 6,5 m seinen Maximalwert erreicht. Anschließend beginnt das Herbstminimum, bei dem die Sicht noch einmal kurzzeitig Werte von nur drei Metern erreicht. Schon 1997 zeigen sich verbesserte Bedingungen. Das Frühjahresminimum, mit Werten um einen Meter, endet bereits frühzeitig schon Ende April. Im Juni beträgt die Sichttiefe kurzzeitig über sechs Meter und erreicht über die Sommermonate Werte um 5 m, um im November erneut ein Herbstminimum mit Sichttiefen um 3 m zu erreichen. Im darauffolgendem Jahr 1998 betragen die Sichttiefen zur Zeit des Frühjahresminimums lediglich zwischen 3 und 4 m und das Klarwasserstadium beginnt noch etwas frühzeitiger als im Vorjahr ab Mai. Die Sicht bleibt im Sommer mit ca. 6 bis 7 m etwas tiefer als im Vorjahr; in den Herbstmonaten zeigt sich wieder ein leichtes Minimum, das jedoch schwächer ausfällt als in den Vorjahren. Parallel zur verbesserten Sichttiefe und der geringeren Algenproduktion konnten ab 1997 erstmals wieder Makrophyten das Litoral besiedeln. Sie konkurrieren mit dem Phytoplankton um die Nährstoffe und können deren Entwicklung damit hemmen.

Der Verlauf der Sichttiefe in den drei Untersuchungsjahren pointiert die Aussagen über die Chlorophyll a-Gehalte (Abb. 19 und Abb. 20). Im Zuge des Projektes kann am Willersinnweiher ein sehr schnelles Abschwächen der Phytoplankongehalte, verbunden mit höheren Sichttiefen, festgestellt werden. Insbesondere die Frühjahresminima der Sichttiefe treten mit deutlich verringerter Intensität und mit wesentlich verkürzter Dauer auf, wobei 1998 im Vergleich zu 1997 nochmals eine Verbesserung sichtbar wird. Insbesondere zwei Faktorenkomplexe kommen bei dieser Veränderung in Betracht: Einerseits limitieren verringerte

Nährstoffgehalte im Wasser die Algenentwicklung stärker (bottom-up-Effekte); zum zweiten ist möglicherweise das Zooplankton in der Lage, eine effektivere Kontrolle des Phytoplanktonwachstums auszuüben (top-down-Effekte). Auf diesen wichtigen Komplex wird in den Kapiteln über die Entwicklung der Biozönose 6.1 bis 6.5 noch einmal detaillierter eingegangen.

### 5.3.7 Verhältnis Chlorophyll a-Konzentrationen und Sichttiefe

Zu Beginn der Untersuchungen wurde der Willersinnweiher als ein von fädigen Blaualgen (Gattung Oscillatoria) dominiertes Gewässer beschrieben (Stellungnahme des LfW vom 10.1.1996). Diese verfügen bei Schwachlichtbedingungen über Konkurrenzvorteile gegenüber anderen Spezies und dominierten die Phytoplanktonsukzession auch noch 1996, dem Beginn der eigenen Untersuchungen (vgl. Abb. 46, S.117). Sichttiefen um einen Meter und darunter traten bis in den Sommer hinein auf, wobei seit der Einstufung als offizielles Badegewässer und der damit in Zusammenhang stehenden behördlichen Untersuchung von Seiten des Landesamtes für Wasserwirtschaft in Rheinland-Pfalz lediglich im Jahr 1991 in den Monaten Juli und August (Badesaison) die zwingenden Sichttiefen von einem Meter unterschritten wurden (LfW 1996).

Die Sichttiefe wird in gängigen Trophiemodellen als Maß für die Produktivität des Gewässers verwendet. Dieser Zusammenhang ist, wie beschrieben, nicht sehr eng, da einerseits der Chlorophyll a-Gehalt verschiedener Algenspezies stark variieren kann (SOMMER 1994), andererseits auch deren Größe und Form entscheidenden Einfluss auf die Sichttiefe nimmt (CHORUS 1995).

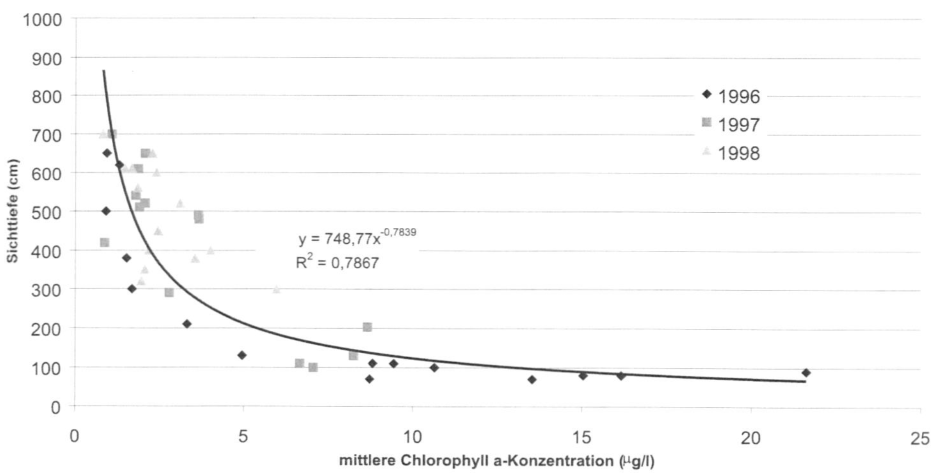


**Abb. 22: Zusammenhang zwischen der mittleren Chlorophyll a-Konzentration im Epilimnion und der Sichttiefe im Untersuchungszeitraum**

Zwischen der mittleren Chlorophyll a-Konzentration und der Sichttiefe besteht ein sehr klarer Zusammenhang. Bei Konzentrationen von größer 8 µg/l verändert sich die Sichttiefe jedoch nicht mehr signifikant, sondern schwankt um einen Meter. Mit dem Wandel der Phytoplanktonsukzession ab 1997 wird der Zusammenhang deutlich schwächer.

Insgesamt wird im Willersinnweiher während des Untersuchungszeitraumes ein exponentieller Zusammenhang zwischen den beiden Parametern deutlich. Bei mittleren Chlorophyll a-Konzentrationen von größer 8 µg/l im Epilimnion verändert sich die Sichttiefe nur noch unwesentlich und schwankt um einen Meter. Die Korrelation von mittlerer Chlorophyll a-Konzentration (ohne Peaks im Metalimnion) und Sichttiefe zeigt dabei in den verschiedenen Untersuchungsjahren unterschiedlich starke Zusammenhänge. Während 1996 eine sehr gute Verbindung ($r^2$=0,94) besteht, wird sie in den folgenden Jahren schwächer. Hauptursache dafür ist sicherlich der Wandel in der Planktonsukzession. Im ersten Jahr dominieren über lange Zeiträume des Jahres allein fädige Blaualgen, dagegen kann in den folgenden Jahren eine vielfältigere Sukzession mit Dominanz verschiedener Algengruppen festgestellt werden. Die physikalischen und chemischen Bedingungen im See, wie die Lichtdurchlässigkeit, Nährstoffverhältnisse etc., änderten sich im Zuge der Reoligotrophierung so stark, dass auch die Planktonzönose durch neue Wettbewerbsbedingungen mit deutlichen Umstrukturierungen reagiert (vgl. Kapitel 6.3, S. 114ff.); die Korrelation zwischen Chlorophyll a-Konzentration und Sichttiefe wird unsicherer. Hinzu kommt, dass sich nach 1996 die Algen den Sommer hindurch an der Grenze Metalimnion/ Hypolimnion einschichten (vgl. Abb. 19, S. 58); hier herrschen die besten Bedingungen, da Nährstoffe aus dem Hypolimnion verfügbar sind und die Lichtverhältnisse dennoch die Photosynthese ermöglichen. Diese Grenze liegt zwischen 7 und 10 Metern Wassertiefe, so dass die Sichttiefen frühzeitig steigen, was die Korrelation von Chlorophyll a und Sichttiefe ebenfalls unsicherer macht.

Die Sichttiefe kann auch im Willersinnweiher als guter und vor allem auch sehr einfach zu erfassender Indikator für die Stärke der pelagialen Primärproduktion verwendet werden. Mit der Diversifikation der Algensukzession ab 1997, die für das Ökosystem als positiv zu werten ist, wurde der Zusammenhang jedoch schwächer. Insgesamt herrschten jedoch recht gute Sichtbedingungen. Für den Badebetrieb kritische Sichttiefen (> 1m) wurden selbst zur Zeit des Algenmaximums im Frühjahr selten ermittelt.

### *5.3.8 Zusammenfassung: Entwicklung der in-situ gemessenen Parameter:*

*Die von Jahr zu Jahr wechselnden meteorologischen Bedingungen üben einen wichtigen Einfluss auf die biogeochemischen Prozesse im See aus. Am Willersinnweiher fällt die in Abhängigkeit von der Witterung sehr frühe Schichtung des Wassers -teilweise schon ab März-auf. Dadurch wird eine Zirkulation und Sauerstoffsättigung des Wasserkörpers in manchen Jahren (1996) weitgehend verhindert, was negative Startbedingungen nach sich zieht. Bei einer elektrischen Leitfähigkeit, die auf relativ hohem Niveau von im Mittel 920 µS/cm liegt, zeigt ein Ungleichgewicht zwischen Epi- und Hypolimnion die biotisch (Biomasse) und abiotisch (Calcitfällung) bedingten Transportprozesse im See. Insbesondere im kleinen Seebecken lassen extrem erhöhte Leitfähigkeiten in Grundnähe (bis über 1600 µS/cm) eine massive Rücklösung von Ionen aus den Sedimenten oder den Eintrag von ionenreichem Grundwassers vermuten. Im großen Seebecken wurde dieses Ungleichgewicht von Jahr zu Jahr geringer, was einerseits mit der geringer werdenden Primärproduktion in Verbindung zu bringen ist, seine Ursache teilweise aber auch in den unterschiedlichen Schichtungsbedingungen hat.*

*Das in jedem Jahr über lange Zeit anaerobe Hypolimnion belegt den eutrophen Charakter des Sees. Auch die starke Sauerstoffübersättigung des Epilimnions im Jahr 1996 ist ebenso wie die extremen pH-Werte (> pH 9) deutlicher Indikator einer intensiven Algentätigkeit. In den folgenden Jahren weisen sowohl die geringeren Sauerstoffkonzentrationen als auch niedrigere pH-Werte im Epilimnion auf die gesunkene Primärproduktion. Die Chlorophyll a-*

*Konzentrationen und der Verlauf der Sichttiefe bestätigen sehr eindrücklich die im Zuge der Reoligotrophierung gesunkene Produktivität des Sees im Untersuchungszeitraum. Komplementär zu den niedrigeren Chlorophyll a-Gehalten stieg die Sichttiefe insbesondere im Frühjahr und Frühsommer stark an. Das Frühjahresmaximum der Algen wird seit 1997 sehr frühzeitig beendet, und ein lang andauerndes Klarwasserstadium stellt sich ein. Dieses wurde zwar auch schon vor Beginn des Reoligotrophierungsprozesses in den Jahren bis 1996 ausgebildet, der Beginn lag jedoch etwa drei Monate später. An diesen Veränderungen sind sowohl bottom-up-Effekte, durch gesunkene Nährstoffkonzentrationen, als auch top-down-Prozesse, infolge verstärkten Fraßdruckes (grazing) des Zooplanktons, beteiligt.*

## 5.4 Entwicklung der wasserchemischen Parameter

Das Wasser im Willersinnweiher besitzt eine mittlere elektrische Leitfähigkeit von 920 µS/cm, dies entspricht einer Ionenkonzentration von etwa 625 mg/l, bzw. 12,6 mmol/l. Bereits dieser einzelne Parameter zeigt die deutliche anthropogene Beeinflussung des Seewassers. Im Grundwasser wäre aufgrund des geogenen Backgrounds (Lockersedimente) eine elektrische Leitfähigkeit von ca. von 260-660 µS/cm zu erwarten (SCHLEYER & KERNDORFF 1992). Die quantitativ wichtigsten chemischen Inhaltsstoffe des Wassers im Willersinnweiher sind in Abb. 23 dargestellt. Es dominieren, wie auch in anthropogen unbeeinflussten Gewässern, bei den Anionen Sulfat, Hydrogencarbonat und Chlorid, auf der Seite der Kationen Calcium, Magnesium, Natrium und Kalium. Von hervorgehobener Bedeutung für das Ökosystem sind nicht diese quantitativ dominierenden Ionen, sondern Stoffe, die in sehr geringen Mengen vorkommen und deshalb für die Algen Minimumfaktoren des Wachstums werden können, wie Phosphor, Stickstoffverbindungen aber auch Silicium, Kohlenstoff und weitere.

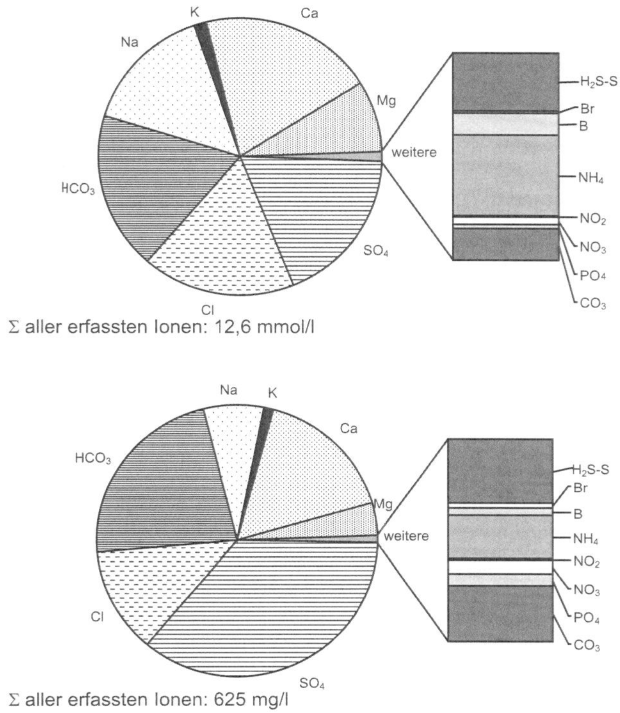


**Abb. 23: Mittlere Ionenzusammensetzung des Seewassers (%)
(oben: bezogen auf mmol/l, unten: bezogen auf mg/l)**

Die „konservativen" Elementtypen (GARBE-SCHÖNBERG et al. 1997) weisen im Tiefenprofil und im Jahresverlauf keine signifikante Konzentrationsveränderung auf. Zu ihnen gehören die in Tab. 8 aufgeführten Ionen. Sie sind kaum partikelreaktiv und werden von Organismen nur in sehr geringem Umfang umgesetzt. Folglich unterliegen sie in ihrer Verteilung im Wasser sowohl räumlich als auch zeitlich keinen wesentlichen Schwankungen.

**Tab. 8: Mittlere Konzentrationen der quantitativ wichtigen konservativen Elemente im Willersinnweiher**

| Ion | mittlere Konzentration | |
|---|---|---|
| | (mg/l) | (mmol/l) |
| $Na^+$ | 43,77 | 1,90 |
| $K^+$ | 7,18 | 0,18 |
| $Mg^{++}$ | 25,40 | 1,05 |
| $Cl^-$ | 77,80 | 2,19 |

Andere Ionen, etwa die Makronährstoffe Stickstoff, Phosphor und Kohlenstoff oder die Mikronährstoffe Kupfer und Eisen dienen Organismen als Nährstoffe und werden von diesen aktiv aus dem Wasser aufgenommen („nutrient"-Typ). Der Abbau der abgestorbenen organischen Substanz durch Mikroorganismen im Wasser und Prozesse an der Sediment-Wasser-Grenzschicht bewirken deren Anreicherung im Tiefenwasser. Diese für die Gewässerbeurteilung wichtigen Ionen werden im Folgenden mit ihren Jahresgängen im Willersinnweiher dargestellt. Dabei soll die Frage geklärt werden, ob und wie stark sich die durchgeführten Maßnahmen auf den Seewasserchemismus ausgewirkt haben, und welche Veränderungen im biogeochemischen Prozessgeschehen des Willersinnweihers vonstatten gingen.

### 5.4.1 Anorganische Kohlenstoffverbindungen

Kohlendioxid wird zum einen aus der Atmosphäre in die Gewässer eingebracht, andererseits entsteht es durch den mikrobiellen Abbau organischer Substanz direkt im See. Mit dem Kalk-Kohlensäure-Gleichgewicht zwischen $CO_2$, $HCO_3^-$, $H_2CO_3$ und $CO_3^{2-}$ existiert in Seen ein natürliches Puffersystem, welches den pH-Wert des Wassers relativ konstant hält.

| **Gleichung 2:** | $\mathbf{Ca(HCO_3)_2}$ | $\rightleftharpoons$ | $\mathbf{CaCO_3}$ | + | $\mathbf{H_2CO_3}$ |
|---|---|---|---|---|---|
| | Calciumhydrogencarbonat (leichtlöslich) | | Calciumcarbonat (schwerlöslich) | | Kohlensäure |

Die Gleichung 2 beschreibt summarisch dieses Gleichgewicht, das jedoch die Folge von Teilreaktionen ist.

Dieses Gleichgewicht wird jedoch durch den Entzug der Kohlensäure durch Photosyntheseaktivität gestört, mit der Folge, dass Carbonat, meist als Calciumcarbonat, ausfällt. Nähere Einzelheiten dieses komplexen Teilbereiches sind u.a. SIGG & STUMM (1994) zu entnehmen.

Als kalkreiches Gewässer finden im Willersinnweiher die Prozesse in mehr oder minder alkalischem Milieu statt. Durch die Photosynthese der Pflanzen wird $CO_2$ aus dem See gezehrt, was allerdings durch die Lösung von Calciumhydrogencarbonat ausgeglichen werden kann. Starke pH-Schwankungen über pH 8 werden durch diesen Puffermechanismus nur bei hoher Photosyntheseaktivität erreicht. Parallel kommt es dann zum Prozess der Calcitfällung, der sich auch durch einen Rückgang der Calciumkonzentration im Epilimnion zeigt (vgl. Kapitel 5.4.2). Der Prozess der Calcitfällung im See trägt durch die Mitfällung von Phosphor im Sommer zur weiteren Verknappung dieses limitierenden Nährstoffes im Epilimnion bei (ROSSKNECHT 1980, KASPRZAK et al. 1993a).

Eine vollständige Modellierung der Fällungsprozesse in Seen ist bislang noch nicht möglich, da weitere Faktoren, wie die Algendichte und -arten und weitere bislang nicht bekannte Einflüsse auf den Prozess einwirken. Bekannt ist aus einigen Untersuchungen jedoch, dass die Calcitfällung häufig zwei bis vier Wochen nach dem Phytoplanktonmaximum auftritt (SCHWOERBEL 1999). Am Willersinnweiher werden gegenwärtig, im Rahmen des Graduiertenkollegs (GRK 273) umfangreichere Untersuchungen zur Calcitfällung, P-Mitfällung und Methanogenese durchgeführt (SCHMID, in Vorbereitung).

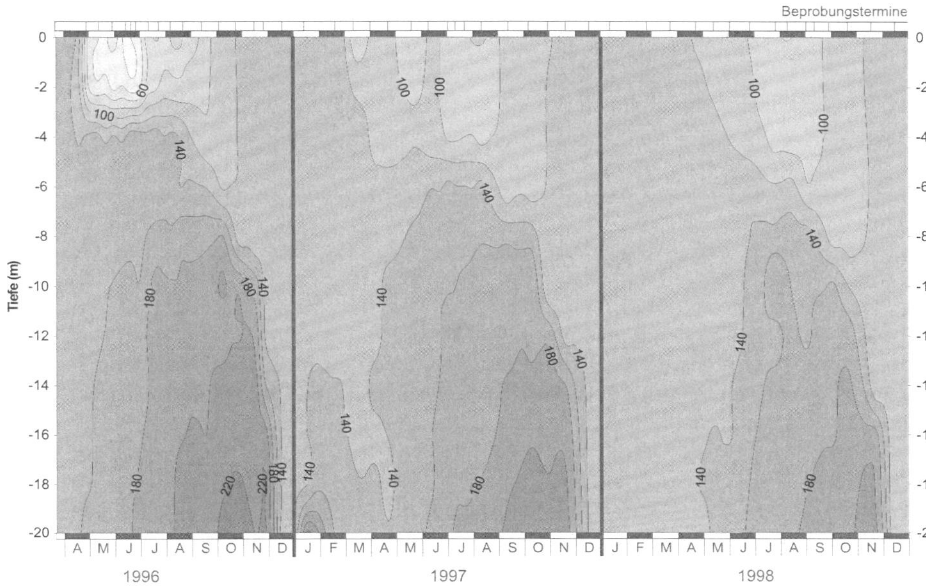


**Abb. 24: Verlauf der Hydrogencarbonat-Gehalte im Untersuchungszeitraum (mg/l)**

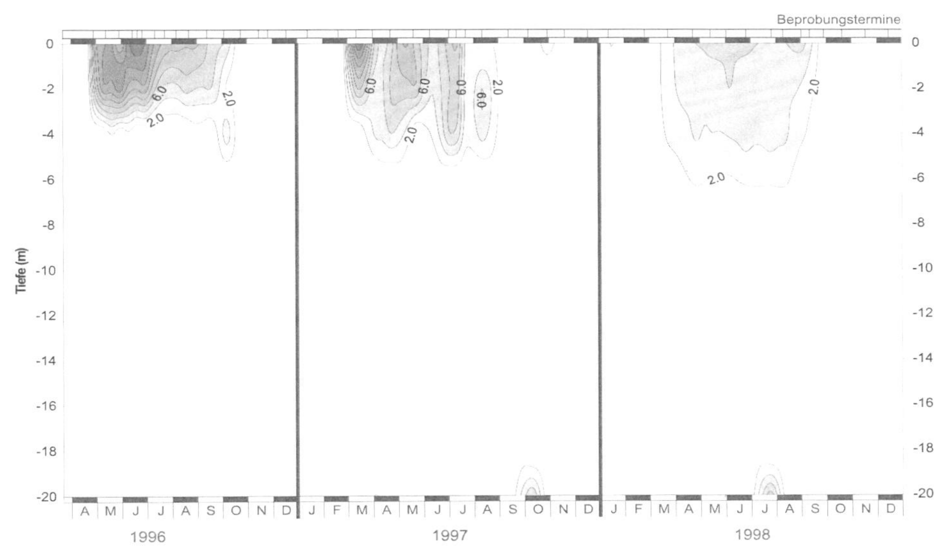


**Abb. 25: Verlauf der Carbonat-Gehalte im Untersuchungszeitraum (mg/l)**

Infolge des geogenen Backgrounds besitzt der Willersinnweiher hohe Hydrogencarbonat-Konzentrationen, die dem See einen Hartwassercharakter geben. Durch die Zehrung von Kohlendioxid kommt es während jeder Sommerstagnation, in Abhängigkeit von der Primärproduktion, zu einer Verschiebung des Kalk-Kohlensäure-Gleichgewichtes. Dies bedingt im Epilimnion eine Verringerung der Hydrogencarbonat- und einen Anstieg der Carbonat-Konzentration sowie als Folge die Fällung von Calciumcarbonat. Im Hypolimnion kommt es zur teilweisen Rücklösung des Calcits aber auch zu einem Transfer bis in die Sedimente. Den Schichtungsbedingungen und der biogenen Aktivität entsprechend, war diese Verlagerung 1996 am intensivsten ausgeprägt.

Im Willersinnweiher liegt die mittlere Hydrogencarbonat-Konzentration im Untersuchungszeitraum bei 140 mg/l (entspricht 2,3 mmol/l). Im Verlauf der Sommerstagnation unterliegt dieser Mittelwert jedoch vielfältigen Einflüssen, insbesondere der biotischen Aktivität im See. In allen drei Untersuchungsjahren wirken sich diese im Epilimnion durch die Verminderung der Hydrogencarbonat-Konzentrationen und einen Anstieg im Hypolimnion aus. Mit der photosynthetischen $CO_2$-Zehrung im Epilimnion kommt es zur Erhöhung des pH-Wertes und damit zur Verschiebung des Kalk-Kohlensäure-Gewichtes, wodurch im Willersinnweiher während der Sommermonate gelöstes Carbonat nachweisbar ist. Im Gegenzug bewirken die Abbauprozesse und der damit verbundene $CO_2$-Anstieg im Hypolimnion eine teilweise Rücklösung von Calcit. Dadurch kommt es hier zu einem Anstieg der Hydrogencarbonat-Konzentration. Am stärksten ist dieser Gegensatz bei den Kohlenstoff-Konzentrationen zwischen Epilimnion- und Hypolimnion, analog zur biotischen Aktivität, im Sommer 1996 ausgeprägt. Beim Hydrogencarbonat werden im Epilimnion Minimalwerte um 15 mg/l erreicht; komplementär erreichen die Carbonat-Gehalte bis 25 mg/l. Eine über Wochen andauernde starke Primärproduktion (vgl. Abb. 19, S. 58 und Abb. 21, S. 61 Verlauf von Chlorophyll a und Sichttiefe) bewirkt den extremen Anstieg des pH-Wertes auf Werte über 9 (vgl. Abb. 18, S. 56) und eine Verschiebung des Kalk-Kohlensäure-Gleichgewichtes. Synchron kommt es zu einer sehr deutlichen Abnahme der Calciumkonzentration im Epilimnion, auf Minimalwerte um 70 mg/l (vgl. Abb. 26), was auf die Überschreitung des Löslichkeitsproduktes von Calciumcarbonat und eine intensive Calcitfällung zurückzuführen ist.

In den nachfolgenden Jahren ist das Hydrogencarbonat-Defizit im Epilimnion nicht mehr annähernd so stark ausgebildet wie 1996. Die Werte sinken jeweils auf minimale Werte um 85 mg/l ab. Während die Carbonatkonzentrationen 1997 punktuell auf maximal 20 mg/l steigen, liegen die mittleren Maxima aber um 10 mg/l. Im Sommer 1998 werden nur Spitzen bis 7 mg/l erreicht. Ursache hierfür ist insbesondere der Rückgang der Primärproduktion, welche einen verminderten Kohlenstoff-Entzug ($HCO_3^-$, $CO_2$) zur Folge hat.

## 5.4.2 Calcium

Calcium gehört zu den Hauptinhaltsstoffen natürlicher Gewässer, Hauptquelle ist die Verwitterung carbonathaltigen Gesteins. Es spielt als Nährstoff für das Phytoplankton nur eine sehr untergeordnete Rolle (Mikronährstoff) und ist im See insbesondere im natürlichen Puffersystem des Kalk-Kohlensäure-Gleichgewichtes von Bedeutung. Infolge der kalkreichen Rheinschotter liegt im Seewasser des Willersinnweihers der mittlere Calcium-Gehalt bei relativ hohen Werten um 100 mg/l.

Der Verlauf der Calciumkonzentration kann in Hartwasserseen unter bestimmten Bedingungen ein Defizit im Epilimnion und eine Anreicherung im Hypolimnion aufweisen. Ursache ist die Calcitfällung, welche durch intensives Phytoplanktonwachstum ausgelöst wird. Der photosynthetische $CO_2$-Entzug bewirkt, wie zuvor beschrieben, eine Veränderung des Kalk-Kohlensäure-Gleichgewichtes in der euphotischen Zone. Eine daraus entstehende $CaCO_3$-Übersättigung kann, in Verbindung mit Phytoplanktonorganismen, die als Kristallisationskeime dienen (STABEL 1986), zum Fällungsprozess führen. Ein wichtiger Begleitprozess der biogenen Entkalkung ist die Mitfällung von Phosphor aus dem Epilimnion. Damit übt sie zuweilen, wie durch zahlreiche Studien belegt, eine eutrophierungsbeeinflussende, selbstreinigende Wirkung aus, die zu einer stärkeren Begrenzung des Algenwachstums führt (OTSUKI & WETZEL 1974, ROSSKNECHT 1977, 1980, MURPHY et al. 1983, STABEL 1986, STUTTER & PROFT 1993, KOSCHEL 1994).

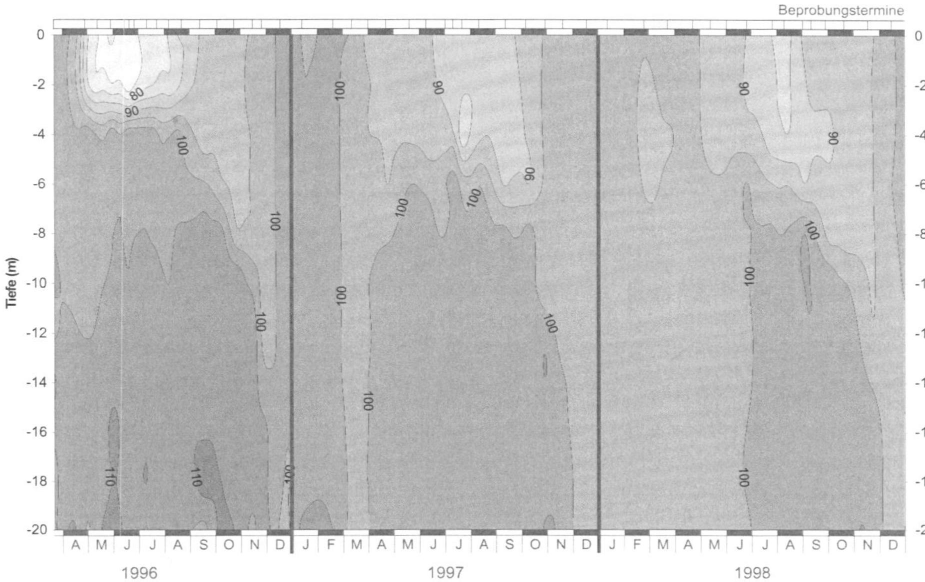


**Abb. 26: Verlauf der Calcium-Gehalte im Untersuchungszeitraum (mg/l)**

Die sommerlichen Fällungsprozesse im Epilimnion führen dort zu einer Minderkonzentration von Calcium. Diese Verlagerung war 1996 aufgrund der intensiven Primärproduktion am stärksten ausgeprägt. Die ökologische Relevanz der biogenen Entkalkung liegt insbesondere in der möglichen Mitfällung von Phosphor, wodurch die Primärproduktion im See eine stärkere Limitierung erfährt.

Die Bedeutung der Calcitfällung im Willersinnweiher wird in Abb. 26 in allen Jahren ersichtlich. Der Verlauf der Calciumkonzentration zeigt in jedem Untersuchungsjahr in unterschiedlich starker Ausprägung eine Minderkonzentration im Epilimnion. Während zur Zeit der Frühjahreszirkulation eine Ausgangskonzentration von ca. 100 mg/l Calcium ermittelt wird, kommt es 1996 und 1997 ab April, im Jahr 1998 erst ab Mai, zum allmählichen Rückgang der Konzentrationen im Epilimnion. Insbesondere 1996, das Jahr, welches durch die geringsten Sichttiefen und die größten Chlorophyll a-Gehalte auffiel, zeigte eine beträchtliche Verringerung der Ca-Konzentration im Epilimnion. Dabei wurden minimale Werte von unter 70 mg/l erreicht. Dies entspricht einem Verlust aus dem Epilimnion bis zu 33 %. In den folgenden Jahren nimmt die Fällung, bedingt durch das verringerte Algenwachstum und des folglich geringeren $CO_2$-Entzugs, nicht mehr solch starke Ausmaße an. Es treten 1997 und 1998 lediglich Minimalkonzentrationen bis etwa 85 mg/l auf. Der Calcitfällung aus dem Epilimnion steht im Hypolimnion durch die Verschiebung der Gleichgewichtsverhältnisse eine teilweise Auflösung der Calcitkristalle entgegen, welche sich in einem erneuten Anstieg der Calcium-Konzentration ausdrückt. Diese Rücklösungsprozesse sind dem gemäß, wie die Konzentrationen im Hypolimnion erkennen lassen, 1996 am intensivsten.

Bilanziert man die Calciumverluste des Epilimnions, ergibt sich in jedem Jahre eine Calciumcarbonat-Sedimentation von 30-75 g/m$^3$, wobei 1996 das Maximum erzielt wird, während 1997/1998 die Verluste geringer ausfallen (30-35 g/m$^3$). Aufgrund der unterschiedlich starken Ausdehnung des Epilimnions in den Untersuchungsjahren ergeben sich für das Epilimnion Werte von 180 bis 220 g/m$^2$ (höchster Wert 1996). Bezogen auf die Seefläche werden in den Sommermonaten der drei Untersuchungsjahre jeweils zwischen 30 bis 40 t Calcit gefällt und verlagert. Wie viel davon im Hypolimnion rückgelöst wird und welcher Anteil tatsächlich im Sediment ankommt, ist gegenwärtig noch nicht bekannt. Die Kalkgehalte der autochthonen Seesedimente betragen in Abhängigkeit von der Tiefe im Sedimentpaket zwischen 10 bis 45 %, wobei die Gehalte mit sinkendem Alter steigen. Dies ist als Zeichen einer steigenden Eutrophierung des Sees zu werten. Zwischen kleinem und großem Seebecken besteht bzgl. der Kalkgehalte kein signifikanter Unterschied. Eine genauere Analyse des Sedimentes und der Fällungsprozesse im See findet im Rahmen GRK 273 statt (SCHMID, in Vorbereitung).

Ein für das Ökosystem relevanter Prozess ist die Kopräzipitation von Phosphor an den Calcitkristallen. Dessen Verlagerung in das Hypolimnion sorgt während der Stagnationsphase für eine beschleunigte Limitierung der Primärproduktion. Dabei ist zunächst nicht relevant, ob im Hypolimnion eine Rücklösung oder ein Transport bis in das Sediment stattfindet, da der Phosphor im gleichen Jahr der Primärproduktion nicht wieder zur Verfügung steht. Für den Belauer See werden in Abhängigkeit von der Phosphorkonzentration im Epilimnion Mitfällungsraten von 0,01 bis 0,04 % (Gew.% bezogen auf $CaCO_3$) angegeben (SCHERNEWSKI 1999). Bezieht man diese Literaturwerte auf den Willersinnweiher im Jahr 1996, so wäre eine Phosphorverlagerung in der Größenordnung von 4 bis 15 kg möglich gewesen. Die Mitfällungsraten am Bodensee erreichen mit 0,3 bis 1 % bedeutendere Größenordnungen (ROSSKNECHT 1980) als am Belauer See, so dass am Willersinnweiher eine noch größere Mitfällung möglich wäre. Dieser Prozess könnte die Ausbildung von Klarwasserphasen erklären, die selbst bei den bis 1996 herrschenden hocheutrophen Nährstoffbedingungen am Willersinnweiher auftraten. Die Klarwasserphase begann, wie geschildert, im ersten Untersuchungsjahr Ende Juli und erreichte bis September Sichttiefen bis 6,5 m. Zu dieser Zeit betrug die Minderkonzentration des Calciums im Epilimnion ca. 20 %, d.h. eine Phosphorverlagerung mit dem Calcit und damit eine beschleunigte Limitierung des Algenwachstums waren möglich. Von noch größerer Relevanz kann eine Calcitfällung werden, die während der Zirkulation infolge der Veränderung der $CO_2$-Gehalte im Wasser, auftritt. Bei den zu dieser Zeit herrschenden, im Vergleich zum sommerlichen Epilimnion vielfach höheren Phosphorkonzentrationen sind größere Mitfällungsraten denkbar.

Die genannten Zahlen legen es nahe die Calcitfällung im Rahmen von Seerestaurierungen zu nutzen, indem große Mengen von Kalk künstlich in den See eingebracht werden (MURPHY & PREPAS 1990) oder die natürliche Calcitfällung verstärkt wird (KOSCHEL 1994).

### 5.4.3 Schwefelverbindungen

Sulfat ist eines der quantitativ wichtigsten Ionen in Gewässern, das natürlich vor allem bei der Verwitterung entsteht. Atmosphärische Einträge durch die Verbrennung fossiler Brennstoffe stellen eine zweite wichtige Quelle dar. Für den Willersinnweiher sind auch Bauschuttdeponien in der Umgebung, aus denen große Sulfatmengen ausgewaschen werden können, wichtige Lieferanten. Dementsprechend liegen die mittleren Sulfat-Konzentrationen im Willersinnweiher mit ca. 225 mg/l sehr hoch. Im See ist das Sulfat Teil des mikrobiellen Schwefelkreislaufes, bei dem in anaerobem Tiefenwasser durch die bakterielle Sulfatreduktion und durch den Abbau organischer Substanz Schwefelwasserstoff gebildet wird. Dieses wirkt auf nahezu alle höheren aquatischen Organismen toxisch. Bei stark reduzierten Bedingungen können im Sediment Metallionen (z.B. Eisen) durch die Bildung schwerlöslicher Sulfide immobilisiert werden. Dieser Prozess beeinflusst die Remobilisierung von Phosphor aus den Sedimenten und demzufolge dessen Verfügbarkeit in Seen stark (vgl. Kapitel 1.2.3: Die Rolle der Sedimente im Nährstoffhaushalt sowie 5.6: Die Sedimente und deren Einfluss auf die Trophieentwicklung des Willersinnweihers).

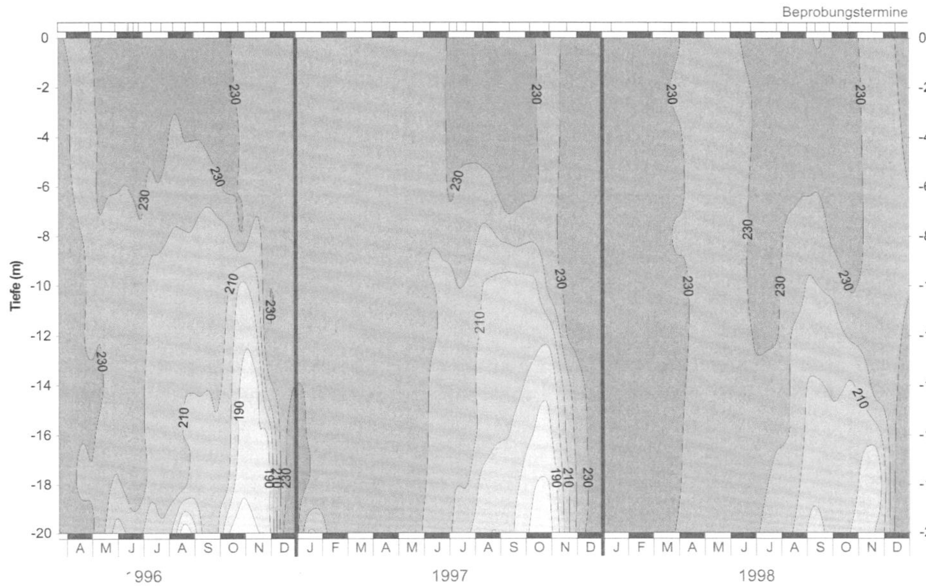


**Abb. 27: Verlauf der Sulfat-Gehalte im Untersuchungszeitraum (mg/l)**

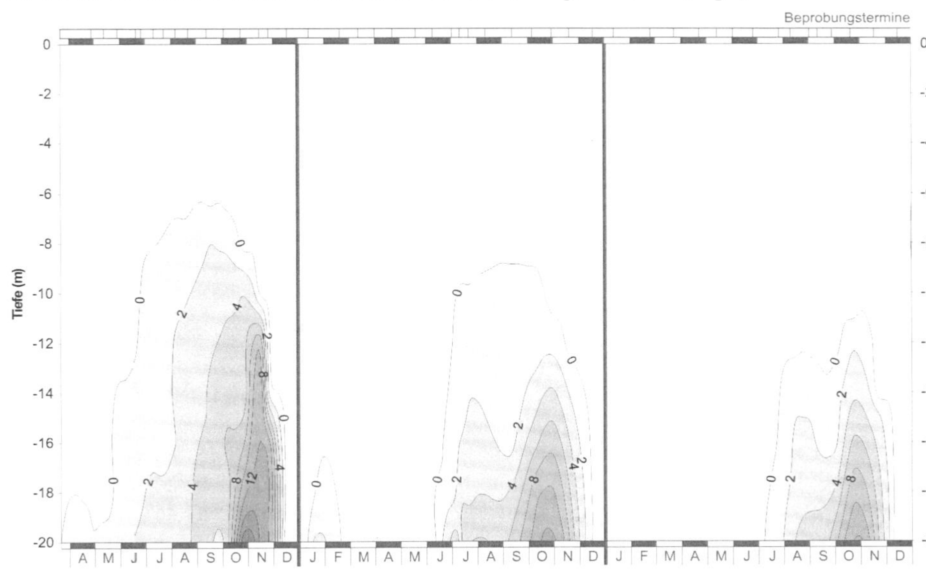


**Abb. 28: Verlauf der Sulfid-Gehalte im Untersuchungszeitraum (mg/l)**

Bedingt durch die starke anthropogene Überprägung des Einzugsgebietes besitzt der See hohe Sulfatkonzentrationen. Mikrobielle Umsätze ziehen während des Sommers im anaeroben Hypolimnion eine Verringerung der Konzentration zugunsten von Schwefelwasserstoff nach sich. Diese Prozesse werden sehr stark vom Sauerstoffhaushalt und der Primärproduktion des Sees bestimmt, wodurch der Sulfatrückgang und die $H_2S$-Bildung 1996 am intensivsten ausgeprägt war.

Während des gesamten Untersuchungszeitraumes kann bei jeder Sommerstagnation, teilweise auch während der kurzen Winterstagnationen ein Absinken der Sulfatgehalte mit einem parallelem Anstieg der Sulfidgehalte registriert werden. Besonders extrem ausgebildet ist dieses Charakteristikum 1996 am Profil 5 (kleines Seebecken), als die Sulfatgehalte in Grundnähe um 95 % bis auf 12 mg/l absinken und Sulfid auf bis zu 90 mg/l ansteigt. Ursache hierfür ist neben der hohen Primärproduktion des Phytoplanktons (Belastung des Sauerstoffhaushaltes im Hypolimnion beim Abbau der abgestorbenen Biomasse) die ausgebliebene Zirkulation, die bereits zu Beginn der Untersuchungen im März, bei nur schwach ausgebildeter Schichtung, anaerobe Bedingungen in Grundnähe zur Folge hat. In den folgenden Jahren und im Hauptbecken über den gesamten Messzeitraum werden solche extremen Spitzenwerte nicht erreicht. Die Maxima der Sulfidgehalte liegen 1996 bei 18 mg/l, 1997 und 1998 um 12 mg/l, die Minima des Sulfats um 180 mg/l. Auch die zeitliche und räumliche Ausdehnung von Sulfidanreicherungen ist, analog zur besseren Sauerstoffversorgung, durch die Zirkulation im Frühjahr und geringere Primärproduktion, in den Folgejahren deutlich geringer als im ersten Untersuchungsjahr. Wie stark diese Einflüsse wirken, zeigt ein Vergleich der Zeitspanne, während der in jedem Jahr ohne Unterbrechung in mehr als in der tiefsten Probe Schwefelwasserstoff nachgewiesen werden konnte: sie betrug im ersten Jahr 33 Wochen, 27 Wochen im Jahr 1997 und noch 18 Wochen im Jahr 1998.

### 5.4.4 Stickstoffverbindungen

Bei sauerstoffgesättigtem Wasser ist neben dem Luftstickstoff (Sättigungskonzentration bei 10 °C 18,1 mg/l) Nitrat die Hauptkomponente der Stickstoffverbindungen. Natürliche Quellen für Nitrat gibt es nur wenige (z.B. Salpeter), so dominieren die anthropogenen Einträge aus Düngemitteln und Abwasser (Fäkalien). Der gelöste Stickstoff ($N_2$) kann in Gewässern nur von Bakterien und wenigen spezialisierten Planktonarten aus der Familie der Cyanophyceen direkt verwertet werden und nimmt folglich meist nur in geringem Maße an den Umsetzungsprozessen in Seen teil. Diese Arten spielen im Willersinnweiher keine Rolle. Im Gewässer liegen die anorganischen Stickstoffverbindungen Ammonium ($NH_4^+$), Nitrit ($NO_2^-$) und Nitrat ($NO_3^-$) in saisonal dynamischer Konzentrationsverteilung vor. Dabei zeigen das reduzierte Ammonium und das oxidierte Nitrit und Nitrat, in Abhängigkeit von den herrschenden Redoxbedingungen, eine komplementäre Dynamik, an der Mikroorganismen sehr stark beteiligt sind.

Ammonium wird von Pflanzen als bevorzugte Stickstoffquelle aufgenommen. Es wird zum einen aus Düngemitteln oder durch Abwasser (Fäkalien) in Gewässer eingetragen und entsteht unter anoxischen Bedingungen beim mikrobiellen Abbau (Ammonifizierung) der abgestorbenen Biomasse direkt im See. Dieser Prozess findet mit besonders starker Intensität in den Sedimenten statt. Unter aeroben Bedingungen kann über die Zwischenstufe des Nitrits, die mikrobielle Umwandlung von Ammonium zu Nitrat (Nitrifikation) stattfinden. Als Zwischenprodukt überschreitet die mittlere Nitrit-Konzentration im Wasser 1 mg/l selten. Die Denitrifikation bezeichnet den Prozess der Umwandlung von Nitrat zu Stickstoff. Ammonium steht in einem Gleichgewichtsverhältnis mit gelöstem Ammoniak, wobei mit steigendem pH-Wert der Anteil des fischtoxischem Ammoniaks zunimmt (pH $< 7,3$ fast nur Ammonium, pH $> 11,3$ fast nur Ammoniak). Die Oxidation von Ammonium benötigt sehr viel Sauerstoff und belastet den See damit stark.

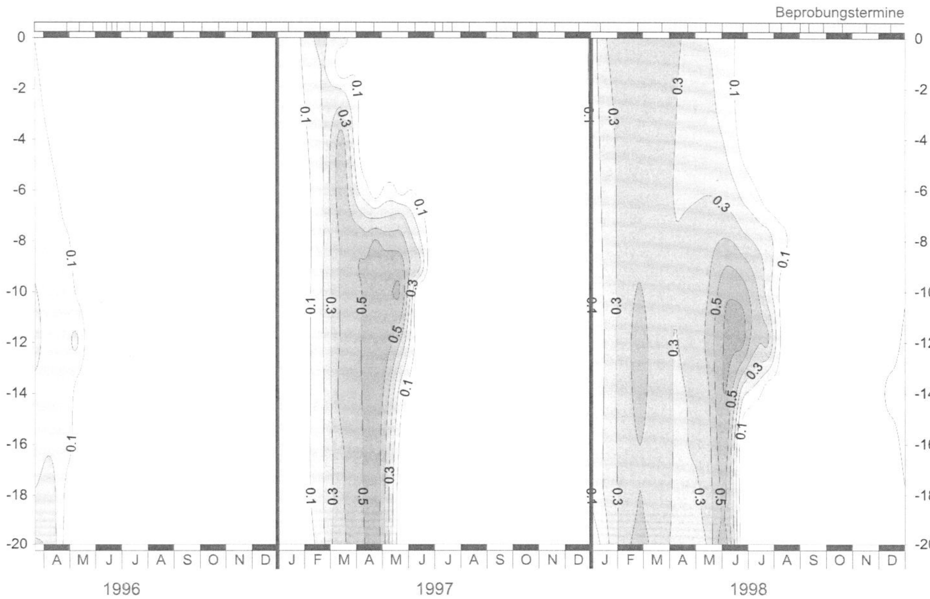


**Abb. 29: Verlauf der Konzentration von Nitrit-N und Nitrat-N (mg/l)**

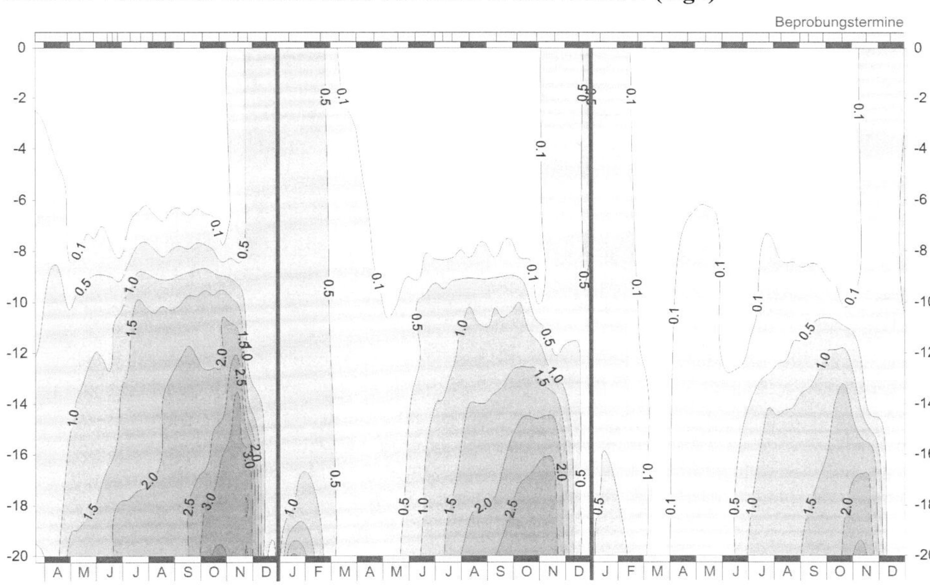


**Abb. 30: Verlauf der Konzentration von Ammonium-N im Untersuchungszeitraum (mg/l)**

Im Willersinnweiher liegen die mittleren Konzentrationen von gelöstem $NO_3$-N im Frühjahr in Abhängigkeit von der Intensität der Zirkulation bis 0,4 mg/l. Das Nitrat wird durch das Phytoplankton jedoch schnell gezehrt. Im Gegenzug steigen die Ammoniumkonzentrationen im Hypolimnion infolge mikrobieller Abbauprozesse und durch die Mobilisierung aus dem Sediment schnell an. Dieser Anstieg war 1996 am intensivsten und schwächte sich im Folgenden von Jahr zu Jahr ab.

Die größten Konzentrationen von gelöstem Nitrat treten im Wasser während der Zirkulationsphasen auf. Dann ist einerseits gelöster Sauerstoff im See vorhanden, andererseits ist die Algendynamik noch nicht so stark ausgeprägt, dass schon der gesamte gelöste N-Vorrat gezehrt ist, wie dies während des Sommers im Epilimnion der Fall ist. Zu Zirkulationszeiten findet im See die Nitrifikation (Oxidation) des Ammoniums zu Nitrat statt, welches jeweils nach Abschluss der Zirkulation im gesamten Tiefenprofil mit Konzentrationen bis über 0,3 mg/l (gelöst $NO_3$-N) im See vorliegt. Mit Beginn der Schichtung und des Algenwachstums nehmen die pflanzenverfügbaren gelösten Stickstoff-Verbindungen im Epilimnion, aufgrund der Zehrung und Sedimentation, rasch bis auf Werte unter 0,02 mg/l N ab. Im Gegenzug steigen die gelösten anorganischen Stickstoffkonzentrationen im Hypolimnion stark an. Ursache für diese Konzentrationserhöhung sind drei verschiedene Prozesse: Beim Abbau der Aminosäuren und Proteine von abgestorbenem Plankton unter anaeroben Bedingungen entsteht Ammonium als stabile anorganische Verbindung; es entsteht ferner über die mikrobielle Reduktion von Nitrat (Nitratassimilation oder -ammonifikation); Ammonium wird aus dem Sediment mobilisiert und kann sich infolge der anaeroben Bedingungen anreichern. In Abhängigkeit von den Sauerstoffverhältnissen im Hypolimnion setzt der Anstieg der Ammoniumkonzentration 1996 sehr früh und intensiv ein (unvollständige Zirkulation!). Im Hauptbecken erreichen die Ammonium-N-Konzentrationen am Ende der Stagnationsphase hohe Konzentrationen bis 3,5 mg/l, so dass mit dem Einsetzen der Herbstzirkulation das Ammonium über die gesamte Wassersäule verteilt wird (mit mittleren Konzentrationen um 0,9 mg/l). Diese Konzentrationen gehen erst allmählich durch Oxidationsvorgänge (Nitrifikation) zugunsten von Nitrat zurück. In den nachfolgenden Jahren können zunächst, infolge der längeren Zirkulationsphase, höhere Nitrat-N-Gehalte im See gemessen werden, und die Ammonium-Bildung beginnt erst zeitverzögert ab Mai. Zudem liegen die Konzentrationen auf niedrigerem Niveau (höchste Konzentrationen 1997 2,6 mg/l, 1998 2,2 mg/l) und die Ausdehnung in Richtung Oberfläche bleibt aufgrund der Schichtungsbedingungen (mächtigeres Epilimnion) und der schwächeren Primärproduktion geringer (weniger Abbauprozesse im Hypolimnion).

Wie schon bei einigen anderen Parametern, existieren 1996 im kleinen Seeteil extrem hohe Konzentrationen von Ammonium-N. Infolge der hier quasi komplett ausgefallenen Vollzirkulation im Frühjahr und der daraus resultierenden angespannten Sauerstoffsituation, liegen am Profil 5 bereits im April Ammonium-N-Konzentrationen bis über 11 mg/l vor. Zur gleichen Zeit werden im Hauptbecken Maximalwerte von 1 mg/l gemessen. Dieser extreme Wert wird im Verlauf der Stagnationsphase, infolge der mikrobiellen Prozesse, auf Werte über 22 mg/l gesteigert (sechsfache Konzentration von Profil 2). Auch die Mobilisierung von Ammonium aus dem Sediment spielt im kleinen Seebecken eine große Rolle. In den folgenden Jahren, mit geringerer Primärproduktion und ausgeprägterer Zirkulation, unterscheiden sich die Verhältnisse zwischen großem und kleinem Seebecken nicht mehr so deutlich. Die Konzentrationen liegen im kleinen Seebecken nur unwesentlich höher als im Hauptbecken.

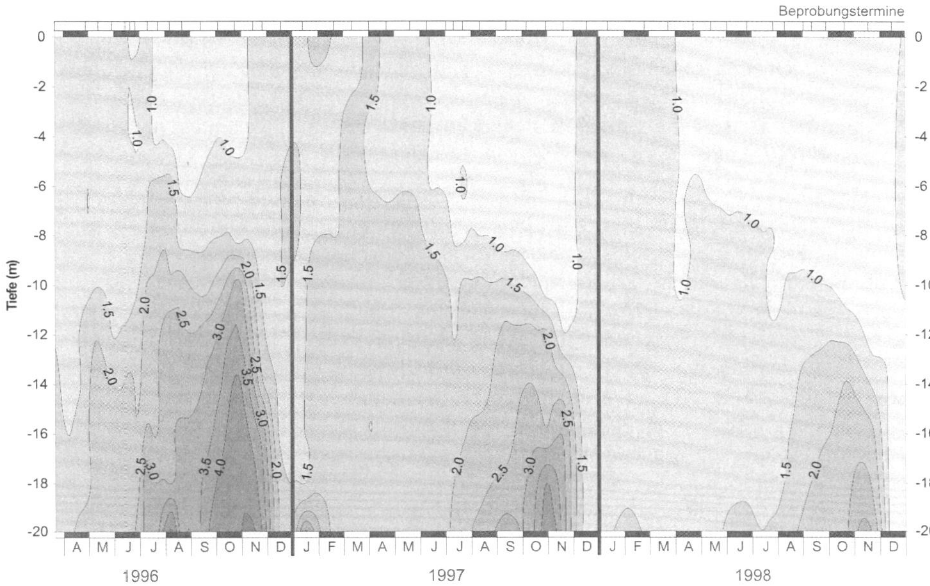


**Abb. 31: Verlauf der Gesamt-Stickstoff-Gehalte im Untersuchungszeitraum (mg/l)**

Auch beim Gesamt-Stickstoff (TN) pausen sich Schichtungs- und Zirkulationsphasen in den Tiefenprofilen durch. Im Frühjahr liegt TN mehr oder minder homogen verteilt in der Wassersäule mit Konzentrationen um 1,2 mg/l vor. Im Verlauf der Schichtung kommt es in der trophogenen Zone infolge der Aufnahme durch das Phytoplankton und der anschließenden Sedimentation zu einem Verlust, so dass im Monat September minimale Werte um 0,7 mg/l erreicht werden. Dagegen bewirken die zuvor beschriebenen Sedimentations- und Abbauprozesse im Hypolimnion eine Anreicherung bis 4,4 mg/l im Hauptbecken, wobei ca. 80 % (3,6 mg/l) als gelöstes Ammonium vorliegen und 20 % partikulär gebunden sind. Im Jahr 1998 werden noch TN-Maximalwerte von 2,6 mg/l erreicht, wobei lediglich 14 % in abgestorbener und (noch) nicht abgebauter Biomasse gespeichert sind. Im kleinen Seebecken werden 1996 im Zusammenhang mit der ausgebliebenen Frühjahresvollzirkulation ebenfalls Spitzenwerte bis über 23 mg/l erreicht, wobei hier ein noch größerer Anteil als gelöstes Ammonium vorliegt (22 mg/l). Diese Extremwerte werden in den folgenden Jahren nicht mehr registriert.

Insgesamt ist auch für die TN-Konzentrationen im See innerhalb der drei Untersuchungsjahre ein Trend zu geringeren Spitzenwerten und niedrigeren Konzentrationen zur Zeit der Zirkulation festzuhalten. Da Stickstoff in aller Regel nicht limitierender Nährstoff ist, übt dieser Trend wahrscheinlich keine Wirkung auf die Höhe der Primärproduktion aus, kann aber die Zusammensetzung des Phytoplanktons beeinflussen, wobei das Verhältnis von Stickstoff zu Phosphor sehr wichtig ist. Gerade die 1996 dominierenden fädigen Blaualgen verfügen bei niedrigen Verhältnissen gegenüber anderen Spezies über Konkurrenzvorteile (RHEE & GOTHAM 1980).

### 5.4.5 Phosphor

Phosphor ist auch in Seeökosystemen zumeist steuernder Minimumfaktor der Primärproduktion. Da natürliche Quellen selten sind, wird er vor allem anthropogen durch Düngemittel sowie häusliches und industrielles Abwasser eingetragen und trägt hier zu einer steigenden Primärproduktion bei. Diese kann gerade in stehenden Gewässern zu einer massiven Belastung des Sauerstoffhaushaltes und des gesamten Ökosystems führen.

Der Phosphorkreislauf in Seen ist durch biologische und chemische Umwandlungsprozesse zwischen drei Phosphorfraktionen bestimmt: gelöster Phosphor, Phosphor in der Biomasse und Phosphor im Sediment. Als gelöster anorganischer Phosphor (ortho-Phosphat-P, SRP) wird er durch die Aufnahme in das Phytoplankton organisch fixiert und in die Nahrungskette eingeschleust. Mikrobielle Abbauprozesse bewirken eine Remineralisierung des Phosphors aus der abgestorbenen organischen Substanz. Die biogene Sedimentation und Fällungsreaktionen im See bewirken die partielle Festlegung des Phosphors im Sediment, von wo er unter bestimmten Voraussetzungen (z.B. anaerobe Verhältnisse) teilweise remobilisiert werden kann. Da der Einbau von Phosphor in die Biomasse überwiegend im Epilimnion stattfindet und der Abbau überwiegend im Hypolimnion, kommt es im Verlauf der Sommerstagnation durch die immer geringer werdende SRP-Konzentration im Oberflächenwasser zur Limitierung der Primärproduktion. Dieser Prozess wird in Hartwasserseen häufig durch die Mitfällung von Phosphor bei der Calcitfällung beschleunigt. Eine Phosphorlimitierung des Planktonwachstums liegt vor, wenn in der trophogenen Zone eine SRP-Konzentration von 10 µg/l erreicht werden (SAS 1989), wobei Arten mit differierender Phosphoraffinität existieren. Allerdings sind Algen in der Lage, in Zeiten höherer Konzentrationen Phosphor in ihren Zellen zu speichern (Luxuskonsum) und diesen Pool bei Mangelsituationen zum weiteren Wachstum zu verwenden (SOMMER 1994).

Im Gegenzug kommt es durch die mikrobiellen Abbauprozesse und die Remobilisierung aus den Sedimenten während der Stagnation im Hypolimnion zu einer immer stärkeren Phosphoranreicherung. Nur einige Algenformen (Flagellaten, einige Cyanophyceen) sind zur aktiven Steuerung ihrer Position in der Wassersäule befähigt und können durch Abtauchen in das Metalimnion diesen Phosphorspeicher nutzen; die überwiegende Mehrheit bleibt durch das Phosphorangebot im Epilimnion beschränkt. Aufgrund der Möglichkeit der Speicherung von Phosphor im Organismus und der Erschließung des Phosphorspeichers im Hypolimnion ist es nicht immer möglich, ein durch Phosphor limitiertes Wachstum im Sommer zu diagnostizieren. Mit der Abkühlung der Lufttemperaturen ab dem Spätsommer und dem resultierenden Absinken der Sprungschicht wird wieder ortho-Phosphor in die trophogene Zone eingemischt und das Algenwachstum erneut stimuliert (vgl. 5.3.5, S. 57). Während der anschließenden Herbstzirkulation kann ein Teil des gelösten Phosphors im Sediment festgelegt werden, und es kommt zum allmählichen Absinken der Phosphorkonzentration im Wasserkörper.

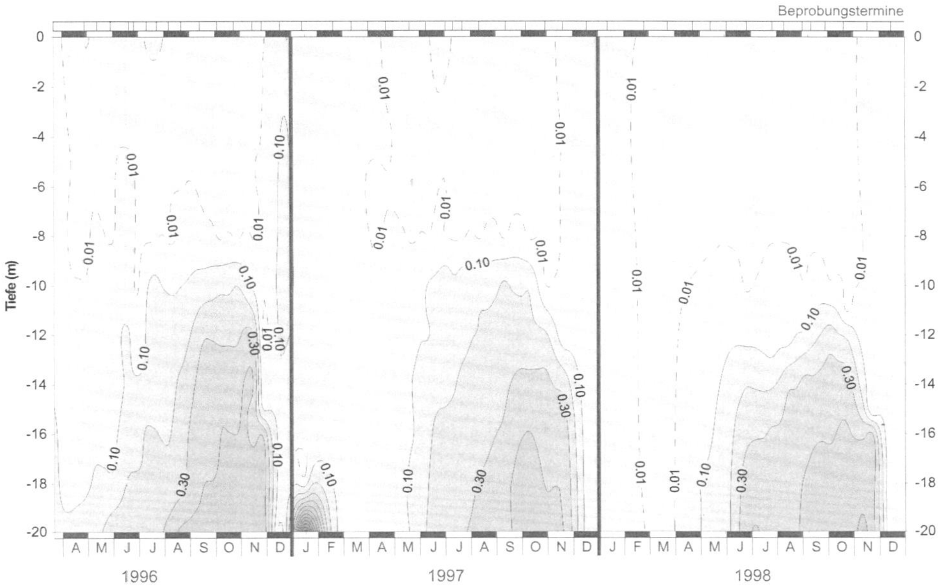


**Abb. 32: Verlauf der SRP-Konzentrationen im Untersuchungszeitraum (mg/l)**

In jedem Sommer nimmt am Willersinnweiher die SRP-Konzentration im Epilimnion soweit ab, dass die Primärproduktion limitiert wird, gelöster anorganischer Phosphor ist zeitweise nicht mehr nachweisbar. Im Hypolimnion kommt es dagegen zur Anreicherung. Das Phytoplankton versucht diesen Ressourcenmangel durch das Abtauchen zur Sprungschicht auszugleichen, wo die SRP-Konzentration stark ansteigt.

Die SRP-Konzentration zeigt in jedem Jahr, nachdem im Frühjahr eine mehr oder minder gleichmäßige Verteilung in der Wassersäule vorliegt, ein schnelles Absinken der Konzentrationen in der trophogenen Zone bis an die Nachweisgrenze (0,005 mg/l). Mit der Stagnation kommt es im Hypolimnion infolge der Remineralisierungs- und Rücklösungsprozesse zum massiven Anstieg der Konzentrationen. Zu Beginn der Untersuchungen im März 1996 ist schon eine leichte Schichtung zu registrieren (vgl. 5.3.1, S. 48), damit weist auch die SRP-Konzentration in der Wassersäule ein Vertikalprofil auf. Sie ist durch die Primärproduktion in den oberen Metern der Wassersäule deutlich gezehrt, während in den grundnahen Bereichen erhöhte Konzentrationen vorliegen. Im Verlauf der Sommerstagnation werden in allen drei Untersuchungsjahren über einige Wochen SRP-Konzentrationen von unter 0,01 mg/l in der trophogenen Zone gemessen. Zu diesen Zeiten wird die Primärproduktion durch den geringen Phosphorgehalt limitiert und erhöhte Sichttiefen, sinkende pH-Werte etc. sind die Folge. Die Konzentrationen im Hypolimnion erreichen gegen Ende der Sommerstagnation im Hauptbecken in allen drei Jahren Werte zwischen 0,4 bis 0,5 mg/l. Im Profil 5 liegen die hypolimnischen Maximalkonzentrationen generell auf höherem Niveau. Insbesondere im Herbst 1996 werden hier grundnah Werte bis 3,8 mg/l SRP ermittelt, was eine Folge der ausgebliebenen Vollzirkulation, des geringen Hypolimnionvolumens, der Rücklösungsprozesse aus dem Sediment und möglicherweise auch von eindringendem Grundwasser war. Die Phosphorremobilisierung aus dem Sediment bewirkt auch im Hauptbecken im Januar 1997 kurzfristig einen sehr starken Anstieg der Konzentration bis auf über 1,2 mg/l. Mit der anschließenden Zirkulation wird diese Anreicherung jedoch nivelliert.

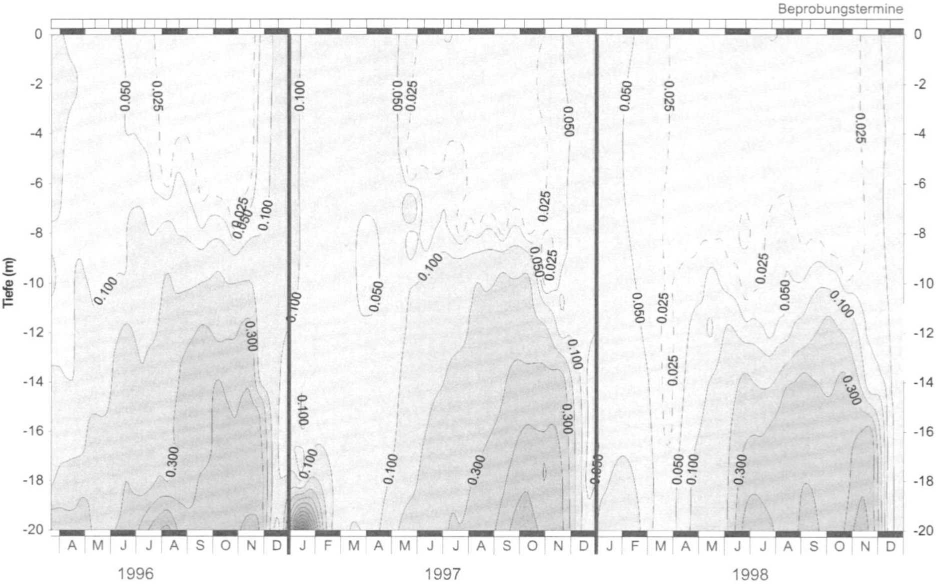


**Abb. 33: Verlauf der TP-Konzentrationen im Untersuchungszeitraum (mg/l)**

Die TP-Konzentration eines Gewässers ist ein Schlüsselparameter für dessen Trophie, wodurch die Erfolgskontrolle von Reoligotrophierungsmaßnahmen häufig anhand dieses Parameters vorgenommen wird. Saisonale Verlagerungen bewirken in jedem Jahr eine Verringerung der TP-Konzentration im Epilimnion und einer Anreicherung im Hypolimnion; Zirkulationsphasen führen zur Nivellierung dieser Ungleichgewichte. Anhand der Frühjahreskonzentrationen ist die Reoligotrophierung des Willersinnweihers in den drei Untersuchungsjahren sehr gut nachzuvollziehen. Dabei sinken die mittleren Konzentrationen von ca. 0,1 im Frühjahr 1996 bis 1998 auf 0,04 mg/l; der Übergang von hocheutrophen zu mesotrophen Bedingungen ist erreicht.

Ebenso wie die SRP-Konzentration zeigt auch die TP-Konzentration zu Stagnationsphasen, wenn auch etwas gemildert, den Gegensatz zwischen Abreicherung im Epilimnion und Anreicherung im Hypolimnion. Die TP-Konzentration zur Zeit der Frühjahreszirkulation ist ein Schlüsselparameter der meisten Trophiemodelle. Sie zeigt im Verlauf des Untersuchungen am Willersinnweiher einen deutlichen Abwärtstrend. Liegen die Gehalte im Frühjahr 1996 noch im gesamten Tiefenprofil um 0,1 mg/l, sinken diese bis zum Frühjahr 1997 auf 0,075 mg/l und erreichen 1998 mit 0,04 mg/l ein deutlich niedrigeres Niveau. Mit dieser Konzentration ist der Wandel von hocheutrophen Verhältnissen auf einen Übergangsbereich zwischen meso- und eutroph im See erreicht. Die Reoligotrophierungsmaßnahmen und wahrscheinlich insbesondere der gestoppte Eintrag von Abwasser aus nahe gelegenen Quellen zogen eine sehr schnelle Reaktion der TP-Konzentration im See nach sich. Diese Verringerung wurde beschleunigt durch die längeren Zirkulationsphasen in den Jahren 1997 und insbesondere 1998, die eine Fixierung von Phosphor im Sediment bewirkten (vgl. Kapitel 5.6.3, S. 95). Im Frühjahr 1998 kann im Verlauf der Zirkulation das Absinken der TP-Konzentration im Wasser von Durchschnittswerten um 0,045 auf 0,025 mg/l registriert werden, wobei während der nachfolgenden Stagnation eine Remobilisierung stattfindet. Ebenso von Bedeutung für den Rückgang der Phosphorkonzentration ist dessen längerfristige Bindung in der Makrophytenvegetation (Kapitel 6.1.3, S. 110), die seit 1997 den See wieder besiedeln konnte, nachdem das Litoral zuvor jahrelang quasi „wüstenhaft“ vegetationslos war.

### 5.4.5.1 Langjährige Entwicklung der TP-Konzentration und erste Ursachenanalyse

Durch den Status des Willersinnweihers als offizielles Badegewässer wurde der See seit 1989 zumindest einmal im Jahr durch das Landesamt für Wasserwirtschaft, Rheinland-Pfalz, beprobt. Dies ermöglicht, die längerfristige Entwicklung der TP-Konzentration im See nachzuvollziehen und die Effektivität der Reoligotrophierung damit in Beziehung zu setzen und zu bewerten.

Die Funktion von Seen als Nährstoffallen bedingt über die Jahre eine sukzessive Akkumulation der eingetragenen Nährstoffe im See. Ein großer Teil des eingetragenen Phosphors wird dabei dauerhaft in den Sedimenten gespeichert und damit der biotischen Umsetzung weitgehend entzogen. Der Rest verbleibt im Wasserkörper, bewirkt die Erhöhung der TP-Konzentration und damit eine steigende Produktivität des Gewässers, wobei ein Teil dieses Phosphors in die Nahrungskette eingeschleust werden kann.

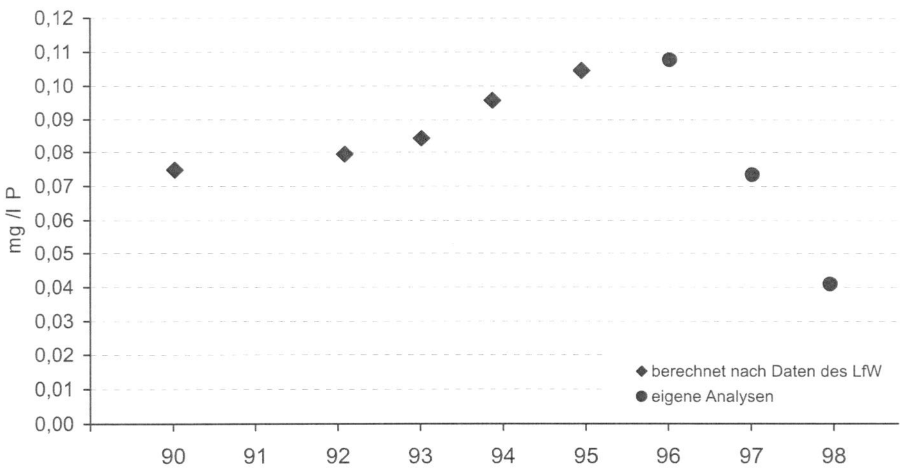


**Abb. 34: Langjährige Entwicklung der TP-Konzentrationen zur Zeit der Frühjahreszirkulation (mg/l)** (1990-1995 berechnet nach Daten des LfW Rheinland-Pfalz)

Im Zeitraum zwischen 1990 bis 1995 zeigt die Frühjahreskonzentration von TP eine klar ansteigende Tendenz. Allein in diesen 6 Jahren steigt die mittlere Konzentration von ca. 0,075 auf über 0,1 mg/l, d.h. um fast 40 %. Zwischen 1995 und 1996 war eine nur leicht steigende Konzentration zu verzeichnen, und schon 1997 zeigt einen sehr deutlichen Rückgang der TP-Konzentration im Wasser auf einen Wert von ca. 0,075 mg/l; dies entspricht der Konzentration von Anfang der 90er Jahre. Bis zum Frühjahr 1998 erfolgt noch einmal eine drastische Verringerung auf ca. 0,04 mg/l. Diese Konzentration liegt weit unterhalb der bislang im Willersinnweiher gemessenen und kann damit als signifikante Verbesserung gewertet werden. Auch während der beiden folgenden Jahre liegen die TP-Konzentrationen der Frühjahreszirkulation auf diesem Niveau und etwas darunter.

Eine einfache Bewertung der Wirksamkeit der einzelnen Sanierungs- und Restaurierungsmaßnahmen für den Rückgang der TP-Konzentrationen ist nicht möglich. Infolge der extrem schnellen Reaktion ist zu vermuten, dass die durchgeführte Sanierungsmaßnahme, der Anschluss der Anlieger an eine leitungsgebundene Abwasserentsorgung, an dieser positiven Entwicklung wesentlichen Anteil hat. Der Eintrag aus diesen Quellen scheint doch wesentlich stärker gewesen zu sein, als zunächst angenommen. Mit der Umsetzung der internen Maßnahme, der Modellierung von Flachuferzonen, wurde erst 1997 begonnen, zudem ist davon eher eine in längeren Zeiträumen wirkende Verbesserung der biozönotischen Wirkungsgefüge und davon rückwirkend verringerte Nährstoffgehalte im See zu erwarten. Die veränderte fischereiliche Bewirtschaftung hatte bis 1996 zwar schon eine deutliche Reduzierung des Fischbestandes im See zur Folge (vgl. Kapitel 6.5, S. 139ff.); sie allein begründet den massiven Rückgang der TP-Konzentrationen aber auch nicht. Selbst eine hypothetische Ausschaltung aller Phosphor-Eintragspfade in den See böte keine hinreichende Erklärung für die Halbierung der TP-Menge im Freiwasser innerhalb von zwei Jahren. Eine weitere maßgebliche Rolle bei dieser Entwicklung kommt neben der Verringerung der Nährstoffeinträge sicherlich internen Prozessen und Regelmechanismen zu. Vor allem die Besiedelung des Sees mit Makrophyten und das Sediment mit seiner Wirkung als Nährstoffspeicher, der auch sehr kurzfristig wirken kann, scheinen Schlüsselvariablen zu sein. Ebenso erscheint eine Unterstützung des Reoligotrophierungsprozesses durch die meteorologischen Verhältnisse 1997 und 1998 möglich. Insbesondere 1998 bedingte die kühle Witterung im Frühjahr eine lange Zirkulationsphase im See, welche die Sedimentoberfläche oxidieren konnte und damit deren Phosphorspeicherkapazität erhöhte. Daneben war dadurch in diesen Jahren ein größerer Sauerstoffvorrat im Hypolimnion gespeichert, der dem Abbau abgestorbener organischer Substanz zur Verfügung stand, was die Phosphorrücklösung aus den Sedimenten verringerte. Auch die vorwiegend durch meteorologische Bedingungen gesteuerte tiefe Lage der Thermoklinen in diesen beiden Jahren ließ größere Flächen oxischer Sedimente entstehen, als dies beispielsweise 1996 der Fall war. Des weiteren können die Wettbewerbsbedingungen zwischen Makrophyten und Phytoplankton durch die Witterung (Wassertemperatur, Zirkulation etc.) beeinflusst werden. Wobei die Verschiebung der Wettbewerbsbedingungen zwischen Algen und Makrophyten die Verringerung der Phosphorkonzentration im Frühjahr als wesentliche Voraussetzung hatte. Die Witterungsbedingungen allein hätten diesen Übergang zum makrophytenreichen Seen nicht auslösen können (vgl. Kapitel 6.1.2, S. 108ff.). Das Aufkommen einer Makrophytenflora 1997 und in allen folgenden Jahren hat vielfältige Ursachen und liegt nicht allein im Rückgang der TP-Konzentration im Pelagial begründet. Nur das Zusammenspiel vieler Faktoren (verringerter Eintrag, weniger Fische, Aufkommen von Makrophyten, verbesserte Speicherkapazität der Sedimente) ermöglichte die drastische Verringerung des limitierenden Nährstoffes Phosphor im Willersinnweiher.

Die vielfältigen Wechselwirkungen in Seeökosystemen erlauben keine exakte Analyse der Wirkzusammenhänge, dennoch kommt der Eintragsverminderung, der Makrophytenvegetation und dem Sediment eine Schlüsselrolle bei der Reoligotrophierung des Willersinnweihers zu.

### 5.4.6 Stickstoff/ Phosphor-Verhältnisse

Das OECD-Projekt zur Gewässereutrophierung (VOLLENWEIDER & KEREKES 1982) ergab bei der Mehrzahl der Seen einen Zusammenhang zwischen Trophiegrad und TN/TP-Verhältnis der Seen. Demnach liegt der TN/TP-Quotient in oligotrophen Seen über 100; in eutrophen Gewässern werden dagegen häufig Verhältnisse von unter 10 registriert. Mit steigender Trophie besteht also einen Tendenz vom phosphorlimitierten zum stickstofflimitierten System.

Der Grenzwert zur Differenzierung von Phosphor- oder Stickstofflimitierung in Seen ist das N/ P-Verhältnis der Algen. Das sog. Redfield-Verhältnis (REDFIELD 1958) gibt molare C:N:P-Verhältnisse von 106:16:1 an, was einem Gewichtsverhältnis von 41:7,2:1 entspricht.

Demnach wird bei N/ P-Verhältnissen größer 7 von einer P-limitierung ausgegangen, während bei kleineren Werten Stickstoff limitierender Faktor wird. Das Redfield-Verhältnis ist jedoch nur eine grobe Annäherung an die Realität. Die Stoffverhältnisse in den Algen werden durch die Wachstumsraten und damit von der Trophie des Gewässers beeinflusst. Für mesotrophe Gewässer gehen VOLLENWEIDER & HARRIS (1984) von Masseverhältnissen von C:N:P von 64:9:1 aus. Die OECD-Studie rückt ebenfalls vom Redfield-Verhältnis ab. Bezogen auf die Jahresmittelwerte ist demnach unterhalb eines Gewichtsverhältnisses von 7 Stickstoff limitierender Faktor aber erst oberhalb von 15 wird eine Phosphorlimitierung angenommen. Dazwischen kann Phosphor oder/und Stickstoff limitierend wirken. Dieses Verhältnis übt nicht nur einen wichtigen Einfluss auf die Höhe der Primärproduktion aus, sondern auch auf die qualitative Zusammensetzung des Phytoplanktons (HUTCHINSON 1967, VOLLENWEIDER & KEREKES 1982, TILMAN et al. 1982).

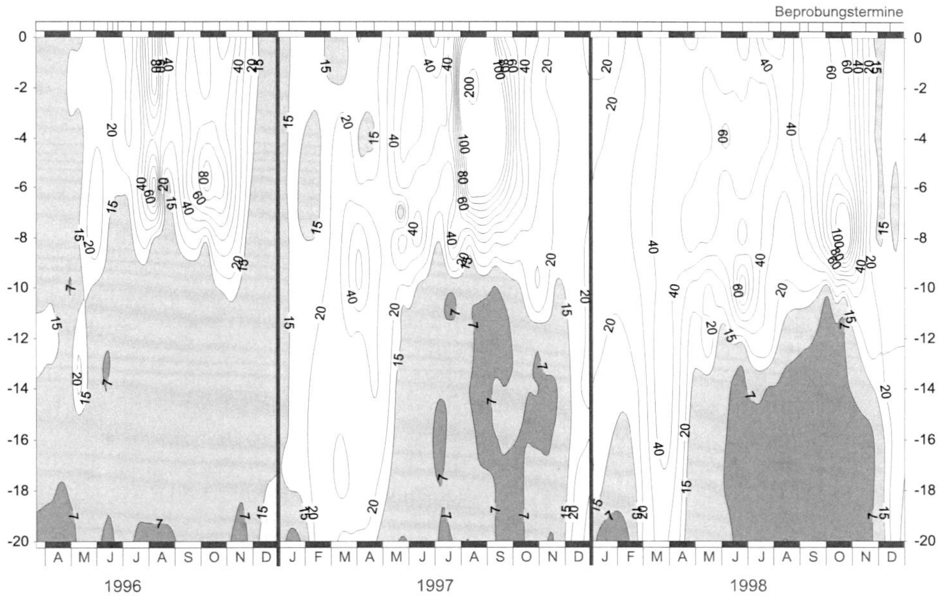


**Abb. 35: Verlauf der TN/TP-Verhältnisse im Untersuchungszeitraum** (die kritischen Quotienten von 7 und 15 sind dunkler eingefärbt)

Die TN/ TP-Verhältnisse im Willersinnweiher verschieben sich im Untersuchungszeitraum deutlich. Sie liegen zu Beginn der Untersuchungen im Frühjahr 1996 fast in der gesamten Wassersäule im kritischen Bereich zwischen 7 und 15 (gemäß OECD-Studie), in dem sowohl Stickstoff als auch Phosphor limitierend wirken können. Das verändert sich im Epilimnion erst ab Mai, als die Quotienten stark ansteigen und Phosphor limitierendes Nährelement wird. Im mächtigen Hypolimnion sinken die Quotienten wieder, was für die Primärproduktion zunächst aber keine Folgen hat, da die Nährstoffe hier nur in sehr beschränktem Maße den Algen zur Verfügung stehen. Mit der Herbstzirkulation nehmen die Verhältnisse noch einmal Werte zwischen 7 und 15 an. Durch den Rückgang der TP-Konzentration bereits im zweiten Untersuchungsjahr steigen die Quotienten an und liegen bis einschließlich Ende April fast ausschließlich deutlich über 15. Phosphor wirkt von Beginn der Vegetationsperiode limitierend auf die Primärproduktion. Auch 1998 werden im Frühjahr und während des Sommers im Epilimnion hohe Quotienten ermittelt. Im Hypolimnion werden die Quotienten in diesem Jahr noch niedriger als in den Vorjahren. Dies ist die Folge der Absenkung der TN-Konzentrationen und der Phosphorrücklösung aus den Sedimenten, die hier zu ähnlich hohen Phosphorkonzentrationen führen wie in den Vorjahren. In jedem Sommer werden im Epilimnion des Willersinnweihers von Mai bis September sukzessive höher werdende Quotienten ermittelt. Die Primärproduktion wird durch den Entzug und die Sedimentation des Phosphors immer stärker durch den Phosphormangel eingeschränkt. Mit dem Absinken der Sprungschicht und der Einmischung des Hypolimnions kommt es dann wieder zur Verringerung der Verhältnisse.

Mit dieser Verschiebung der Nährstoffverhältnisse ist eine Veränderung der Wettbewerbsbedingungen für das Phytoplankton verbunden. Untersuchungen von FORSBERG (1979) zeigen eine enge Koppelung des Auftretens von Blaualgenblüten mit niedrigen Stickstoff/ Phosphor-Verhältnissen. Insbesondere bei Quotienten unter 5 stellen sich verstärkt Spezies ein, die zur Stickstofffixierung befähigt sind. Solche Arten kommen im Willersinnweiher nicht vor. Die bis einschließlich 1996 dominierenden fädigen Blaualgen besitzen diese Fähigkeit zwar nicht, haben aber dennoch bei niedrigen N/P-Verhältnissen gegenüber anderen Arten Konkurrenzvorteile (RHEE & GOTHAM 1980). Da diese Gattungen vom Zooplankton kaum zu kontrollieren sind, gehen von ihnen negative Effekte auf die Biozönose sowie auf den Stoffhaushalt und die Nutzbarkeit des Sees aus. Auch bei der langjährigen Betrachtung der Nährstoffverhältnisse zur Zeit der Frühjahreszirkulation ergeben sich für den Zeitraum von 1992 bis 1995 niedrige Quotienten zwischen 11 und 14 (berechnet nach Daten des Landesamtes), wie sie noch 1996 gemessen werden. Mit der Verringerung der TP-Konzentration im See im Zuge der Reoligotrophierung und der damit verbundenen Verschiebung der Nährstoffverhältnisse, haben fädige Blaualgen ungünstigere Entwicklungsbedingungen und werden von anderen Gruppen weitgehend verdrängt (vgl. Kapitel 6.3, S. 114ff.). Da viele dieser Spezies vom Zooplankton besser ingestiert werden können als die fädigen Blaualgen, führt dies zur verstärkten Einschleusung von Phosphor in höhere Ebenen der Nahrungskette und damit zur Entlastung des Ökosystems. Die geschilderte frühzeitige Verbesserung der Sichttiefen im See während des Frühjahres ist eine Folge dieser veränderten Prozesse.

### *5.4.7 Zusammenfassung: Entwicklung der wasserchemischen Parameter*

*Als Hartwassersee mit hohen Calcium- und Hydrogencarbonat-Konzentrationen treten im Willersinnweiher in jedem Sommer Fällungsprozesse auf. Der Entzug von Kohlendioxid durch die pflanzliche Photosynthese führt zur Verschiebung des Kalk-Kohlensäure-Gleichgewichtes und zur Calcitfällung. Ökologische Relevanz bekommt der Prozess durch eine mögliche Kopräzipitation von Phosphor, wodurch im Sommer dem Epilimnion dieser Minimumfaktor beschleunigt entzogen wird. Zu den hocheutrophen Zeiten des Willersinnweihers bis 1996 forcierte die biogene Fällung die Einstellung eines Klarwasserstadiums oder ermöglichte dies gar erst. Erhebliche Sulfatkonzentrationen und die hohe Primärproduktion, welche zu einer angespannten Sauerstoffsituation im Hypolimnion führt, bedingen in jedem Sommer eine Schwefelwasserstoffbildung. Dieses übt nicht nur eine toxische Wirkung auf alle höheren Organismen aus, sondern bedingt zudem eine verstärkte Phosphorfreisetzung aus dem Sediment. Im Untersuchungszeitraum nahmen sowohl die Maximalkonzentrationen als auch die zeitliche und räumliche Ausdehnung von $H_2S$-Vorkommen im See ab. Im kleinen Seebecken wurden 1996 extrem hohe $H_2S$-Konzentrationen bis 90 mg/l gemessen; auch die zeitweise extremen Ammonium-, TN-, TP-Konzentrationen im* *kleinen Seebecken induzieren dessen sehr starke Belastung, die insbesondere bei unvollständiger Zirkulation zum Tragen kommt. Die gelösten Stickstoffverbindungen unterliegen im Jahresverlauf einer intensiven mikrobiellen Umsetzung, die maßgeblich durch den Sauerstoffhaushalt des Sees gesteuert wird. Abbauprozesse und die Mobilisierung aus dem Sediment führen im Hauptbecken des Sees zu maximalen Ammonium-Konzentrationen bis 3,5 mg/l (1996). In den folgenden Jahren ist der Konzentrationsanstieg schwächer sowie zeitlich und räumlich stärker begrenzt. Im Verlauf des Untersuchungszeitraumes ist ebenso bei den TN-Konzentrationen eine Tendenz zu geringeren Konzentrationen bei der Zirkulation und zu niedrigeren Maximalkonzentrationen am Ende der Stagnation erkennbar. Da Phosphor limitierender Faktor der Primärproduktion ist, kommt der Entwicklung dieses Parameters eine herausgehobene Bedeutung zu. Von 1990 bis 1995 stieg die TP-Konzentration während der Frühjahreszirkulation kontinuierlich an (von 0,075 auf über 0,1 mg/l, Daten des LfW). Ab 1997 ist im Rahmen der Sanierung- und Restaurierungsmaßnahmen ein sehr schneller Rückgang der Konzentrationen bis auf 0,04 mg/l - dem Übergang zu mesotrophen Verhältnissen - zu verzeichnen. Die Verringerung des Nährstoffniveaus und die Verschiebung der N/ P-Verhältnisse hatten auch für die Biozönose im See weitreichende Konsequenzen. Das Verschwinden der fädigen Blaualgen zugunsten eine vielfältigeren Sukzession ist maßgeblich darauf zurückzuführen. Auch die Wettbewerbsverhältisse zwischen Makrophyten und Phytoplankton verschoben sich zugunsten der Makrophyten, welche dem See Phosphor längerfristig entziehen, den Sauerstoffhaushalt positiv beeinflussen und das Wachstum der Algen hemmen. Die Reoligotrophierungsmaßnahmen bewirkten ab 1997 eine deutliche Entlastung des Systems, was sich sowohl an der geringeren biogenen Entkalkung als auch an gesunkenen Schwefelwasserstoff-, Ammonium-, Stickstoff- und Phosphorkonzentrationen im Wasser zeigt.*

*Obwohl die vielfältigen Wechselwirkungen in Seeökosystemen eine genaue Analyse der Wirkzusammenhänge dieser schnellen Reoligotrophierung im Willersinnweiher erschweren, scheint die Verminderung des Phosphoreintrags eine wesentliche Voraussetzung dafür gewesen zu sein. Dies reicht als alleinige Begründung für die Halbierung der Phosphormenge im Wasser dennoch nicht aus. Seeinterne Prozesse tragen starken Anteil an der Entwicklung, wobei der Makrophytenvegetation und dem Sediment Schlüsselrollen zukommen.*

## 5.5 Vergleich aller vier Seen im Naherholungsgebiet

Der Willersinnweiher ist der größte See einer Gruppe von insgesamt vier Seen auf engstem Raum (vgl. Luftaufnahme Abb. 3, S. 23). Im Rahmen der Untersuchungen wurden auch die drei Nachbarseen einige Male beprobt. Der Vergleich ausgewählter chemisch-physikalischer Kennwerte der vier Seen bietet die Möglichkeit, den Einfluss des Alters, der differierenden Nutzung sowie etwaiger punktueller Stoffeinträge auf deren Nährstoffgehalte und davon abhängige Variablen zu bewerten.

Der unmittelbar neben dem Willersinnweiher liegende **Begütenweiher** ist mit ca. 15 ha der zweitgrößte See im Gebiet und zählt damit auch zu den größten Seen in Ludwigshafen; mit 23 m ist er der tiefste See der Gruppe. Der Kiesabbau begann hier am Ende der 40er Jahre. Da Flachufer, Buchten oder ausgedehnte Röhrichtbestände fehlen, ist er als strukturarm zu bezeichnen.

Der **Großparthweiher** besitzt eine Fläche von ca. 7 ha sowie eine maximale Tiefe von ca. 18 m. Er entstand seit Ende der 30er Jahre und ist gegenwärtig von allen Seiten durch Gehölze gesäumt. Auch dieser See ist strukturarm; ein Röhrichtbestand existiert nur im Osten.

Mit etwa 3 ha ist der **Kratz'scher Weiher** der kleinste See der Gruppe. Er ist über weite Teile zwischen 12 bis 15 m tief. Auch bei ihm fehlen Flachbereiche und Buchten, allerdings soll der See zukünftig erweitert werden und dabei flachere Böschungen entstehen. Der Kiesabbau begann hier bereits ab 1916, d.h. er ist der älteste der Seen. Früher wurden nicht nutzbares organisches Material und die Feinkornfraktionen aus der Kiesgewinnung des Begütenweihers im Kratz'scher Weiher verspült; heute ist die Hauptnutzung die Kieswäsche, des im Begütenweiher gewonnenen Substrates. Untergeordnet wird der See auch als Angelgewässer genutzt.

Außer dem Kratz'schen Weiher werden alle Seen mehr oder minder intensiv als Bade- und Angelgewässer genutzt. Nur am Willersinnweiher grenzen zahlreiche Vereinsflächen mit zugehöriger Bebauung direkt an den See. Er unterliegt daher im Vergleich der intensivsten Freizeitnutzung.

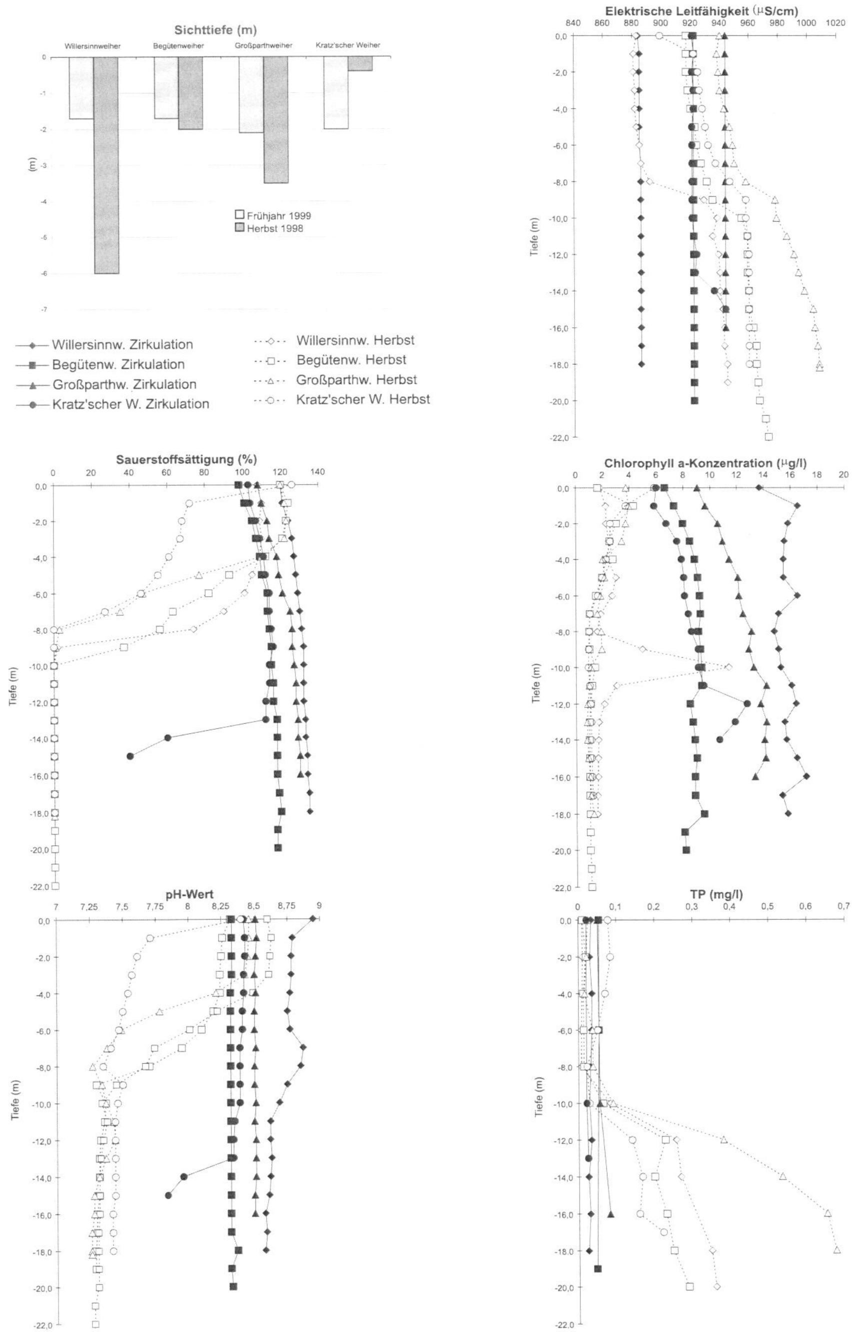


**Abb. 36: Vergleich der vier Seen im Naherholungsgebiet anhand ausgewählter Parameter im Herbst 1998 und Frühjahr 1999**

Die Beprobungen im Frühjahr 1999 wurden im Zeitraum vom 22.2 bis 1.3 durchgeführt, die Herbstbeprobung am Ende der Stagnationsphase vom 28.9. bis 2.10.1998.

Allein die Betrachtung des Summenparameters der elektrischen Leitfähigkeit zeigt trotz der geringen Distanz der Seen signifikante Unterschiede. Der Willersinnweiher besitzt mit etwa 880 µS/cm die geringste Ionenkonzentration, gefolgt von Begüten- und Großparthweiher, die mit ca. 920 µS/cm auf gleichem Niveau liegen. Der Kratz'sche Weiher weist mit rd. 940 µS/cm die größte Leitfähigkeit auf. Bezogen auf den Willersinnweiher ergeben sich also während der Zirkulationsphase Unterschiede von bis zu 60 µS/cm (entspricht ca. 40 mg/l) bzw. 7 %. Es kann davon ausgegangen werden, dass punktuelle Belastungen, beispielsweise durch Altlasten, wie Bauschutt- oder sonstige Deponien, welche in der Umgebung zahlreich vorhanden sind, ein wichtiger Auslöser für diese Unterschiede sind. Als weitere Ursache kommt aber auch die langjährige Einspülung von organischen- und Feinkornfraktionen in den Kratz'schen Weiher in Betracht.

Im **Frühjahr** 1999, d.h. nachdem die Sanierungsmaßnahmen am Willersinnweiher bereits erkennbar gegriffen haben, ordnet er sich in Bezug auf die TP-Konzentration zwischen dem Kratz'schen Weiher (ca. 0,022 mg/l) und dem Begüten- und Großparthweiher ein, die beide im Mittel bei ca. 0,055 mg/l liegen. Nimmt man, bei allen Einschränkungen, die sich aufgrund annueller Variabilitäten ergeben können, im Vergleich dazu die TP-Konzentration des Willersinnweihers von 1996 mit ca. 0,1 mg/l, so ergibt sich eine Verschiebung dieses Resultats. Vor Beginn der Reoligotrophierungsmaßnahmen wies der Willersinnweiher die stärkste Nährstoffkonzentration der Seengruppe auf. Als mögliche Ursache kommen die stärkere Nutzung des Willersinnweihers sowie der direkte Eintrag durch Abwässer aus nahegelegenen Quellen, beispielsweise aus Abwassergruben einiger Anlieger in Frage. Aber auch die Biozönose mag ein Faktor bei der verstärkten Eutrophierung des Willersinnweihers gewesen sein. Im Gegensatz zu Großparth- und Begütenweiher Seen fehlte eine Makrophytenvegetation, daneben bewirkte ein nicht angepasster Fischbestand einen starken Fraßdruck auf das Zooplankton, so dass eine effektive Kontrolle des Phytoplanktons verhindert wurde. Die im Frühjahr geringen TP-Gehalte im Kratz'schen Weiher stehen sicherlich mit seiner gegenwärtigen Nutzung für die Kieswäsche im Zusammenhang. Durch die zeitweise hohe Konzentration von Ton und Schluff in der Wassersäule kann eine beträchtliche Menge Phosphor adsorptiv gebunden werden und sedimentieren. Aufgrund der weitgehend sauerstoffgesättigten Verhältnisse, die zu dieser Jahreszeit herrschen, wird eine redoxsensitive Rücklösung des gebundenen Phosphors aus den Sedimenten unterbunden, und die Phosphorkonzentration im See bleibt gering. Im Großparth- und Begütenweiher herrscht gegenwärtig, d.h. nachdem die Maßnahmen bereits deutlich positive Effekte zeigen, in Bezug auf die TP-Konzentrationen eine stärkere Belastungssituation als im Willersinnweiher. Als Ursache kommen beispielsweise stärker belastete Grundwasserzuflüsse aber auch Missverhältnisse in der Struktur der Biozönose in Betracht.

Die Sauerstoffsättigung liegt zur Zeit der Zirkulation weitgehend bei 100 % und bedingt durch die photosynthetische Tätigkeit von Algen teilweise auch darüber. Im Willersinnweiher wurden Werte bis über 120 % gemessen; im Großparthweiher ist die Übersättigung zum Beprobungszeitpunkt etwas geringer ausgeprägt, während im Kratz'schen und Begütenweiher die Sättigungswerte um 100 % liegen. Der Kratz'sche Weiher zeigt im untersten Meter bereits einen deutlichen Sauerstoffschwund, der als Zeichen für eine unvollständige Zirkulation gewertet werden kann.

Wie bereits aus den Sauerstoffwerten abgeleitet werden kann, war das Algenwachstum im Willersinnweiher am intensivsten (rd. 16 µg /l Chlorophyll a). Dieser Wert wurde gefolgt vom Großparthweiher (ca. 11 µg/l); Begüten- und Kratz'scher Weiher zeigen die geringsten Konzentrationen (6-8 µg/l). Die gemessenen Sichttiefen spiegeln diese Verteilung nicht sehr deutlich wieder. Wobei die Schwankungsbreite mit Werten zwischen 1,7 m (Willersinn- und Begütenweiher) und 2,1 m Großparthweiher relativ gering ist und dabei Faktoren wie die unterschiedliche Zusammensetzung des Phytoplanktons, aber auch die Sichtbedingungen bei den Messungen, zum Tragen kommen können. Insgesamt sind diese Sichttiefen als relativ gut zu bewerten. Im Willersinnweiher wurden 1996 und 1997 um Ende Februar/ Anfang März bereits Werte um einen Meter gemessen.

Bei der **Herbstbeprobung** zeigen alle vier Seen eine deutliche Schichtung, die sich anhand der Sauerstoffwerte klar erkennen lässt. Das anaerobe Hypolimnion beginnt im Bereich zwischen acht und zehn Metern. Auch im Kratz'schen Weiher, bei dem aufgrund der Baggertätigkeit das Wasser mechanisch stärker gestört wird, ist eine stabile Temperaturschichtung ausgebildet. Ein Sauerstoffdefizit, das hier ab der Wassertiefe von einem Meter gemessen wurde, impliziert dennoch eine Beeinträchtigung der Schichtung, die auch durch das Temperaturprofil deutlich wird, da der See im Vergleich zu den anderen deutlich geringere Temperaturen im Epilimnion aufweist (13 °C im Vergleich zu 17 °C). Die maximale Sauerstoffsättigung im Epilimnion der Seen schwankt im Bereich von 105 % bis 125 %, zeigen also eine Übersättigung, bedingt durch die photosynthetische Tätigkeit von Algen. Beim Kratz'schen Weiher beschränkt sich dies jedoch auf die oberflächennahe Messung; bereits bei einem Meter besteht hier lediglich eine Sättigung von 70 %, was auf das Überwiegen von Abbauprozessen zurückzuführen ist. Infolge der ungünstigen Lichtbedingungen (mineralische Trübe) schichten sich die Algen, sofern sie zur aktiven Steuerung ihrer Position befähigt sind, oberflächennah ein. Die anaeroben Bedingungen, die in allen Seen zum Ende der Stagnationsphase das gesamte Hypolimnion erfassen, verdeutlichen die durchweg starke Nährstoffbelastung aller vier Seen. Also auch der Kratz'sche Weiher, der im Frühjahr aufgrund seines geringen TP-Gehaltes als mesotroph einzuschätzen ist, lässt bis zum Herbst nicht nur durch die Sauerstoffmessungen einen eutrophen Charakter erkennen.

Auch die Nährstoffverteilung zeigt in den Seen das typische Muster nährstoffreicher geschichteter Seen; mit niedrigen TP-Konzentrationen im Epilimnion und deren sprunghaften Anstieg an der Grenze zum Hypolimnion sowie weiter steigenden Konzentrationen zum Grund. Allerdings weist der Kratz'sche Weiher, entgegen seinen geringen Konzentrationen im Frühjahr, nun im Epilimnion hohe TP-Gehalte bis 0,08 mg/l auf. Im Hypolimnion hat er dagegen auch bei dieser Beprobung die niedrigsten Konzentrationen (bis maximal 0,2 mg/l). Die Ursache für diese hohen Gehalte im Epilimnion liegt in der Verfrachtung nährstoffreichen Tiefenwassers durch die Baggertätigkeit. Gleichzeitig erfolgt dadurch auch eine Verdünnung des Tiefenwassers. Das oben dargestellte Sauerstoffprofil im Kratz'schen Weiher ist ebenso durch diese Mischungsprozesse bedingt. Die hohen Gehalte mineralischer Partikel, welche sich durch extreme Trübewerte und die geringe Sichttiefe zeigen, tragen zusätzlich zu hohen TP-Konzentrationen im Epilimnion bei. Im Hypolimnion zeigt der Großparthweiher mit Werten bis 0,7 mg/l die höchsten Konzentrationen, gefolgt vom Willersinnweiher und mit deutlichem Abstand dem Begütenweiher. Obwohl Begüten- und Großparthweiher zur Zeit der Frühjahreszirkulation mit 0,55 mg/l annähernd gleiche Nährstoffkonzentrationen aufweisen, zeigt der Großparthweiher bei der Herbstbeprobung deutlich nährstoffreichere Bedingungen. Ein Grund hierfür könnte das größere Hypolimnionvolumen des Begütenweihers sein, welches infolge seiner Tiefe einen größeren Sauerstoffvorrat zu speichern vermag. Anaerobe

Bedingungen, die eine verstärkte Nährstoffrücklösung aus den Sedimenten bedingen, treten folglich erst später auf als im Großparthweiher.

Die Sichttiefe zeigt im Vergleich zum Frühjahr beträchtliche Unterschiede. Gegen Ende der Sommerstagnation ist die Sprungschicht bereits einige Meter abgesunken, wodurch nährstoffreiches Tiefenwasser in das Epilimnion eingemischt wurde und hier ein verstärktes Algenwachstum ermöglicht. Der Kratz'sche Weiher, in dem durch die Kieswaschung zeitweise (so auch bei dieser Beprobung) eine starke mineralische Trübung vorhanden ist, war die Sicht mit 40 cm extrem gering. Sie wird jedoch durch die Suspension des mineralischen Feinmaterials und nicht durch die biotische Aktivität erzeugt. Im Vergleich zeigt der Willersinnweiher mit 6 Metern Sichttiefe den höchsten Wert, der eine geringe Algenkonzentration induziert. Der Großparthweiher weist mit 3,5 m dagegen deutlich herabgesetzte Sichtverhältnisse auf; der Begütenweiher zeigt mit nur 2 m noch ungünstigere Verhältnisse. In diesem See bestimmen, wie ehemals beim Willersinnweiher, fädige Blaualgen das Phytoplankton, welche durch das Zooplankton kaum dezimiert werden können.

Gerade die Sichttiefe kann durch das Grazing des Zooplanktons sehr schnell starken Schwankungen unterworfen sein (vgl. Kapitel 5.7, S. 98), so dass dieser Vergleich einmaliger Messungen möglicherweise ein Zufallsergebnis anzeigt. Im Willersinnweiher werden jedoch im Herbst 1998 zu keiner Zeit dem Begütenweiher vergleichbar niedrige Werte erreicht, erst im November wird hier eine minimale Sichttiefe von 4 m gemessen. Das Zooplankton im Willersinnweiher scheint das Phytoplankton besser kontrollieren zu können, als dies in den anderen beiden Seen der Fall ist; die Zusammensetzung des Phytoplanktons ist dabei sicherlich von Bedeutung.

Aufgrund des Schlüsselparameters TP-Konzentration zur Zeit der Frühjahresvollzirkulation sind Begüten- und Großparthweiher als am stärksten eutrophiert einzuschätzen. Dem entsprechend sollten sie die größte Primärproduktion und damit auch die stärkste Sauerstoffzehrung im Hypolimnion besitzen. Die Sichttiefe im Herbst zeigt für diese beiden Seen übereinstimmend die geringsten Sichttiefen, wenn man den Kratz'schen Weiher, wo hohe Gehalte mineralischer Feinpartikel die Sichtverhältnisse extrem verschlechtern, von diesem Vergleich ausschließt. Jedoch zeigen sich im Vergleich zwischen Großparth- und Begütenweiher bedeutende Unterschiede in der Sichttiefe, die aufgrund der Nährstoffkonzentration im Frühjahr in dieser Ausprägung nicht erwarten wurden. Betrachtet man die TP-Gehalte zu dieser Zeit, so verfügt der Großparthweiher über die höchsten Konzentrationen im Hypolimnion, was sehr gut zu den Ergebnissen des Frühjahres passt; die Gehalte im Begütenweiher liegen dagegen auf einem deutlich niedrigeren Niveau. Der Willersinnweiher zeigt im Gegensatz zu seinen im Vergleich mit den beiden vorgenannten Seen deutlich geringeren Frühjahres-Konzentrationen im Herbst wesentlich höhere TP-Gehalte im Hypolimnion als der Begütenweiher. Als Grund hierfür können die Sedimente in Betracht gezogen werden, die aus der hocheutrophen Zeit des Willersinnweihers große Phosphormengen gespeichert haben, welche während der anaeroben Phasen teilweise rückgelöst werden können. Der Kratz'sche Weiher weist dagegen - durch die Störung der stabilen Schichtung - im Epilimnion wesentlich höhere TP-Konzentrationen auf als die anderen Seen, in denen der Phosphorvorrat aus dem Epilimnion durch die Algen weitgehend gezehrt und sedimentiert ist. Die SRP-Konzentration liegt jedoch auch im Kratz'scher Weiher auf einem ähnlich niedrigem Niveau wie in den anderen Seen. Der Phosphor ist also für die Primärproduktion, da er partikulär gebunden ist, nicht nutzbar.

Diese vergleichenden Ergebnisse zeigen die Komplexität limnischer Systeme sehr deutlich. Es besteht kein einfacher Zusammenhang zwischen der TP-Konzentration im Frühjahr und Algenentwicklung oder hypolimnischer TP-Konzentrationen im Sommer. Die Struktur der Biozönose (Fischbestand, Zooplankton- und Phytoplanktonstruktur) steuert diese Parameter ebenso entscheidend, wie der verschieden ausgebildete interne Phosphorspeicher der Sedimente und die Remobilisierung von Nährstoffen daraus.

Auf der Basis der 1998/ 1999 ermittelten Werte kann abgeleitet werden, dass der Willersinnweiher vor Beginn der Maßnahmen innerhalb der Seengruppe am stärksten eutrophiert war. Gegenwärtig zeigt er im Vergleich zu Begüten- und Großparthweiher nährstoffärmere Bedingungen (Frühjahreskonzentration TP), wobei die hohe TP-Konzentration im Tiefenwasser zum Ende der Stagnation auf ein erhebliches Eutrophierungspotential aus den Sedimenten schließen lässt. Dieses scheint beim Großparthweiher allerdings noch stärker zu sein.

## 5.6 Der Einfluss der Sedimente auf die Trophieentwicklung

Wie in Kapitel 1.2.3 (S. 9) dargestellt, spielt der Sedimentkörper als interner Speicher eine wichtige Rolle im Nährstoffhaushalt von Seen, wobei es keinen direkten Zusammenhang zwischen der Trophie des Gewässers und der TP-Konzentration im Sediment gibt (HUPFER 1995). Dabei wird den saisonal wechselnden Redoxverhältnissen an der Sediment/ Wasser-Grenze auch heute noch der entscheidende Einfluss auf die Rücklösung von Phosphor aus den Sedimenten zugesprochen. Insbesondere die Beziehungen zwischen dem Eisen- und Phosphorkreislauf sind sehr eng, da bei oxischen Bedingungen der Phosphor mit dem Eisen, als Eisenphosphat (Vivianit) im Sediment gebunden bleibt (z.B. BACCINI 1985, LAZZARETTI & HANSELMANN 1992). In Hartwasserseen wie dem Willersinnweiher muss zudem noch die Calcitfällung als wichtiger Faktor für eine Phosphoranreicherung im Sediment berücksichtigt werden (KOSCHEL et al. 1983, KLEINER 1988, HOUSE 1990 etc.). Anoxische Bedingungen können zur reduktiven Rücklösung von Mangan- und Eisen-Phosphor-Verbindungen sowie zur Calcitlösung führen. Phosphor gelangt dadurch ins Porenwasser und von hier über Austauschprozesse in den Seewasserkörper. Wie bei Belüftungsversuchen an geschichteten Seen festgestellt wurde, beginnt die Rücklösung von Phosphor aus den Sedimenten sehr schnell innerhalb weniger Stunden, nachdem die Grenzschicht anaerob wird (JAEGER 1995). Diese interne Düngung wirkt stabilisierend auf eutrophe Systeme und erschwert oftmals deren Reoligotrophierung. Wie lange nach einer Reduzierung der Phosphorkonzentration im Wasserkörper die Freisetzungsprozesse aus dem Sediment zu einer Netto-Rücklösung von Phosphor in den Wasserkörper führt, kann gegenwärtig nur grob abgeschätzt werden (KLEEBERG 1995).

Mit Hilfe von Laborversuchen wurde deshalb zunächst der gesamte Phosphorspeicher der Sedimente im Willersinnweiher quantifiziert und die redoxsensitive Rücklösung von Phosphor ermittelt. Auf der Basis dieser Analysen kann das Eutrophierungspotential für den See abgeschätzt werden.

Die Analyse der Nährstoffgehalte der Sedimente im Willersinnweiher erfolgte als Gesamtaufschluss. Eine genaue Analyse der Phosphor-Bindungsformen der Sedimente im Willersinnweiher war in dieser Arbeit nicht möglich, soll aber in weiterführenden Arbeiten im Rahmen des Graduiertenkollegs GRK 273 vorgenommen werden.

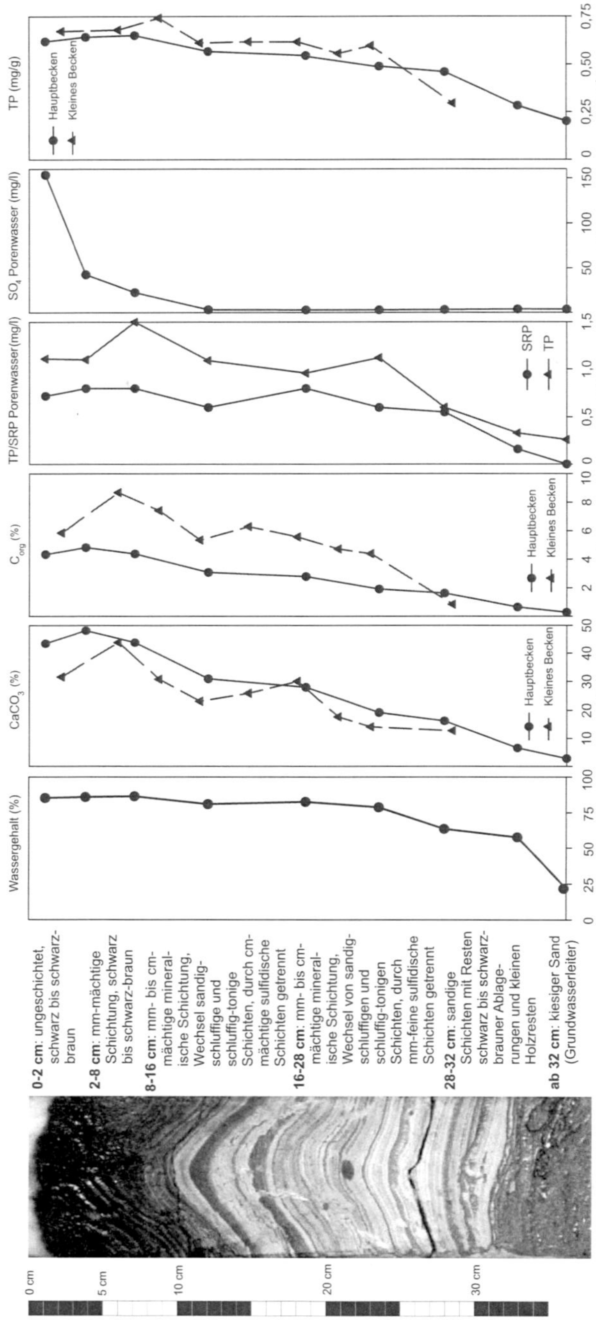


**Abb. 37: Sedimentkern des Hauptbeckens im Willersinnweiher, Kernbeschreibung und Analysen**

Die mittels Stechzylinder bzw. Gefrierkernbohrung entnommenen Sedimente des Willersinnweiher zeigen sehr deutlich die eutrophen Verhältnisse im See. Bei der Interpretation dieser Kerne muss jedoch beachtet werden, dass 1978 vor allem das große Seebecken durch eine Sanierungsbaggerung vertieft wurde, eine ungestörte Sedimentation existiert folglich erst seit ca. 20 Jahren. Eine genauere zeitliche Einordnung der Proben wurde nicht vorgenommen. Die Mächtigkeit der Seesedimente beträgt in den tiefen Zonen des Hauptbeckens im Mittel ca. 30 cm, im kleineren Ostbecken dagegen bis über 40 cm. Eine Hauptursache für diesen Unterschied liegt sicherlich in der Sanierungsbaggerung, die verstärkt im großen Seebecken vorgenommen wurde. Da im schmalen Ostteil schnell die Grenze der maximalen Böschungswinkel erreicht und die Ufer instabil wurden, konnte hier nicht sehr stark vertieft werden.

Die oberen Zentimeter der Sedimentkerne bilden zumeist ungeschichtete schwarze Sedimente (bis etwa 3 bis 5 cm Tiefe) (vgl. Abb. 37). Darunter befinden sich Ablagerungen, die durch eine ausgeprägte Laminierung charakterisiert sind. Es wechseln hier schwarze Millimeter bis Zentimeter mächtige Schichten, die durch dünne helle, mineralische Lagen getrennt sind. Die schwarzen Schichten zeigen die anoxischen Sedimente mit Eisensulfid-Bildung, während die hellen Lagen oxische Bedingungen bzw. überwiegend mineralische Schichten indizieren. Die aufgrund des fehlenden Sauerstoffs ausbleibende Besiedelung durch Makroinvertebraten (vgl. auch Kap. 6.2, S. 111) verhindert eine Störung der Schichten durch Bioturbation, wodurch die Laminierung gut erkennbar bleibt. Im Gegensatz dazu ist im darunter liegenden Bereich eine überwiegend mineralische Schichtung mit nur feinen Eisensulfid-haltigen Bändern ausgebildet; teilweise sind hier Bioturbationen erkennbar. Die Basis bilden jeweils Sand bzw. kiesiger Sand, das Material des Grundwassserleiters.

Die oberflächennahen Sedimente bestehen aus Feinkornfraktionen mit einem dominierenden Schluffanteil (mittel ca. 80 %), mäßigem Ton- (10 bis 15 %) und geringem Sandanteil (5 %). Erst in tieferen Schichten (im Mittel ab ca. 15 cm Tiefe) beginnt der Sandanteil deutlich zu steigen. Die autochthonen Seesedimente besitzen hohe Wassergehalte und dementsprechend geringe Dichten (Werte um 1 bis 1,5 an der Basis). Der Wassergehalt liegt in den oberen Zentimetern bei nahezu 90 % und nimmt mit der Tiefe bis auf ca. 60 % ab, ein deutlicher Sprung auf Werte um 20 % ist zwischen den autochthonen Seesedimenten und dem überwiegend sandigen Material des Grundwasserleiters ab ca. 32 cm festzustellen. Die Kalkgehalte liegen mit 30 bis 40 % in den oberen acht Zentimetern sehr hoch. Danach sinken sie schnell auf Werte um 20 % und in der basisnahen Probe auf lediglich 10 %, was in etwa auch den Gehalten des Substrates aus dem Grundwasserleiter entspricht. Die Kalkgehalte im kleinen Seeteil verlaufen etwa vergleichbar. Anhand dieser Entwicklung lässt sich sehr gut die mit jünger werdendem Alter höhere Intensität der biogenen Kalkfällung nachvollziehen, die als Zeichen der Eutrophierung des Willersinnweihers gewertet werden kann. Die $C_{org}$-Gehalte erreichen in den oberen Zentimetern (bis 8 cm) bis ca. 50 mg/g (entspricht etwas über 4 mmol/g; = 5 %), in den darunter liegenden, sukzessive stärker mineralischen Schichten, sinken sie auf Werte zwischen 30 bis 6 mg/g, die an der Basis der autochthonen Seesedimente erreicht werden. Im kleinen Seeteil wurden durchgehend etwa doppelt so hohe $C_{org}$-Konzentrationen ermittelt. Dies bestätigt die Aussagen aus den vorangegangenen Kapiteln, dass dort aufgrund des geringmächtigen Hypolimnions der Abbau der abgestorbenen organischen Substanz weniger effektiv ablaufen kann als im Hauptbecken. WEHRLI & WÜEST (1996) berichten im Zugersee ebenfalls von deutlichen Unterschieden bei den Gehalten von organischem Kohlenstoff in den Sedimenten in Abhängigkeit von den Sauerstoffverhältnissen im See. Sie reichen in den unter anoxischen Bedingungen abgelagerten Sedimenten von 45 bis nahe 60 mg/g. Unter oxischen Bedingungen (Belüftung) sedimentiertes Material enthält dagegen nur zwischen 30-45 mg/g. ZEILER (1996) findet in den Sedimenten der tieferen Wasserschichten des Belauer Sees mittlere $C_{org}$-Gehalte von über 8 mmol/g, die minimalen Gehalte betragen 4 mmol/g. Damit erreichen die Werte die gleiche Spannbreite wie am Willersinnweiher.

Da das Porenwasser direkt mit der Wassersäule in Verbindung steht, ist der SRP-Gehalt im Interstitialwasser besonders wichtig für den Austausch von Phosphor zwischen Sediment und Seewasserkörper, obwohl dieser nur einen sehr geringen Anteil des Sedimentphosphors einnimmt (HUPFER 1995). Zum Zeitpunkt der Probennahme im Winter 1995 lag der SRP-Gehalt des Kontaktwassers am Seegrund bei 0,09 mg/l. Die SRP-Konzentration im Porenwasser erreicht dagegen Werte bis über 0,8 mg/l bzw. 0,025 mmol/l, d.h. ca. 10-fach erhöht. Die Konzentrationen nehmen erst in den untersten Proben sehr stark ab und liegen in der tiefsten Probe an der Nachweisgrenze. Die oberflächennahen Konzentrationen liegen damit etwas höher aber in der gleichen Größenordnung wie die von WELCH et al. (1984) im mesotrophen Lake Sammamish in den oberen Zentimetern festgestellten Werte von etwa 0,6 mg/l. Auch BACCINI (1985) berichtet in den überwiegend autochthonen Sedimenten des eutrophen Zugersees von SRP-Gehalten im Porenwasser zwischen 0,01 bis über 0,05 mmol/l. Im Porenwasser des Belauer Sees findet auch ZEILER (1996) ab einer Tiefe von ca. fünf Zentimetern zu allen Jahreszeiten Konzentrationen im Bereich von 0,02 mmol/l, also sehr ähnliche Werte wie im Willersinnweiher. Es können jedoch generell auch weit größere Konzentrationen erreicht werden. Selbst innerhalb eines Sees treten große Variabilitäten auf, wie die Untersuchungen von HOLDREN & ARMSTRONG (1984) am eutrophen Lake Mendota zeigen. Sie finden in den obersten 15 cm der Seesedimente aus einer Wassertiefe von 19 m Phosphorkonzentrationen im Porenwasser zwischen 1,25 bis 3,75 mg/l und im gleichen See in nur 5 m Wassertiefe Konzentration von unter 0,5 mg/l. Nach HUPFER (1995) weisen die meisten oligotrophen Seen SRP-Konzentrationen im Porenwasser zwischen 0,01 bis 0,5 mg/l auf. In eutrophen Gewässern werden in der Regel Werte von 0,1 bis über 10 mg/l gemessen. Eutrophe Seen zeigen also größere Schwankungsbreiten der SRP-Konzentration im Interstitialwasser, wobei sich der Willersinnweiher eindeutig im eutrophen Spektrum, hier aber eher am unteren Ende, einordnen lässt.

Die TP-Konzentration im Porenwasser liegt im Vergleich fast durchgehend um ca. die Hälfte höher als die SRP-Konzentration. Insgesamt schwankt die TP-Konzentration in den laminierten Sedimentschichten zwischen 1,0 und 1,5 mg/l, wobei der maximale Wert bei 5-7 cm gemessen wird. Darüber nehmen die Gehalte zum Seewasserkörper hin ab, was für eine Phosphorfreisetzung in die Wassersäule spricht. Die TP-Konzentration im Porenwasser an der Basis der autochthonen Seesedimente erreicht Werte um 0,25 mg/l, also noch immer deutlich höher als im Wasserkörper aber doch signifikant weniger als in den jüngeren Sedimenten.

Die TP-Gehalte der Sedimente im großen Seebecken liegen in den oberen Zentimetern um 0,6 mg/g (=0,06 %) Trockenmasse. Mit zunehmender Tiefe und steigenden Anteilen mineralischer Schichten kommt es zu einer Abnahme der Gehalte bis in den Bereich von ca. 0,2 mg/g. Im kleinen Seebecken, welches bereits aufgrund der hohen Nährstoffkonzentrationen des Tiefenwassers auffiel, wurden im gesamten autochthonen Sedimentpaket bis in 22 cm Tiefe durchgängig höhere TP-Konzentrationen um 0,65 mg/g analysiert. Im Gegensatz zu den Sedimenten aus dem großen Seebecken ist hier mit zunehmender Tiefe nur eine geringfügige Tendenz der Konzentrationsabnahme festzustellen; die Werte schwanken bis an die Basis der autochthonen Seesedimente um Werte etwas über 0,6 mg/g P.

Im bereits erwähnten mesotrophen Lake Sammamish wurden TP-Konzentrationen in den Sedimenten zwischen 0,19 bis 0,36 % ermittelt (WELCH et al. 1984); dagegen enthalten die Sedimente des eutrophen Zugersees und des Baldeggersees zwischen 0,05 bis 0,1 % Phosphor (BACCINI 1985, WEHRLI & WÜEST 1996), also dem Willersinnweiher vergleichbare Werte. Wie bereits diese wenigen Werte erkennen lassen, besteht kein gesicherter Zusammenhang zwischen der Trophie eines Sees und den Phosphorgehalten in dessen Sediment (HUPFER 1995); vielmehr zeigt sein Datenvergleich, dass die TP-Konzentration der Sedimente in Seen verschiedener Trophie etwa die gleiche Schwankungsbreite (zwischen wenig über 0 bis ca. 7 mg/g Sediment) umfassen können. Dennoch ist der Phosphorgehalt der Sedimente im Willersinnweiher im Vergleich zu den vor 1996 im Seewasser gefundenen Konzentrationen als eher gering einzustufen. Die Zusammensetzung des Sedimentes ist dafür ein entscheidender Faktor. Wie erwähnt, ist Eisen ein wichtiger Bindungspartner für Phosphor in den Sedimenten. Die rasche Abnahme der hohen Sulfatgehalte im Porenwasser sowie die schwarze Farbe großer Teile des Sedimentes haben ihre Ursache in der Bindung von Eisen als Eisensulfid. Dementsprechend steht in den Sedimenten das Eisen dem Phosphor nicht mehr als Bindungspartner zu Verfügung und wird mobilisiert. Auch die Huminstoffe als potentielle Phosphor-Bindungspartner stehen aufgrund der relativ niedrigen $C_{org}$-Gehalte zwischen 3-5 % in den oberen 20 Zentimetern des großen Seeteils nur in begrenztem Umfang zur Verfügung. Der deutlich höhere $C_{org}$-Gehalt der Proben aus dem kleinen Seeteil erklärt auch die dort vorliegenden, etwas höheren TP-Konzentrationen der Sedimente.

## 5.6.1 Bilanzierung des Phosphorgehaltes im Sedimentkörper

Auf der Basis mehrerer Sedimentkerne aus differierenden Wassertiefen des Sees und den dazu gehörenden Sedimentflächen, lässt sich umgerechnet auf die gesamte Seefläche die mittlere Sedimentmächtigkeit im Willersinnweiher mit ca. 8 cm veranschlagen. Daraus ergibt sich ein Sedimentvolumen von ca. 15.000 $m^3$, wobei der mittlere Wassergehalt ca. 80 %, bzw. 12.000 $m^3$ beträgt. Im Interstitialwasser des Willersinnweihers sind im Mittel 1,1 $g/m^3$ TP enthalten. Hochgerechnet auf die gesamte Masse des Porenwassers bedeutet das eine Summe von rund 13 kg TP, welcher schnell remobilisiert werden kann. Als mittlere TP-Konzentration in den Sedimenten wird auf der Grundlage der Gesamtaufschlüsse 0,6 mg/g zu Grunde gelegt. Aus dem Gesamtvolumen der Sedimente und dem Wassergehalt ergibt sich eine Trockenmasse des Sedimentes von 4.500 t. Dementsprechend sind im Sedimentkörper des Willersinnweihers rd. 2,7 t TP gespeichert. Das Verhältnis zwischen dem TP-Gehalt der festen und flüssigen Phase im Sedimentkörper beträgt im Willersinnweiher damit 200:1 und liegt damit im oberen Bereich der von HUPFER (1995) angegebenen Spannbreite von 20-200. Ebenso bestätigt auch das Beispiel des Willersinnweihers die Aussage des Autors, dass die Phosphorkonzentration in den Seesedimenten oftmals um bis zu drei Größenordnungen höher liegen, als im Seewasserkörper, und somit in den obersten Millimetern des Sedimentes die gleiche TP-Menge gespeichert sein kann, wie im gesamten Seewasser. Auch wenn das Verhältnis $TP_{sediment}$ / $TP_{wasser}$, je nachdem ob man als Basis die TP-Konzentration des Wassers von 1996 oder die etwa halbierte von 1998 nimmt, im Willersinnweiher ca. 50:1, bzw. 25:1 beträgt, ergibt sich daraus ein starkes internes Eutrophierungspotential, selbst wenn nur ein Bruchteil des in den Sedimenten gebundenen Phosphors remobilisiert würde. Um die Größenordnung der möglichen Phosphorremobilisierung aus den Sedimenten des Willersinnweihers abschätzen zu können, wurden Laborversuche durchgeführt.

## 5.6.2 Remobilisierbarkeit des Phosphors aus den Sedimenten

Die Vorhersagemöglichkeit von anaeroben Remobilisierungsraten aus limnischen Sedimenten ist nach den vergleichenden Studien von NÜRNBERG (1988) sehr unsicher. Sie unterscheiden sich bei gleichen TP-Konzentrationen in den Sedimenten um bis zu zwei Größenordnungen. Abhängig ist diese Rate vor allem von den Bindungsformen des Phosphors im Sediment, welche im Rahmen der eigenen Untersuchungen nicht unterschieden wurden.

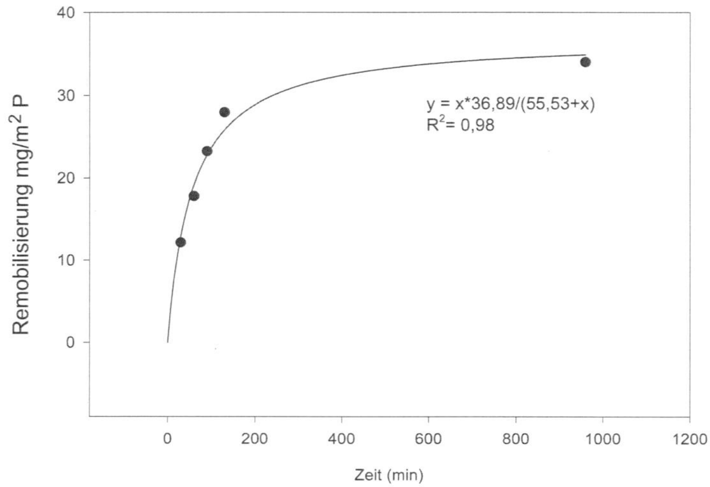


**Abb. 38 Redoxsensitive Phosphorremobilisierung aus Sedimenten des Willersinnweihers unter Laborbedingungen**

Durch Remobilisierungsversuche an Sedimenten aus dem großen Seebecken des Willersinnweihers wurde im Labor (vgl. Kapitel 2.7, S. 17) unter anoxischen Bedingungen eine Remobilisierung von umgerechnet 35 mg/m$^2$ P innerhalb eines sehr kurzen Zeitraumes von 16 Stunden erzielt. Zu dieser aus den Sedimenten stammenden Menge, muss der im Interstitialwasser enthalte Phosphor addiert werden, da dieses Wasser vor dem Versuch abfiltriert worden war. Wiederum umgerechnet auf einen Quadratmeter, befinden sich in den oberen 5 cm 42 Liter Wasser mit einem gesamthaftem Phosphorgehalt von 46 mg. Die Rücklösung aus dem Porenwasser und den Sedimenten eines Quadratmeters beläuft sich im Versuch zusammen folglich auf 80 mg innerhalb von 16 Stunden, bzw. 0,8 kg/ha. Übertragen auf den See muss dies als Mindestwert angesehen werden, da der Laborversuch bereits nach 16 Stunden beendet wurde, im See die reduktiven Bedingungen teilweise länger als sechs Monate andauern können und zudem durch biotische Aktivität auch unter aeroben Verhältnissen Rücklösungsprozesse existieren (Übersicht bei STEINBERG 1989).

Die gesamte in den oberen 5 cm gespeicherte Phosphormenge beträgt im Willersinnweiher ca. 70 kg/ha, d.h. rd. 1 % davon können innerhalb weniger Stunden remobilisiert werden. Extrapoliert man die experimentell gewonnenen Rücklösungswerte auf einen Zeitraum von 150 Tagen, in denen große Anteile der Sedimentoberfläche anoxisch sind, so ergibt sich eine Phosphorrücklösung von rd. 100 mg/m$^2$. Umgerechnet auf die im Sommer anoxische Sedimentfläche unterhalb einer Wassertiefe von 8 m von rd. 10 ha würde dies eine Remobilisierung von 10 kg Phosphor bedeuten. Dies ist wiederum als Minimalwert anzusehen, da je nach den meteorologischen Bedingungen reduzierende Verhältnisse bereits ab drei Metern Wassertiefe auftreten können (beispielsweise 1996) und sich die Sedimentfläche entsprechend vergrößert. Bei einer Dauer der anaeroben Bedingungen von 150 Tagen ergibt sich für den Willersinnweiher eine mittlere Rücklösungsrate von 0,66 $mg/m^2*d$. WELCH et al. (1984) ermittelten an Sedimenten des mesotrophen Lake Sammamish in einem Laborversuch, der über 64 Tage andauerte, eine mittlere Rücklösung von 3,3 $mg/m^2*d$. Überträgt man diese Zeitdauer auf den Willersinnweiher, so ergäbe sich eine mittlere Phosphorremobilisierung von ca. 1,6 $mg/m^2*d$, also etwa halb so hoch. Allerdings liegt die TP-Konzentration im Sediment des Lake Sammamish deutlich höher als im Willersinnweiher (0,24 bis 0,36 % im Vergleich zu 0,06 % im Willersinnweiher). Die Phosphor-Remobilisierungsraten bei PETTERSON & BOSTRÖM (1984) umfassen einen Bereich von 0,1 bei 4,7 $mg/m^2*d$. Dies sind Durchschnittswerte für eine Versuchsreihe, bei der reduzierende Bedingungen 25 Tage andauerten. Die Extrapolation der an den Sedimenten des Willersinnweihers gewonnen Ergebnisse würde bei 25 Tagen eine Phosphorremobilisierung von etwa 4 $mg/m^2*d$ ergeben. Eine umfangreiche Sammlung verschiedener Untersuchungsergebnisse zur Phosphor-Remobilisierbarkeit findet sich in LfU (1996). Die dort dargestellten Raten umfassen einen Bereich der Phosphorrücklösung von 0,01 bis >100 $mg/m^2*d$ sowie auch Werte, die einen Phosphortransfer in das Sediment anzeigen. Die Ergebnisse wurden jedoch mit unterschiedlichsten Methoden (Laboranalysen, in situ) und differierenden Bedingungen (anaerob, aerob) gewonnen; die Vergleichbarkeit solcher Versuche ist folglich sehr stark eingeschränkt. Die Rate der mittleren Phosphorremobilisierung ist, da eine sehr starke Rücklösung zu Beginn der anaeroben Verhältnisse auftritt und diese mit der Zeit exponentiell abnimmt, sehr stark vom betrachteten Zeitintervall abhängig. Zudem birgt die Übertragung von Laborversuchen auf die Realität viele Unsicherheiten. Der hier durchgeführte Versuch umfasste beispielsweise nur eine sehr kurze Zeitspanne. Andererseits sind die Versuchsbedingungen mit Rühren, Zugabe und Entfernung von destilliertem Wasser nach jedem Eluierungsvorgang mit den natürlichen Gegebenheiten nicht zu vergleichen. Diese Laborbedingungen sorgen eher für eine Verstärkung der Rücklösungsprozesse. In Realität kann andererseits einfließendes Grundwasser eine verstärkte Mobilisierung von Phosphor aus den Sedimenten nach sich ziehen.

### 5.6.3 Wechselwirkungen zwischen Sediment und Wasser im gesamten See

Neben den Laborversuchen lassen auch Nährstoffbilanzierungen im Seewasser Rückschlüsse auf die Funktion des Sedimentes als temporärer Nährstoffspeicher zu. Dessen zentrale Rolle als Nährstoffpool im Willersinnweiher wird in Abb. 39 verdeutlicht. Sie zeigt beispielhaft für das Jahr 1998 die schnellen Änderungen des Phosphorgehaltes im Seewasser. Innerhalb eines Monats erfolgt mit der Frühjahreszirkulation von Februar auf März die Verminderung der Gesamtphosphorgehalte im Wasser von 53 kg auf 32 kg (mittlere Konzentration 41 bzw. 25 µg/l). Vier Monate später, während der Stagnation, wird die Menge vom Februar jedoch wieder erreicht und steigt bis Ende September bis auf 78 kg an (60 µg/l). Für diese schnelle Änderung der Konzentrationen kommt nur das Sediment mit seiner Wirkung als temporärem Puffer in Betracht. Auch eine Speicherung des Phosphors in der Makrophytenbiomasse und dadurch ein Entzug aus dem Wasser, wäre denkbar, damit lässt sich allerdings der erneute Anstieg bis Juli nicht erklären. Zu dieser Zeit erreichen die Makrophytenbestände ihre maximale Entwicklung und haben folglich große Phosphormengen in ihrer Biomasse inkorporiert. Erst beim weiteren Anstieg der Konzentrationen bis Ende September kann der Abbau der Makrophytenbiomasse einen Anteil an der Entwicklung haben.

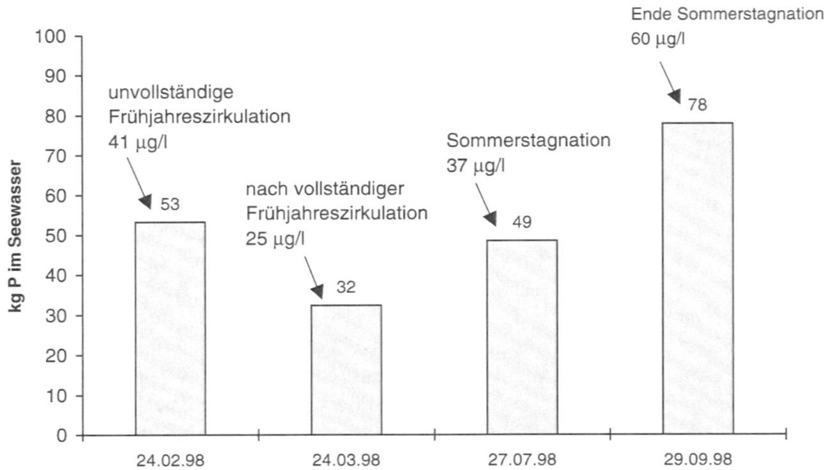


**Abb. 39: Schwankende Phosphorgehalte im Wasserkörper als Indikator für die Wirkung des Sedimentes als temporärer Nährstoffspeicher**

Für das Sediment als zeitweiligem Speicher sprechen mehrere Gründe. Zum einen fand 1998 bedingt durch die kühle Witterung im zeitigen Frühjahr (vgl. Abb. 11, S. 46 Lufttemperatur in den Untersuchungsjahren) eine lang andauernde Frühjahreszirkulation statt, in deren Zuge bis Ende März erstmals im Untersuchungszeitraum eine Sauerstoffsättigung des gesamten Wassers erreicht wurde (vgl. Abb. 16, S. 53). Unter oxischen Bedingungen wird Phosphor in den oberen Millimetern des Sediments gebunden und so dem Wasser entzogen. Für diese Bindungsreaktionen stand in der Zirkulationsphase 1998 ein relativ langer Zeitraum zur Verfügung. Auch die Lage der Thermokline war aufgrund der meteorologischen Bedingungen 1998 mit 9 Metern recht tief. Dies bedeutet eine aus der größeren oxischen Sedimentoberfläche resultierende höhere Phosphorspeicherkapazität, als dies beispielsweise 1996 der Fall war, als anaerobe Bedingungen mit Schwefelwasserstoff als Indikator stark negativer Redoxbedingungen zeitweise bereits bei 4 m Wassertiefe begannen. Daneben kann aufgrund von Änderungen der $CO_2$-Konzentration im Wasserkörper bereits während der Zirkulation eine Calcitfällung ausgelöst werden (SCHMID, in Vorbereitung), welche insbesondere infolge der im Vergleich zum Sommer noch recht hohen Phosphorkonzentrationen im oberflächennahen Wasser eine Verlagerung von Phosphor in die Sedimente nach sich ziehen kann. Mit der allmählich einsetzenden Schichtung, beginnen Mikroorganismen den Sauerstoffvorrat im Hypolimnion zu zehren. Dies führt ab Anfang Juni zu anaeroben Bedingungen am Grund des Hauptbeckens. Bei Profil 5 ist dies infolge der stärkeren organischen Belastung der Sedimente und aufgrund des geringeren Hypolimnionvolumens bereits zwei Wochen zuvor der Fall. Die $H_2S$-Konzentrationen belegen stark negative Redoxbedingungen, folglich kann mit einer Phosphorremobilisierung aus dem Sediment gerechnet werden. Der remobilisierte Phosphor steht, aufgrund der thermischen Schichtung, dem Phytoplankton nur in geringem Umfang zur Verfügung. Er bleibt im Hypolimnion, wo er sich immer stärker konzentriert. Erst durch die erneute Zirkulation im Spätherbst gelangen die Nährstoffe in die euphotischen Bereiche; der Gradient zwischen Hypo- und Epilimnion wird ausgeglichen und die Algenentwicklung stimuliert.

Den Gegensatz zum Jahr 1998 - mit seiner intensiven Vollzirkulation und einer damit verbundenen effektiven Phosphorfixierung an der aeroben Sedimentoberfläche - bildet im Untersuchungszeitraum das Jahr 1996. Nach einer langen Eisbedeckungsphase kommt es durch hohe Lufttemperaturen zu einer raschen Schichtung und Stagnation im See. Die Frühjahres-Vollzirkulation entfällt fast völlig, wodurch im Wasserkörper schon zu Beginn der Saison ein Sauerstoffdefizit auftritt. Durch die meteorologischen Verhältnisse und den daraus resultierenden Bedingungen im limnischen System konnten die Sedimente ihre Funktion als Nährstoffspeicher nur unzureichend erfüllen. Diese Tatsache wird insbesondere bei Profil 5 deutlich, wo schon zum Beprobungstermin am 17.4. im Tiefenwasser eine starke Ionenkonzentration mit extrem hohen Phosphorgehalten von 1,4 mg/l ermittelt werden. Bis zum Ende der Stagnation werden hier in der grundnahen Probe Konzentrationen bis 4 mg/l erreicht. Auch im Profil 2 kommt es aufgrund der Rücklösungsprozesse im Verlauf des Sommers zum deutlichen Anstieg. Die Daten des LfW vom Willersinnweiher im Jahr 1991 belegen (LfW 1996), dass diese meteorologische Situation im Oberrheingebiet keine Seltenheit ist. Auch in diesem Jahr war nach langer Eisbedeckung und nachfolgender schneller Erwärmung die Zirkulation unvollständig und die Phosphorkonzentration im Wasser hoch. Durch vergleichbare Bedingungen traten in der nachfolgenden Saison an vielen Seen der Region Probleme auf. Das resultierende verstärkte Algenwachstum sorgte am Willersinnweiher für geringe Sichttiefen und hohe pH-Werte (pH> 9), die entgegen den üblichen Bedingungen im Willersinnweiher bis zum Sommer andauerten. Die Phosphorrücklösung während der Stagnationsphase wird für 1991 mit 40 kg berechnet (LfW 1996). Durch die anschließende Herbst- und Frühjahreszirkulation konnte dieser Phosphor allerdings wieder im Sediment gebunden werden und die Konzentration im Wasser sank wieder.

### 5.6.4 Zusammenfassung: Sedimente und Trophie

*Der Sedimentaufbau zeigt durch seinen Übergang von weitgehend hellen mineralischen Schichten mit Bioturbationserscheinungen an der Basis, hin zu überwiegend schwarz gefärbten, ungestört laminierten Sedimenten im oberen Bereich die Eutrophierung des Willersinnweihers deutlich. Auch die nach oben hin stark steigenden Kalkgehalte (10-40 %) sind Indikatoren einer verstärkten biogenen Calcitfällung und damit der bis vor kurzem steigenden Eutrophierung des Sees. Die Stoffkonzentrationen zeigen nur geringe Differenzen zwischen den Sedimenten aus dem großen und dem kleinen Seebecken. Lediglich der ca. doppelt so große* $C_{org}$*- und der etwas höhere TP-Gehalt im östlichen Seeteil sind bemerkenswert. Diese Werte zeugen von der geringeren Abbauleistung in diesem Seebecken, infolge des kleineren Hypolimnionvolumens; möglicherweise auch von einer stärkeren organischen Belastung. Das gesamte Sediment des Willersinnweihers verfügt mit ca. 2,7 t Phosphor über eine enorme Speicherkapazität, welche die Menge im Wasser um das 25- bis 50-fache übertrifft. Obwohl der TP-Gehalt mit etwa 0,6 mg/g im Vergleich zu anderen Seesedimenten eher als relativ niedrig einzustufen ist, resultiert daraus doch ein enormes internes Eutrophierungspotential.*

*Mit Hilfe von Remobilisierungsversuchen im Labor wurde die gegenwärtige potentielle anaerobe Phosphorrücklösung mit jährlich ca. 1 kg/ha veranschlagt. Bezogen auf die anaerobe Fläche des Hypolimnions ergäbe dies eine Rücklösung von insgesamt zwischen 10-13 kg während der Sommerstagnation. Die mittels Phosphorbilanzierung im Wasserkörper berechneten Unterschiede zwischen Frühjahr und Ende der Stagnationsphase, welche bis zu 30 kg erreichen können, implizieren eine deutlich höhere Rücklösung. Wichtige Determinanten der Rücklösung sind dabei die Intensität und Dauer der Frühjahreszirkulation, die Tiefe der Thermoklinen und die Länge der Stagnationsphase. Vor allem bei ungünstigen meteorologi-*

*schen Bedingungen, wie sie 1991 und 1996 teilweise auftraten, können aus dem Sediment größere Mengen Phosphor remobilisiert werden und die Funktion als Phosphorspeicher wird nur unzureichend erfüllt. Damit hält das Sediment ein erhebliches Gefährdungspotential für den Willersinnweiher inne. Aufgrund der im Untersuchungszeitraum deutlich verbesserten und stabilisierten Bedingungen erscheint ein Eingriff in die Sedimente gegenwärtig dennoch nicht notwendig, zumal beispielsweise Entschlammungsmaßnahmen aufgrund der Größe und der Tiefe des Sees sehr kostenintensiv wären und auch gewisse Risiken bergen.*

## 5.7 Einfluss der Probennahmefrequenz auf die Ergebnisse

Das oben (Abb. 39, S. 96) dargestellte Beispiel der schnellen Veränderung der TP-Menge im Seewasser verdeutlicht nicht nur die Relevanz der Sedimente für den Phosphorhaushalt, sondern ganz allgemein die Dynamik limnischer Systeme, die mit zunehmender Trophie ansteigt. Innerhalb eines Monats variiert der für die Beurteilung des Trophiegrades entscheidende Phosphorgehalt im Wasser um 35 %. Ein weiteres Beispiel dieser extremen Variabilität zeigt auch der Verlauf der Sichttiefe; die minimale Sichttiefe ist ein wichtiger Parameter im OECD-Modell (1982). Im Jahr 1998 wurde eine minimale Sichttiefe von ca. 3 m ermittelt, während in allen übrigen Jahren Werte um einen Meter und 1996 auch deutlich darunter gemessen werden konnten. Für 1998 ergibt sich aufgrund der Messungen eine bessere Bewertung. Es stellt sich also die Frage, ob der gemessene minimale Wert von 3 m die Realität des Ökosystems widerspiegelt oder nur ein Ergebnis der Probennahmefrequenz ist. Ende Februar 1999 konnte innerhalb einer Woche eine Erhöhung der Sichttiefe von 160 cm auf 260 cm ermittelt werden; korrespondierend sank der mittlere Chlorophyll a-Gehalt im Epilimnion von 16 µg/l auf ein Viertel. Durch das Aufkommen des Zooplanktons können also sehr schnelle Veränderungen im See erzeugt werden, die sich nur durch eine sehr enge Beprobung detailliert erfassen lassen.

Mit diesen wenigen Beispielen wird der Einfluss der Probennahmefrequenz bei limnologischen Untersuchungen deutlich. Die hier dargestellten Messungen wurden im ersten Sommerhalbjahr in der Regel im 14-tägigen Rhythmus durchgeführt. Aufgrund des Analysenaufwands musste in den Folgejahren auf eine monatliche Beprobung ausgedünnt werden. Betrachtet man die genannten Variabilitäten, reicht selbst die relativ enge Probennahmefrequenz im Rahmen eines solchen Projektes nicht aus, um alle Veränderungen im See exakt zu erfassen. Bei Untersuchungen, seien sie im Rahmen einer geplanten Reoligotrophierung oder auch behördlicherseits, werden oftmals ein bis zwei Beprobungen im Jahr vorgenommen und auf Basis dieser Daten Aussagen über den trophischen Zustand und die Entwicklung des Gewässers vorgenommen. Wie vor allem die Messungen für die Schlüsselparameter Phosphor- und Chlorophyll a-Gehalt verdeutlichen, können infolge der großen Dynamik im limnischen System solche sporadischen Messungen zu großen Fehleinschätzungen führen. SOMMER (1994) hält aufgrund der großen Abundanzschwankungen des Phytoplanktons sogar eine Probennahmefrequenz von drei Mal wöchentlich für notwendig, um Extremwerte erfassen zu können. Zu diesem Themenkomplex vgl. auch SAS (1989).

## 5.8 Zusammenfassende Bewertung der trophischen Entwicklung

Zur Beurteilung der Trophie existieren eine ganze Reihe von Modellen, von denen einige in Kapitel 1.2.2 (S. 7) dargestellt sind. Am weitesten verbreitet ist das „fixed boundary-System“ der OECD (1982), in welches fünf Parameter einfließen: die mittlere Gesamtphosphor- und Chlorophyll a-Konzentration, das Chlorophyll a-Maximum, die mittlere Sichttiefe und die maximale Sichttiefe. Gesamtstickstoff ist nur im „open boundary-System“ der OECD (1982) als Parameter angegeben; er wurde dennoch in die folgende Bewertung integriert. Die berechneten Mittelwerte sind mit Ausnahme von Chlorophyll a zeit- und volumengewichtete Werte der gesamten Wassersäule. Zur Berechnung der mittleren Chlorophyll a-Konzentration wurden, gemäß OECD (1982), nur die Werte aus der trophogenen Zone verwendet (welche hier vereinfachend der Wasserschicht von 0 bis 10 m gleichgesetzt wurde).

**Tab. 9: Entwicklung des trophischen Zustandes des Willersinnweihers im Untersuchungszeitraum nach den Kriterien der OECD (1982)**

| | Parameter / Bewertung | TP (Jahresmittel) (µg/l) | TN * (Jahresmittel) (µg/l) | Chlorophyll a (Jahresmittel) (µg/l) | Chlorophyll a (Jahresmax.) (µg/l) | Sichttiefe (Jahresmittel) (m) | Sichttiefe (Jahresmin.) (m) |
|---|---|---|---|---|---|---|---|
| OECD-Kriterien | oligotroph | < 10 | < 700 | < 2,5 | < 8 | > 6 | > 3 |
| | mesotroph | 10 – 35 | 700 – 900 | 2,5 – 8 | 8 – 25 | 3 – 6 | 1,5 – 3 |
| | eutroph | 35 – 100 | 900 – 2.000 | 8 – 25 | 25 – 75 | 1,5 – 3 | 0,7 – 1,5 |
| | hypertroph | > 100 | > 2.000 | > 25 | > 75 | < 1,5 | < 0,7 |
| Entwicklung Willersinnweiher | 1996 | 93 | 1333 | 6,3 | 16 | 3,1 | 0,7 |
| | Bewertung | stark eutroph | eutroph | mesotroph | mesotroph | meso- bis eutroph | hyper- bis eutroph |
| | 1997 | 71 | 1271 | 4,3 | 9 | 4,1 | 1,0 |
| | Bewertung | eutroph | eutroph | mesotroph | schwach mesotroph | mesotroph | eutroph |
| | 1998 | 43 | 845 | 2,9 | 6 | 5,0 | 3,0 |
| | Bewertung | schwach eutroph | mesotroph | schwach mesotroph | oligotroph | mesotroph | oligo- bis mesotroph |

*abgeleitet v. „open system“ OECD 1982

Die Tabelle zeigt die trophische Entwicklung des Willersinnweihers im Zuge der durchgeführten Sanierungs- und Restaurierungsmaßnahmen. Generell ist für die drei Untersuchungsjahre eine deutliche Verbesserung erkennbar, wobei die Bewertung einzelner Parameter z.T. erheblich variiert. So induzieren die TP-Gehalte 1998 noch immer (schwach) eutrophe, die maximalen Chlorophyll a-Gehalte hingegen oligotrophe Bedingungen.

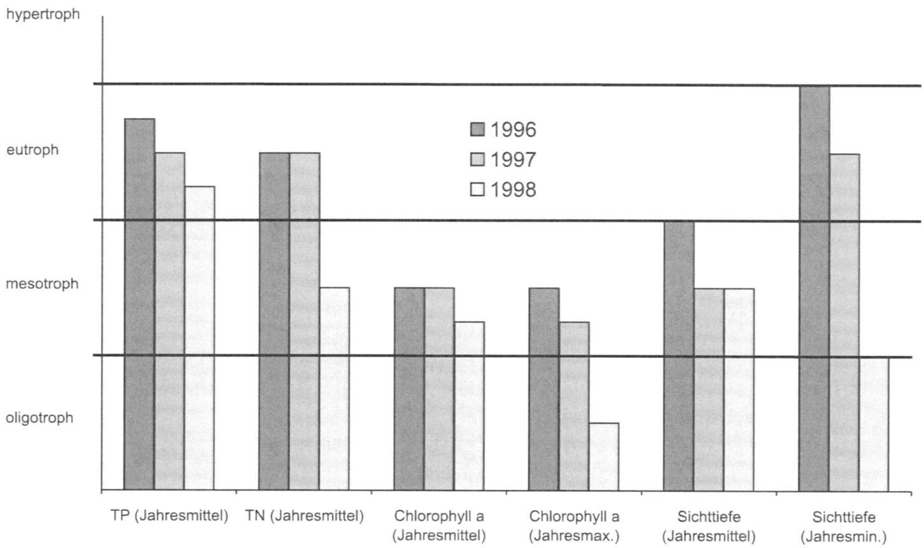


**Abb. 40: Entwicklung der Trophie im Willersinnweiher im Zuge der Reoligotrophierung**

Alle in das OECD-Modell einfließenden Parameter zeigen in den Untersuchungsjahren eine deutliche Tendenz hin zu einer Reoligotrophierung des Willersinnweihers. Konnten 1996 bei allen Parametern, außer den Chlorophyll a-Konzentrationen, schwach eutrophe bis hypertrophe Bedingungen ermittelt werden, so veränderte sich dieses bis 1998 - je nach betrachtetem Parameter - bis zu einer oligotrophen Einstufung. Während zu Beginn die Streuung der Einzelergebnisse wesentlich geringer war, ergeben sich 1998 enorme Unterschiede in der Bewertung, je nachdem, welcher Parameter betrachtet wird. Diese Unterschiede sind häufig bedingt durch die biotische Aktivität. Sie können damit einige Aufschlüsse über die Dynamik im See geben.

Im Willersinnweiher führt die alleinige Beurteilung anhand des TP-Gehaltes zu einer stark bis schwach eutrophen Einstufung, wobei 1998 der Übergang zu mesotrophen Bedingungen fast erreicht ist. Die maximalen Chlorophyll a-Konzentrationen zeigen zwar ebenso eine über die Jahre sinkende Tendenz, jedoch auf dem Niveau von meso- bis oligotrophen Bedingungen. Das Phytoplankton kann also in allen Jahre den Phosphorpool nicht in vollem Maße ausnutzen. Mögliche Gründe hierfür sind das kontrollierende Wirken des Zooplanktons auf das Phytoplankton aber auch der Transfer des Phosphors vom Epilimnion zum Hypolimnion, wo es für die Algen nicht verfügbar ist. Starke Rücklösungsprozesse aus den Sedimenten in das Hypolimnion bewirken ebenso höhere TP-Konzentrationen, die jedoch nicht zum Primärwachstum genutzt werden können und so den Sauerstoffhaushalt und die Sichtverhältnisse im See nicht negativ beeinträchtigen. Des weiteren ist zu beachten, dass um den Phosphorpool im Gewässer Bakterien direkt mit den Algen konkurrieren. Im Phytoplankton ist damit ein variierend großer Anteil des verfügbaren Phosphors zu finden (SOMMER 1989, GÜDE 1989), was ebenso zu geringeren Chlorophyll a-Konzentrationen als erwartet führen kann.

Neben diesen unterschiedlichen Bewertungsergebnissen bei Berücksichtigung verschiedener Parameter kann selbst die Betrachtung eines einzigen Parameters differierende Ergebnisse innerhalb eines Jahres liefern. Je nachdem, ob die mittlere Konzentration oder das Maximum der Chlorophyll a-Gehalte herangezogen wird, zeigen sich Bewertungsunterschiede für den Willersinnweiher. Das gleiche gilt auch für die Parameter mittlere und minimale Sichttiefe, welche ja relativ stark mit den Chlorophyll a- Konzentrationen korrelieren. Bei der Sichttiefe zeigen die ermittelten Minimalwerte 1996 und 1997 schlechtere Bedingungen als die Mittelwerte. Nur 1998 tauchen umgekehrte Verhältnisse auf. Für die ersten beiden Jahre kann als Ursache die, trotz hoher Phosphorkonzentration, aufgetretene Ausbildung eines Klarwasserstadiums im Sommer benannt werden. Dieses Klarwasserstadium wird, wie erwähnt, insbesondere durch die Wirkung des Zooplanktons und die Limitierung der Nährstoffe im Epilimnion hervorgerufen. Im Jahr 1998 wurde eine Umkehrung dieser Verhältnisse berechnet, d.h. die minimale Sichttiefe impliziert nährstoffärmere Bedingungen als die mittlere Sichttiefe. Verantwortlich dafür ist wahrscheinlich die stärkere zeitliche Einschränkung des Frühjahresmaximums im Phytoplankton, welches möglicherweise durch die im Durchschnitt vierwöchig stattfindende Probennahme nicht erfasst wurde (Problem des Einflusses der Probennahmefrequenz Kapitel 5.7, S. 98). Es ist natürlich nicht ausgeschlossen, dass der ermittelte Minimalwert auch annähernd dem tatsächlichen entspricht. Die Ursache für die deutliche Verkürzung der Zeit minimaler Sichttiefe um einen Meter von ca. 12 Wochen im ersten Jahr auf etwa 4 im zweiten und das (wahrscheinliche) Ausbleiben eines vergleichbar niedrigen Wertes 1998 ist maßgeblich in einer veränderten biozönotischen Vernetzung zu sehen, auf die in Kapitel 6.3 noch näher eingegangen wird. Wobei Initiator für diese Veränderungen auf der biotischen Ebene die gesunkene Nährstoffkonzentrationen, also originär abiotische Faktoren sind.

Auch andere Indizes, wie der multivariate **T**rophic **S**tate **I**ndex (TSI) nach CARLSON (1977) und seine Modifikation nach OSGOOD (1982), die jeweils für die Parameter Sichttiefe, Chlorophyll a-Konzentration und TP-Konzentration getrennt berechnet werden, ziehen die Unterschiede zwischen den einzelnen Ergebnissen für eine Analyse seenökologischer Prozesse heran.

# 6 Einfluss der Maßnahmen auf die Biozönose

Die durchgeführten Sanierungs- und Restaurierungsmaßnahmen sollten nicht nur die Nährstoffbedingungen im Willersinnweiher verändern, sondern auch auf dessen Biozönose positiv einwirken. Als Spiegelbild ihrer Umwelt reagieren Organismen in unterschiedlichen Zeitskalen auf Veränderungen ihrer Umwelt (vgl. Abb. 41), wodurch sie in verschiedener Weise als Indikatoren genutzt werden können. Während die Algen schnell reagieren, zeigen Zooplankton, Makroinvertebraten und Makrophyten in Abhängigkeit von ihrem Lebenszyklus erst in längeren Zeiträumen Reaktionen.

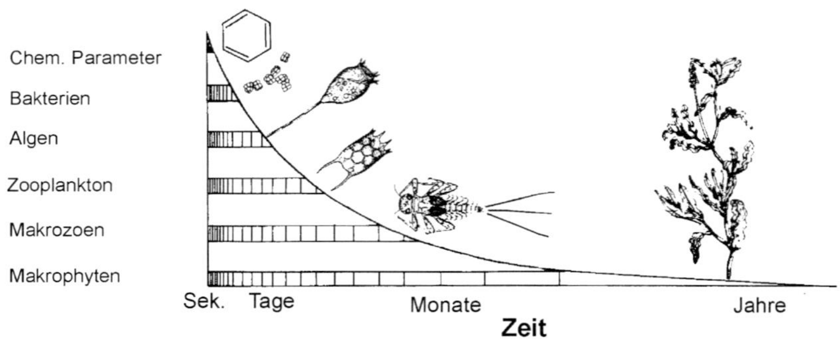


**Abb. 41: Reaktionszeiten chemischer und biologischer Systeme auf Veränderungen der Umwelt in Fließgewässern** (verändert aus KLEE 1991, nach SCHMEDTJE & KOHMANN 1988)

Gemäß den Zielvorstellungen für das Reoligotrophierungsprojekt am Willersinnweiher sollte über die Phosphorverminderung und die Stärkung des Zooplanktons durch Eingriffe in den Fischbestand eine Verringerung der Primärproduktion sowie im günstigsten Fall auch eine Verschiebung der Algenzusammensetzung von Blaualgen zu ingestierbaren Gruppen (z.B. Grünalgen) erfolgen. Die Minderung des Algenwachstums entlastet einerseits die Sauerstoffsituation im Hypolimnion und wirkt sich andererseits positiv auf das Lichtklima aus, welches einen deutlichen Einfluss auf das Makrophytenwachstum ausübt. Die entspanntere Sauerstoffsituation und Makrophyten im See verbessern die Besiedelungsmöglichkeiten der Makroinvertebraten im Sediment. Diese dienen als wichtige Nahrungsquelle für die Fische und bewirken dadurch eine Verringerung des Fraßdrucks auf das herbivore Zooplankton.

Zur Wirkung der Trophie auf die Zusammensetzung des Phyto- oder/ und Zooplanktons gibt es zahlreiche Modelle (LYCHE 1989, REYNOLDS 1980, 1984, SOMMER et al. 1986). In nährstoffreichen Seen dominieren demnach große, zumeist fädige Algen, die von den dort dominierenden kleinen Zooplanktern (Rotatorien und Ciliaten) nicht ingestiert und damit auch nicht kontrolliert werden können. Das Verhältnis der Biomasse von Zooplankton zu Phytoplankton ist klein. In Systemen mit niedrigen Nährstoffgehalten ist die Algenbiomasse geringer, die Zusammensetzung vorteilhafter und größere Zooplanktonformen dominieren. Auch der Makrophytenbewuchs wird durch den Nährstoffgehalt beeinflusst. Während zunächst mit steigender Trophie die Unterwasservegetation profitiert und eine größere Biomasse ausbilden kann, wird mit zunehmender Trophie oftmals vom Verschwinden der Makrophytenvegetation zugunsten von planktischen Algen berichtet (KLAPPER 1992, SCHEFFER et al. 1993, ROTHAUPT 1998).

In allen Organismengruppen existieren Arten mit sehr spezifischen Habitatansprüchen, die als Indikatoren für den Zustand eines Gewässers dienen können und somit Schlüsse auf die biotischen und abiotischen Bedingungen im See zulassen. Im Unterschied zu den punktuellen Messungen physikochemischer Parameter erlauben solche biologischen Indikatoren integrierende Aussagen über einen längeren Zeitraum, da sie ständig den Einflüssen ihrer Umgebung ausgesetzt sind.

## 6.1 Makrophyten des Willersinnweihers

Eine besonders augenscheinliche Veränderung am Willersinnweiher im Zuge der Reoligotrophierung ist das Aufkommen einer üppigen Unterwasservegetation. Schon Jahre vor Beginn des Untersuchungsprogramms wurde das auffällige Fehlen von Makrophyten im Willersinnweiher festgestellt (1992 fischereibiologisches Gutachten von H. SPÄH). Beachtenswert ist bei dieser Veränderung, dass ein See, der seine Makrophytenflora verloren hat und deshalb durch das Phytoplankton dominiert wird, nur durch eine erhebliche Senkung seiner Trophie wieder besiedelt werden kann (BENNDORF 1994).

Makrophytenbestände sind wichtige Laichplätze, Kinderstube und Nahrungsgründe insbesondere für anspruchsvollere (Raub-) Fischarten im Gewässer. Ferner sorgen sie für eine längerfristige Bindung von Phosphor in ihrer Biomasse und treten somit in direkte Konkurrenz zum Phytoplankton. Mit ihren Wurzeln strukturieren sie das Sediment in Zonen differierender physikochemischer Bedingungen und bieten somit zahlreichen Invertebraten (wie z.B. Zuckmückenlarven) Mikrohabitate. Des weiteren werden die Makrophyten von epiphytischen Algen (Aufwuchsalgen) als Substrat genutzt. Diese sind wichtige Nahrungsquelle der Invertebratenfauna im See, die ihrerseits Nahrungsquelle für viele Fische sind. Die Makrophyten selbst werden hingegen nur von wenigen Tieren direkt genutzt (JEFFRIES & MILLS 1990).

Der erste Versuch einer Makrophytenkartierung im Willersinnweiher (M. KRETZ, Fa. Weissmann Ökologiemanagement) im Sommer 1996 wurde aufgrund der „wüstenhaften“ Vegetationsarmut frühzeitig abgebrochen. In den Litoralbereichen wurden lediglich Einzelfunde von *Myriophyllum spicatum*, *Potamogeton perfoliatus* und *Najas marina* registriert. Bereits im darauffolgenden Jahr wurde ein verstärktes Aufkommen beobachtet (vor allem *Myriophyllum sp.*, *Potamogeton sp.* sowie *Ceratophyllum demersum*). Folglich wurde im Sommer 1998 eine detaillierte Aufnahme der submersen Vegetation im Willersinnweiher durchgeführt.

### 6.1.1 Makrophytenindex

Insgesamt ergab die Makrophytenkartierung im Sommer 1998 im Litoral eine fast flächendeckende Besiedelung mit Makrophyten. Nur die als Badebereiche genutzten Uferabschnitte 2, 9, 12, 15, 20 und in geringerem Umfang auch der Abschnitt 10 (vgl. Abb. 42, S. 106), sind in direkter Ufernähe davon ausgenommen. Die Makrophytenvegetation erreicht allerdings, bei relativ geringer Artenanzahl, lediglich eine Wassertiefe bis maximal 4,5 Meter. Die im Willersinnweiher vorkommenden Arten umfassen einen Indikatorbereich von 2,5 bis 5,0, d.h. es existieren sowohl Arten mit höheren Ansprüchen an die Wasserqualität (*Chara sp.*) als auch Arten mit ausgesprochen hohen Toleranzen gegenüber Belastungen (z.B. *Ceratophyllum demersum*). Arten, die auf gering beeinflusste Seen angewiesen sind (z.B. *Chara hispida, Chara aspera*), wurden nicht gefunden.

**Tab. 10: Indikatorarten der Makrophyten am Willersinnweiher**

| Indikatorgruppe | Art | Deutsche Namen |
|---|---|---|
| 2,5 | *Chara fragilis* | Zerbrechliche Armleuchteralge |
| 3,0 | *Chara vulgaris*<br>*Myriophyllum spicatum*<br>*Potamogeton perfoliatus*<br>*Potamogeton filifornis* | Gemeine Armleuchteralge<br>Quirliges Tausendblatt<br>Durchwachsenes Laichkraut<br>Faden-Laichkraut |
| 4,5 | *Elodea canadensis* | Kanadische Wasserpest |
| 5,0 | *Ceratophyllum demersum*<br>*Lemna minor* | Rauhes Hornblatt<br>Wasserlinse |

Im Sommer 1998 sind im Willersinnweiher die Arten *Myriophyllum spicatum*, *Chara sp.*, *Najas marina* und *Ceratophyllum demersum* am häufigsten anzutreffen (vgl. Abb. 42). Die *Potamogeton*-Arten, *Elodea canadensis* und *Lemna minor* werden nur in einem Abschnitt gefunden, sie gehen deshalb nicht in die Berechnung der Indizes ein.

Als am weitesten verbreitete Art deutet *Myriophyllum spicatum* auf ein erhebliches Nährstoffangebot (MELZER 1993) im Willersinnweiher. Sie ist typisch für kalkreiche Gewässer, meidet aber oligotrophe (HASLAM 1987) und verträgt dabei ein relativ geringes Lichtangebot (KRAUSCH 1996). Sie tritt fast in allen Abschnitten bis 4 m Wassertiefe auf, hat aber ihren Verbreitungsschwerpunkt im süd-südöstlichen Bereich.

*Characeen*-Arten sind nach MELZER (1976) an niedrige Nährstoffgehalte und ein gutes Lichtklima gebunden. Da sie lange keimfähig bleiben, sind sie im Gewässer Pionierpflanzen. Im Willersinnweiher sind es die Pflanzen mit den höchsten Ansprüchen an die Wasserqualität. Ihr Vorkommen in fast allen Abschnitten ist deshalb positiv zu werten, allerdings erstaunt ihre geringe vertikale Ausdehnung nur bis in vier Meter Wassertiefe, da sie prinzipiell sehr tief vorzudringen vermögen. Ein Verbreitungschwerpunkt bildet die Tiefenschicht bis 2 m; darunter ist *Chara sp.* zumeist mit der Häufigkeitsstufe selten anzutreffen, was möglicherweise an der stärkeren Nährstoffbelastung der tieferen Bereiche liegt (in manchen Jahren schon Metalimnion).

*Najas marina* ist zwar keine Indikatorart nach MELZER, wird aber auf der „Roten Liste“ als gefährdet (A.3.) eingestuft. Sie bevorzugt kalkreiche Gewässer und wächst insbesondere in nährstoffreichen aber auch in verschmutzten Gewässern (PHILLIPI 1978). Am Willersinnweiher ist die Art nicht in allen Abschnitten zu finden aber doch relativ häufig. Einen Verbreitungsschwerpunkt hat *N. marina* im Westen, zudem zeigt sie eine Tendenz zu verstärktem Vorkommen mit steigender Tiefe (bis 4 m), was auf die höheren Nährstoffgehalte der größeren Tiefen im See schließen lässt.

*Ceratophyllum demersum* ist ein ausgesprochener Nährstoffindikator und auch in recht stark belasteten Gewässern zu finden. Die Art toleriert geringe Sichttiefen und bildet damit im Willersinnweiher das konträre Ende zu den relativ anspruchsvollen Characeen. Das Hornblatt ist in den oberen zwei Metern des Willersinnweihers nur in einzelnen Abschnitten und dort auch nur mit der Häufigkeit „sehr selten“ oder „selten“, anzutreffen. Erst darunter wird es häufiger und bildet insbesondere im Westen teilweise dichtere Bestände. Dennoch gehört *C. demersum* im Willersinnweiher zu den selteneren Arten. Auch die Verteilung dieser Art weist auf die größeren Nährstoffgehalte im Westen und mit steigender Tiefe, wo sie dadurch die stärkste Konkurrenzfähigkeit besitzt.

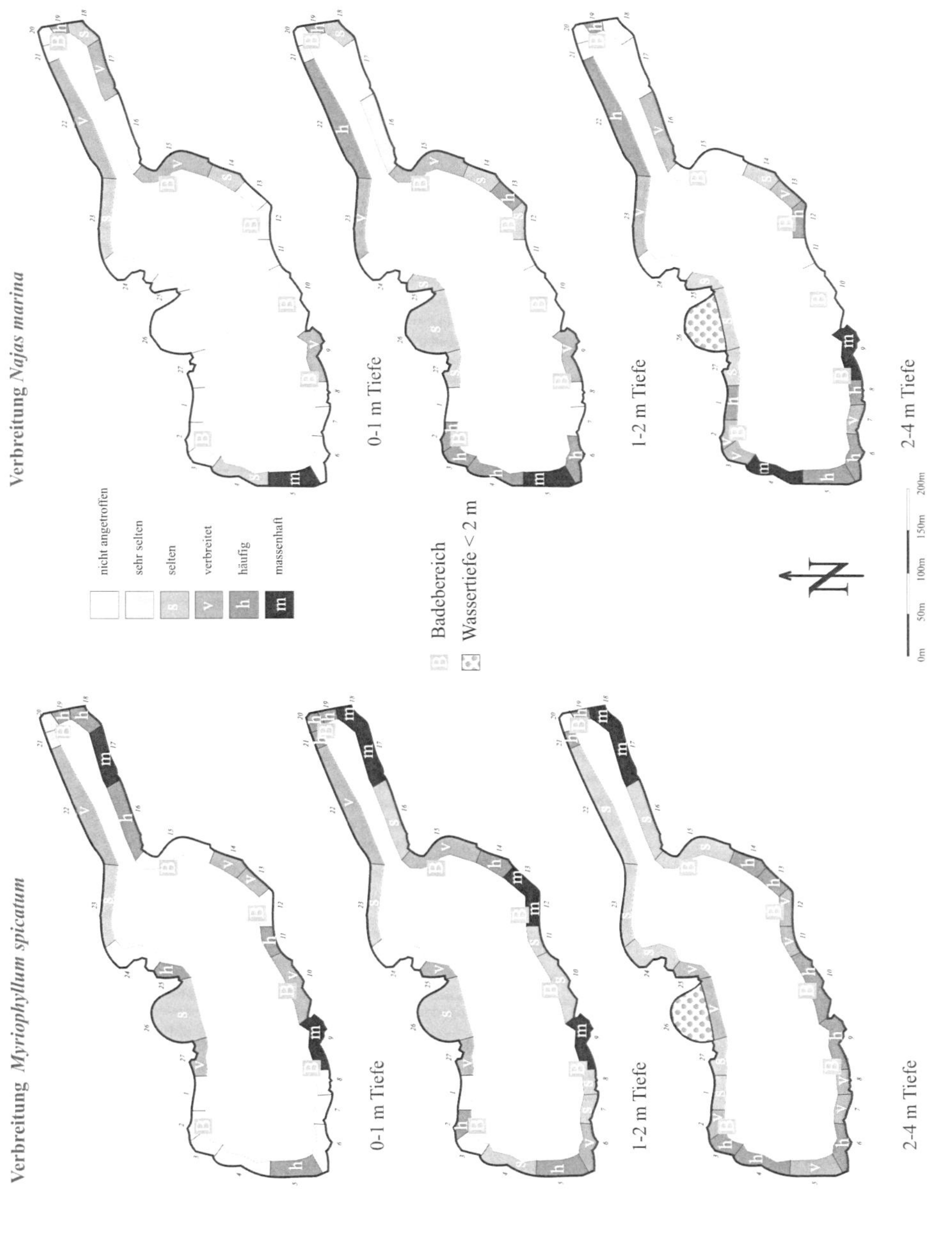
Verbreitung Najas marina
0-1 m Tiefe
1-2 m Tiefe
2-4 m Tiefe
nicht angetroffen
sehr selten
selten
verbreitet
häufig
massenhaft
Badebereich
Wassertiefe < 2 m
0m
50m
100m
150m
200m
Verbreitung Myriophyllum spicatum
0-1 m Tiefe
1-2 m Tiefe
2-4 m Tiefe

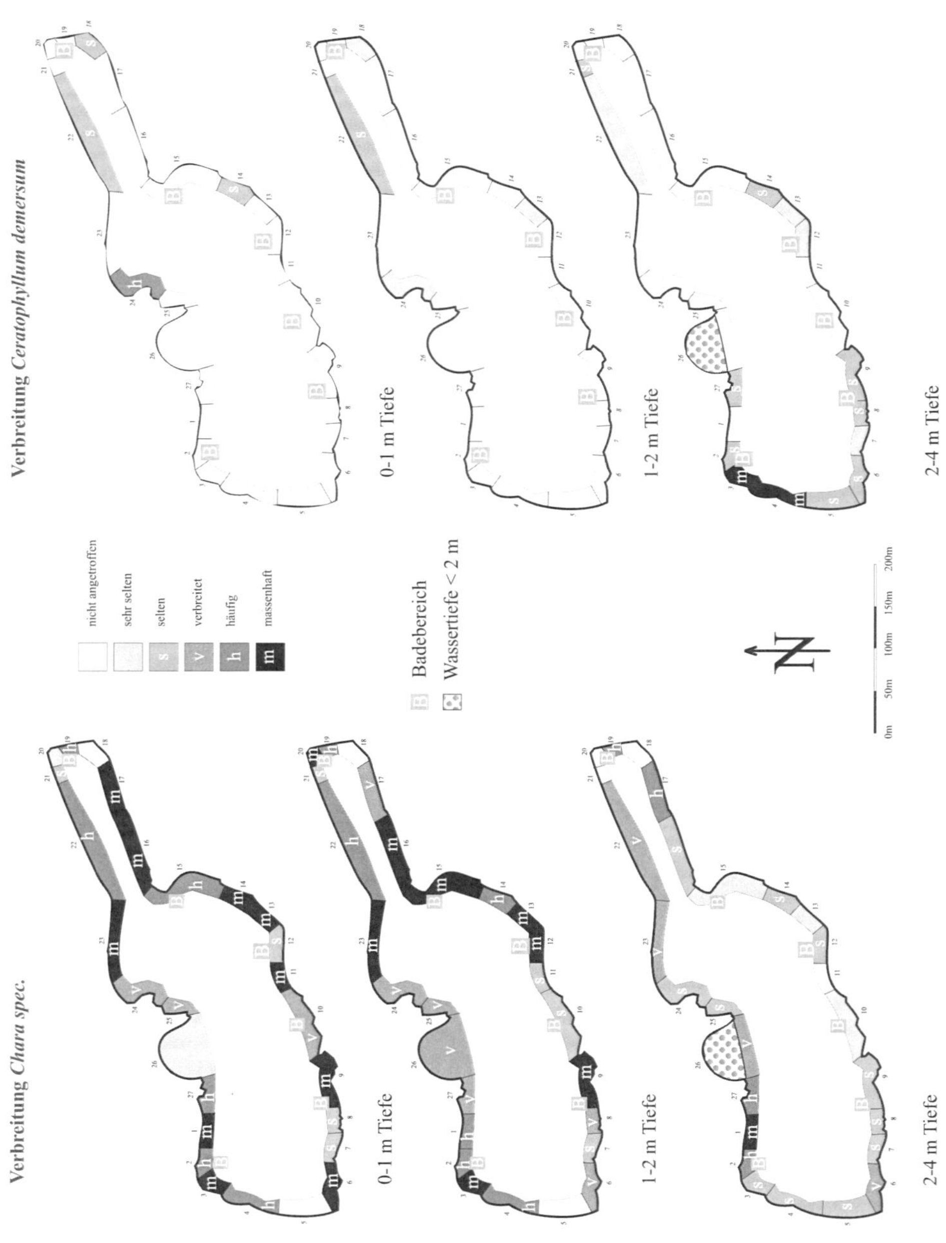


**Abb. 42: Verteilung der häufigsten Makrophytenarten im Willersinnweiher** (leicht verändert aus ODENWÄLDER 1999)

Aus den kartierten Abundanzen und den Nährstoff-Indikatorwerten nach MELZER et al. (1986) berechnet sich der sechs-stufige-Makrophytenindex.

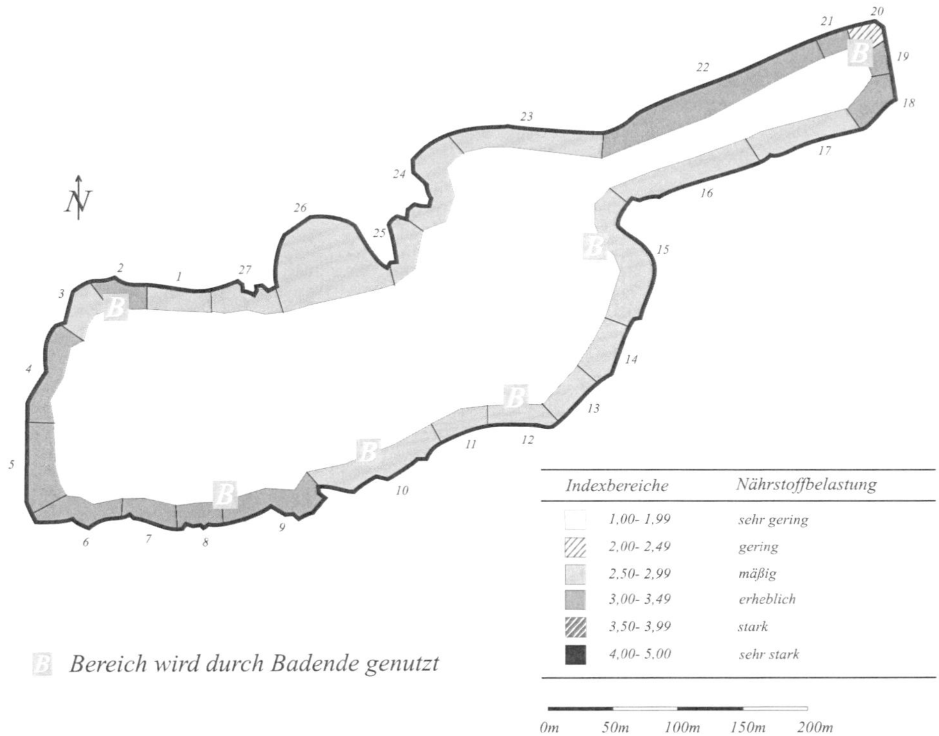


**Abb. 43: Makrophytenindizes der Uferabschnitte am Willersinnweiher 1998** (leicht verändert aus ODENWÄLDER 1999)

Aufgrund des Makrophytenindexes wird der Willersinnweiher im Sommer 1998 als mäßig bis erheblich nährstoffbelastet eingestuft (Belastungsstufen drei und vier), wobei die Zahlenwerte der „mäßig belasteten" Areale, vor allem am Südufer eine Tendenz zu höherer Belastung anzeigen. Im relativ stark genutzten Badebereich im Osten des Sees (Abschnitts 20) wurden insgesamt nur wenig Makrophyten registriert. Das „sehr seltene" Vorkommen von *Chara sp.* führt somit zu einer Bewertung als „gering belastet". Dies erfasst sicherlich nicht die tatsächliche Belastung, die ihren Ausdruck im weitgehenden Fehlen von Makrophyten findet. Aus der Darstellung zeichnen sich der westliche und östliche Bereich des Willersinnweihers als Belastungsschwerpunkte deutlich heraus.

Die auf Basis des Makrophytenindexes angezeigte tendenziell etwas stärkere Belastung des Südufers könnte mit der Fließrichtung des Grundwassers in Beziehung stehen. Das stark nährstoffbelastete Wasser des Oberen Grundwasserleiters (vgl. Kapitel 3.2, S. 23) fließt von Süden in den See, somit kommt es hier quasi „natürlicherweise" zu einer besseren Nährstoffversorgung. Im kleinen östlichen Seeteil sorgt zudem die mächtigere Sedimentauflage, mit höheren Anteilen organischer Substanz und höheren Phosphorgehalten als im Hauptteil für eine stärkere Belastung als im Hauptbecken. Zudem findet durch die vorherrschende Windrichtung aus Westen ein Stofftransport (Plankton, Blätter, Zweige etc.) vom Haupt- ins östliche Nebenbecken statt. Die wesentlich geringere Wassertiefe im östlichen Seeteil hat ein kleineres Volumen des Hypolimnions zur Folge. Dies führt zu einem weniger effektiven Abbau abgestorbener Biomasse sowie zu einer verstärkten organischen Sedimentation von nährstoffreichem Detritus. Inwieweit in der Vergangenheit undichte Fäkalgruben diesen Seeteil zusätzlich belasteten, ist nicht bekannt. Bei dem zweiten Belastungsschwerpunkt im Westen des Sees bedingt der ufernahe Pappelbewuchs einen Eintrag, der sich durch eine dichte Falllaubschicht und Totholz am Seegrund niederschlägt. Ob dies allein die stärkere Belastung begründet, bleibt jedoch fraglich. Wahrscheinlich verursachten bis zum Beginn der leitungsgebundenen Abwasserentsorgung 1995 undichte Sickergruben von angrenzenden Gebäuden eine organische Belastung und einen verstärkten Nährstoffeintrag, der sich im Makrophytenindex widerspiegelt.

### 6.1.2 Ursachen für die Wiederbesiedelung mit Makrophyten

Das fast gänzliche Fehlen einer Unterwasservegetation bis einschließlich 1996 war zu Beginn der Untersuchungen ein viel diskutiertes Problem. Die Ufer des Willersinnweihers sind zwar überwiegend steil, dennoch war auch ohne die neu gestalteten Flachuferbereiche bereits 1996 ein mehr oder minder breiter Litoralstreifen vorhanden, der eine Besiedelung mit Gefäßpflanzen und Characeen (Armleuchteralgen können am tiefsten in Seen vordringen) ermöglichte.

Wie in Kap. 3.3 (S. 26) erwähnt, kann ein hoher Fischbestand, vor allem aber der in den 70er bis Anfang der 80er Jahren durchgeführte Besatz mit Graskarpfen (*Ctenopharyngodon idella*), eine wesentliche Ursache für das Fehlen der Makrophyten bis 1996 sein. Der aus China kommende Fisch wurde seit den 60er Jahren in Mitteleuropa als probates Mittel zur Entkrautung von Gewässern angesehen und gerne in Seen eingesetzt. Als Zerstörer der Makrophyten und Förderer der Algen (KLAPPER 1995) ist häufige Folge eines Besatzes mit diesen Fischen, die völlige Zerstörung der Unterwasservegetation. Da der Fisch ein schlechter Futterverwerter ist, werden fast 80 % der aufgenommenen Pflanzennahrung als Kot fein verteilt ins Gewässer ausgeschieden, wo die freigesetzten Phosphormengen zu einem verstärkten Algenwachstum und verringerten Sichttiefen führen (BESCH et al. 1992). Phytoplankton und Makrophyten sind direkte Konkurrenten um Licht und Nährstoffe. Durch die Beschattung und den Nährstoffentzug kann eine hohe Phytoplanktondichte das erneute Aufkommen von Makrophyten verhindern (SCHEFFER et al. 1993). Ferner behindern hohe Phytoplanktongehalte die Ausbildung von Überwinterungsknospen der Makrophyten (KLAPPER 1991). Zumal sich Graskarpfen im hiesigen Klima nicht natürlich fortpflanzen, ist der Fortbestand einer größeren Anzahl im Willersinnweiher bis Ende der 90er Jahre eher unwahrscheinlich. Da sich bereits ein Jahr nach Beginn der Maßnahmen eine deutliche Erholung der Makrophytenbestände einstellte, scheinen vielmehr andere Gründe für den Fortbestand der von den Graskarpfen verursachten Vegetationslosigkeit maßgeblich zu sein.

Die einmal zerstörte Makrophytenvegetation im Willersinnweiher wurde sicherlich auch durch den bis Anfang der 90er Jahre hohen Fischbestand geschädigt. Die im fischereibiologischen Gutachten von 1992 festgestellten Rotaugen und Brachsen und auch Karpfen können durch ihre teilweise benthivore Lebensweise, aber auch durch die direkte Nutzung als Nahrungsquelle einen Druck auf die Unterwasserpflanzen ausüben (WRIGHT 1990, WRIGHT & PHILLIPS 1992). In den von den Autoren untersuchten flachen Baggerseen führte die drastische Verringerung des Fischbestandes zu einer Erholung der Makrophytenbestände.

Im Willersinnweiher könnten die Fische, zusammen mit dem durch das Phytoplankton verursachte ungünstige Lichtklima, zur Verhinderung der Entwicklung von submerser Vegetation beigetragen haben. Zusätzlich wurde wahrscheinlich das Phytoplankton bis zur vollständig leitungsgebundenen Abwasserentsorgung fortlaufend durch einen Abwassereintrag mit Nährstoffen versorgt und konnte bis in den Sommer hinein das Lichtklima im See beeinträchtigten (vgl. Abb. 21: Verlauf der Sichttiefe im Untersuchungszeitraum, S. 61). Mit der Fernhaltung des Abwassers, möglicherweise unterstützt durch die meteorologischen Bedingungen im Frühjahr 1997, hatten bei der Frühjahresentwicklung erstmals wieder Makrophyten Konkurrenzvorteile gegenüber dem Phytoplankton.

Die Schlüsselstellung für die Wiederbesiedelung durch Makrophyten scheint dem, durch die gesunkene Nährstoffkonzentration, seit 1997 verbesserten Lichtklima im Frühjahr zuzukommen, denn bereits 1996 wurde im Willersinnweiher ein sehr geringer Fischbestand ermittelt (fischereibiologisches Gutachten vom Sommer 1996). Möglicherweise war der zu diesem Zeitpunkt bereits reduzierte Fischbestand dennoch fundamentale Voraussetzung für die schnelle Wirkung der gesunkenen Phosphorkonzentrationen. Sind die Nährstoffe in den Makrophyten gebunden, erschweren sie ein starkes Aufkommen von Phytoplankton. Eine Abschätzung der Phosphorfixierung durch die seit 1997 im Willersinnweiher neu aufgekommenen Makrophyten wird im nachfolgenden Kapitel 6.1.3 vorgenommen.

Nach neueren Untersuchungen (WIUM-ANDERSEN 1987, GROSS et al. 1996) sind Makrophyten allgemein und *Myriophyllum spicatum* im besonderen durch die Abgabe bestimmter Hemmstoffe sog. Ökomone in der Lage, das Wachstum von Cyanophyceen, Grün- und Kieselalgen zu hemmen. Die Verminderung von Turbulenzen durch die Makrophyten sorgt daneben für eine beschleunigte Sedimentation von nicht eigenbeweglichem Phytoplankton (KLAPPER 1992, BENNDORF 1995). Den deutlichen Einfluss des Witterungsverlaufes im Frühjahr auf die Konkurrenz zwischen Phytoplankton und Makrophyten beschreibt auch KLAPPER (1992) sehr drastisch. Die Änderung vom klaren, makrophytenreichen Zustand in einen algenreichen sowie makrophytenarmen und umgekehrt, steht am Seweko-See in sehr enger Beziehung mit dem Witterungsverlauf im Frühjahr. Eine rasche Erwärmung führt dort zur frühzeitigen Algenentwicklung und aufgrund der ungünstigen Lichtverhältnisse zur Unterdrückung der Makrophyten. Im kühlen Frühjahr besitzen dagegen die Makrophyten Konkurrenzvorteile und verschlechtern mit ihrem Wachstum die Lebensbedingungen für die Algen. Konnten sich Makrophyten erst einmal über eine Saison entwickeln sowie Vermehrungsorgane bilden und bietet auch das folgende Jahr nicht allzu ungünstige Startbedingungen, folgt ein positiver Rückkoppelungsmechanismus. Die Nährstofffixierung in der Makrophytenbiomasse hemmt das Algenwachstum und verbessert dadurch das Lichtklima im See, was die weitere Ausbreitung der Makrophyten wiederum fördert, wodurch es zu einer noch stärkeren Nährstoffbindung kommt. Auch SCHEFFER et al. (1993) diskutieren das häufig beobachtete Phänomen des schnellen Übergangs von klaren, makrophytenreichen zu algenreichen und trüben Seen. Sie betonen die, aus verschiedenen Rückkoppelungsmechanismen resultierende, stabilisierende Wirkung einer Makrophytenvegetation selbst bei steigenden Nährstoffgehalten im See. Wird diese zerstört, ist eine sehr starke Senkung des Nährstoffniveaus und teilweise auch ein gezielter Eingriff in den Fischbestand des betroffenen Sees notwendig, um eine Wiederbesiedelung zu ermöglichen und damit wieder klare Bedingungen im See zu erreichen.

Die im Sommer 1998 aufgenommene submerse Vegetation ist sicherlich kein stabiles Endstadium im Willersinnweiher. Vielmehr ist anzunehmen, dass bei der Entwicklung seit 1996 neben dem alten Verbreitungsmuster, infolge der Einschleppung von Samen und

Pflanzenteilen durch Tiere, auch zufällige Strukturen entstanden. Durch die Verdriftung von Sproßteilen und das Einschleppen neuer Arten wird es in den nächsten Jahren sicherlich zu einer Sukzession kommen. Erst in einigen Jahren ist mit einer standortgerechten Zusammensetzung der Pflanzengesellschaften zu rechnen. Wobei selbst bei fortgeschrittener Sukzession das Verteilungsmuster der Makrophytenbestände von Jahr zu Jahr variieren kann (RASPOPOV et al. 1987). Die bislang, im Vergleich zu anderen Seen im Oberrheingebiet (HUMBERG 1989), geringe Artenzahl im Willersinnweiher macht in den kommenden Jahren eine starke Dynamik und die Ausbreitung weiterer Arten wahrscheinlich. Auch im Sommer 1999 konnte erneut das Aufkommen einer üppigen submersen Vegetation beobachtet werden. Es bleibt somit zu hoffen, dass sich der Makrophytenbestand soweit stabilisieren konnte, dass er auch ungünstige (Witterungs-)Bedingungen überstehen kann und damit dem See zukünftig eine erhöhte Stabilität gegenüber Nährstoffeinträgen gibt.

### 6.1.3 Nährstoffbindung durch Makrophyten im Willersinnweiher

Die auffällige Verbesserung der Sichttiefen seit 1997 und das Aufkommen eines üppigen Makrophytenbestandes im Willersinnweiher stehen sicherlich zu einem gewissen Grad in ursächlichem Zusammenhang. Phytoplankton und Makrophyten konkurrieren um die Nährstoffe im See, wobei diskutiert wird, zu welchem Ausmaß die Makrophyten Nährstoffe direkt aus dem Wasser entziehen, bzw. das Sediment die überwiegende Nährstoffquelle darstellt. Der Zusammenhang zwischen der Zerstörung der Makrophytenvegetation und einer vermehrten Phytoplanktonentwicklung und der umgekehrten Prozess, ist in der Literatur viele Male beschrieben, auch wenn nicht exakt geklärt ist, über welche Prozesse diese Verknüpfung vonstatten geht. Einige dieser Wirkmechanismen wurden zuvor genannt.

Zum Phosphorgehalt von Makrophyten wurden einige Untersuchungen vorgenommen, die in HAMM (1991) zusammengefasst sind. Untersuchungen von SCHARMANN (1969, zitiert in HAMM 1991) ergaben mittlere Phosphorgehalte verschiedener Makrophytenarten an differierenden Standorten von 0,25 % (2,5 mg/g) der Trockenmasse (Schwankungsbreite 0,15 % bei *Myriophyllum sp.* und 0,8 % bei *Ranunculus fluitans*). Eigene Untersuchungen an Makrophyten, die dem Willersinnweiher 1998 entnommen und analysiert wurden, ergeben mittlere Phosphorgehalte von 1,6 mg/g.

WAGNER (1966) berechnet am Bodensee in Laichkräuterbeständen einen Phosphorgehalt von 1 g/m$^2$ (=10 kg/ ha). Zu ähnlichen Werten kommt auch BOYD (1967). Bei mittleren Gehalten, die mit 0,27 % Phosphor denen von SCHARMANN entsprechen, geht er von einer Phosphorbindung der Makrophytenbiomasse von 0,77-1,33 g/m$^2$ aus. FOX et al. (1994) finden an englischen Baggerseen dagegen nur einen Phosphorgehalt von 0,1-0,4 g/m$^2$ im Makrophytenbestand.

Der Makrophytengürtel reicht 1998 am Willersinnweiher bis in eine Wassertiefe von 4,5 m; daraus ergibt sich eine Fläche von ca. 5 ha. Nach den genannten Literaturwerten können damit in der Biomasse zwischen 12,5 bis 50 kg P gespeichert werden. In Anbetracht des Phosphorgehaltes im Wasserkörper des Willersinnweihers von 100 kg, vor der Reoligotrophierung, ist dies ein sehr beträchtlicher Anteil. Die Konkurrenz um Nährstoffe zwischen Makrophyten und Phytoplankton kommt damit deutlich zum Ausdruck. Hinzu kommen die negativen Wirkungen auf das Phytoplankton durch die Hemmstoffe der Makrophyten sowie die Herabsetzung der Turbulenzen und das damit in Zusammenhang stehende schnellere Aussinken der Algen.

### *6.1.4 Zusammenfassung: Makrophyten*

*Für den Willersinnweiher ist die Wiederbesiedelung mit Gefäßpflanzen seit 1997 als sehr großer Erfolg zu werten, da der See bis 1996 quasi wüstenhaft unbesiedelt war. Ursache für diese schnelle und tiefgreifende positive Reaktion war die deutliche Verringerung der Nährstoffe im See, die in einer Verschiebung der Konkurrenzbedingungen zwischen Makrophyten und Phytoplankton resultierte. In den See eingesetzte Graskarpfen sowie ein insgesamt hoher Fischbestand waren ursprünglich maßgeblich an der Vernichtung der Makrophyten im Willersinnweiher beteiligt. Das mit der Freisetzung der Nährstoffe und der insgesamt hohen Trophie in Verbindung stehende starke Phytoplanktonwachstum bedingte eine Verschlechterung der Lichtbedingungen im See, was fortan das Aufkommen von Gefäßpflanzen fast vollständig unterband.*

*Gegenwärtig zeichnet sich die Flora noch durch eine relative Artenarmut und ein nur mäßiges Vordringen in die Tiefe (maximal bis 4,5 m) aus. Auf der Basis von Indikatorarten (z.B. Ceratophyllum demersum) können das Litoral im Westen sowie der östliche Bereich als Belastungsschwerpunkte herauskristallisiert werden. Insgesamt zeigt der See auf Basis der Makrophytenkartierung eine mäßige bis erhebliche Belastung. Da die Reoligotrophierung erst vor kurzer Zeit, wenn auch massiv, einsetzte, ist in der Zukunft noch mit deutlichen Anpassungen der Makrophytenvegetation im See zu rechnen. Neue Arten werden eingetragen, bzw. der Wettbewerb zwischen den Arten wird zu neuen, standortgemäßen Verbreitungsmustern führen; auch ein weiteres Vordringen in die Tiefe wird erwartet.*

*Die infolge der durchgeführten Maßnahmen entstandenen dichten Makrophytenbestände im Willersinnweiher wirken sich durch zahlreiche Rückkoppelungseffekte sehr positiv auf das gesamte Ökosystem aus. Dabei sind nicht nur die bis zu 50 kg Phosphor entscheidend, welche längerfristig in den Pflanzen gebunden sind und damit dem Phytoplankton nicht zur Verfügung stehen, auch die Wirkungen auf den Sauerstoffhaushalt und die Förderung der Biozönose (Laichplatz, Versteck, Habitat etc.) wirken stabilisierend in Richtung nährstoffärmere Bedingungen.*

## 6.2 Makrozoobenthon

Die am Seegrund lebende Tiergemeinschaft (Benthon) ist von der im Litoral und Pelagial produzierten Biomasse abhängig und kann, wie die Makrophyten, als Indikator für den Nährstoffreichtum und den damit in Zusammenhang stehenden Sauerstoffhaushalt im See dienen. In nährstoffarmen Seen mit einer guten Sauerstoffversorgung des Grundes ist die Benthosgemeinschaft im Allgemeinen artenreich aber infolge des geringen Nährstoffangebotes individuenarm. In eutrophen Seen mit langen anaeroben Phasen kommt es zur Verödung der Gemeinschaft, da nur wenige angepasste Arten, diese jedoch mit in einer großen Individuendichte, existieren können. Das Makrozoobenthos, welches in Seen von den Zuckmückenlarven (Chironomidae) beherrscht wird, hat eine wichtige Bedeutung als Fischnahrung. Können große Teile des Sedimentes aufgrund des mit der Trophie in Zusammenhang stehenden Sauerstoffmangels nicht mehr besiedelt werden, hat dies nachhaltige Wirkung für das Ökosystem. Die von benthischen Organismen lebenden Fische müssen sich dann weitgehend vom Zooplankton ernähren, wodurch, infolge des verringerten Grazings, ein verstärktes Algenwachstum möglich wird. Gerade die Larven der Zuckmücken sind gute Indikatoren für den Gewässerzustand. Bei nährstoffarmen Bedingungen dominiert die Gattung *Tanytarsus*. Charakteristisch für eutrophe Gewässer ist hingegen die Gattung *Chironomus* sowie bei den Oligochaeten (Würmer) die Gattung *Tubifex*. Diese können, bei weitgehend herabgesetztem

Stoffwechsel, anaerobe Phasen im Gewässer überstehen. Weitere wichtige Taxa sind die Larven der Eintagsfliegen (Ephemeroptera), Muscheln (Bivalvia) und Schnecken (Gastropoda).

An dieser Stelle werden nur die wesentlichen Grundzüge des Makrozoobenthons am Willersinnweiher dargestellt. Detailliertere Untersuchungsergebnisse sind in ODENWÄLDER (1999) zu finden.

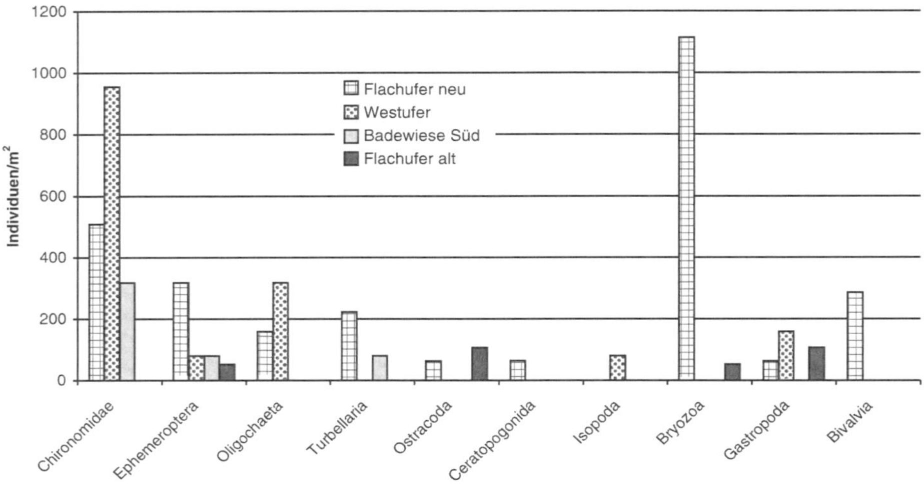


**Abb. 44: Makrozoobenthos im Litoral des Willersinnweihers** (Daten n. ODENWÄLDER 1999)

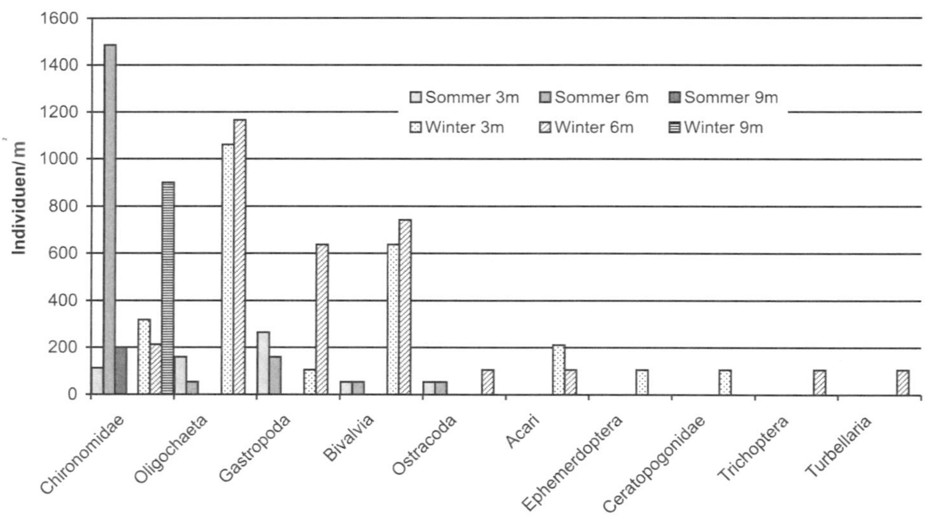


**Abb. 45: Makrozoobenthos im Transsekt des Willersinnweihers** (Daten n. ODENWÄLDER 1999)

Hervorstechendes Merkmal der Ergebnisse der Makrozoobenthosuntersuchungen 1998 ist einerseits die geringe Artenanzahl, andererseits auch eine niedrige Individuendichte. Speziell das „alte" Flachufer, welches 1992 angelegt wurde, zeichnet sich durch wenige Taxa (5 Arten) und sehr niedrige Abundanzen aus. Im Gegensatz dazu, verfügt der 1997 neu angelegte Flachuferstreifen über die größte Individuendichte und Artenvielfalt (17). Die Probestellen im Westen und am Badebereich des Südufers ordnen sich bezüglich Artenanzahl und Individuendichte zwischen diese beiden Bereiche.

Zusammenfassend ist in den Uferbereichen des Willersinnweihers eine Dominanz von Chironomiden charakteristisch; nur am alten Flachufer fehlt die Gruppe. Es handelt sich dabei fast ausschließlich um die Unterfamilie Chironominae, welche ungünstige Bedingungen induzieren. Eintagsfliegenlarven, aus der Familie der Caenidae wurden an allen Beprobungspunkten nachgewiesen. Sie deuten, wie auch die registrierten Chironomiden, auf eine hohe Trophie des Gewässers hin. Auch die Oligochaeten aus der Familie Tubificidae (Schlammrohrwürmer) bestätigen diesen Befund. Der Isopode *Asellus aquaticus* wurde an der Beprobungsstelle im Westen nachgewiesen. Er ist Indikator für ein organisch belastetes Gewässer und bestätigt den Befund des Makrophytenindexes in dieser Zone. Bivalvia werden lediglich an der neuen Flachuferzone mit der Art *Dreissena polymorpha* lebend gefunden. Diese aus Nordamerika stammende Art hat durch ihre hohe Filtrationsleistung eine wichtige Bedeutung für Seen. KLEE (1971) bezeichnete sie als die „größte Kläranlage im Bodensee".

Einige der gefundenen Arten können als besonders aussagekräftige Indikatoren für den Trophiegrad des Gewässers verwendet werden (BAYERISCHES LANDESAMT FÜR WASSERWIRTSCHAFT 1992). Aufgrund dieser lässt sich das Westufer als eutroph, das neue Flachufer als meso- bis eutroph einschätzen, bei den anderen Probestellen (altes Flachufer, Badebereich im S) erlaubt der Fund einzelner Arten (*Valvata piscinalis, Gyraulus sp., Stictochironomus sp.*) mit spezifischen Ansprüchen ebenfalls eine Charakterisierung im meso- bis eutrophen Bereich.

Die Untersuchung eines Transsekts durch die tiefste Stelle im Hauptbecken zeigte im Sommer deutliche geringere Abundanzen und Artenzahlen als im Winter. Dabei waren in drei Metern Wassertiefe die Gastropoda, gefolgt von den Oligochaeta und Chironomidae dominierend. Die Gesamtindividuendichte war mit 500 Individuen/$m^2$ deutlich geringer als bei den meisten Uferproben. Bei einer Wassertiefe von sechs Metern waren im Sommer die Chironomidae mit einer hohen Dichte dominierend. Davon entfielen 60 % auf die *Cladotanytarsus mancus*-Gruppe, die eher nährstoffärmere Bedingungen bevorzugt und 30 % waren *Chironomus pallidativus*, die Indikatoren eutropher Bedingungen sind. Die Gesamtdichte war infolge der relativ großen Zahlen von Chironomidae mit 2.500 Individuen deutlich höher als in 3 Metern. In 9 m Wassertiefe waren sowohl im Sommer und im Winter nur noch Chironomiden nachweisbar wobei die Dichte von 200 auf 900 Individuen/$m^2$ anstieg. In größeren Tiefen (12, 15 und 20 m) konnten keine lebenden Makroinvertebraten aufgenommen werden. Im Winter waren in drei und sechs Meter Wassertiefe sowohl die Artenzahlen als auch die Abundanzen höher als in den entsprechenden Sommerproben. Hier dominierten nun Oligochaeta, gefolgt von Bivalvia. Die Besiedelungsdichte hatte sich weitgehend angeglichen. Sie lag in drei Metern nun bei 2.500 Individuen/$m^2$, in sechs Metern Tiefe bei 3.100/$m^2$.

Der Tiefenbereich, der in den meisten Jahren im Epi- und Metalimnion liegt, d.h. ganzjährig mit Sauerstoff versorgt wird (1, 3 und 6 m Wassertiefe), zeigt eine im Vergleich relativ hohe Artenzahl. In sechs Metern Wassertiefe fällt eine hohe Dichte von Chironomidenlarven auf, die wahrscheinlich auf das hier im Vergleich zu 3 m Wassertiefe höhere Nahrungsangebot (größere Wassersäule darüber) begründet liegt. Weniger tolerante Taxa können in dieser Tiefe nicht von dem erhöhten Nahrungsangebot profitieren, da in einigen Jahren (z.B. 1996) während der Sommerstagnation hier schon anaerobe Bedingungen herrschen. In neun Metern Tiefe sind nur Chironomiden an die über weite Teile des Jahres anaeroben Verhältnisse angepasst. Eigentlich wären unter diesen Bedingungen auch Oligochaeten zu erwarten (GOLDMAN & HORNE 1994). Ein Grund für deren Fehlen könnte die Pionierfunktion der Chironomiden sein, die ein Habitat schneller besiedeln als Oligochaeten (LANG & LOIDS-CROZET 1997). Möglicherweise können diese Tiefen erst seit der Verbesserung der trophischen Situation im Willersinnweiher besiedelt werden und der kurze Zeitraum konnte bislang nur von den anpassungsfähigeren Chironomiden zur Besiedelung genutzt werden. Unterhalb von neun Metern dauern die anaeroben Bedingungen im Willersinnweiher in früheren Jahren länger als sechs Monate an, weshalb eine Besiedelung selbst für tolerante Organismen mit Hämoglobin nicht möglich ist (ARMITAGE et al. 1995). Inwieweit sich dies in den nächsten Jahren im Zuge der Reoligotrophierung noch verändern wird, bleibt abzuwarten. Auch die Besiedelung des Transsekts indiziert meso- bis eutrophe Bedingungen; der hohe Anteil der Unterfamilie Chironominae (über 90 %) weist eher auf eutrophe Bedingungen.

### *6.2.1 Zusammenfassung: Makrozoobenthos*

*Die Reoligotrophierung, welche bei den physiko-chemischen Parametern und bei den Makrophyten klare Verbesserungen zeigte, resultierte bis 1998 noch nicht in einer grundlegenden Wandlung der Besiedelung des Sedimentes. Dieses weist sowohl eine geringe Artenzahl als auch niedrige Abundanzen von Makroinvertebraten auf. Dabei dominieren die Chironomiden, wobei fast ausschließlich Arten aus der Unterfamilie der Chironominae gefunden werden, welche eine hohe Belastung indizieren. Sie können als einzige Gruppe bis in eine Tiefe von neun Metern das Sediment besiedeln, darunter sind die Sauerstoffbedingungen selbst für sie nicht ausreichend. In den Uferbereichen sind in der 1997 neu gestalteten Flachuferzone, im Vergleich zu den anderen Abschnitten, relativ hohe Arten- und Individuenzahlen auffällig. Ein Ziel dieser Restaurierungsmaßnahme, die Schaffung neuer Lebensräume, ist damit erreicht. Die alte Flachuferzone fiel dagegen durch eine sehr geringe Artenvielfalt und die niedrigste Besiedelungsdichte auf. Die sehr geringe Wassertiefe, der mäßige Wasseraustausch und die starke Frequentierung durch Wasservögel bedingen hier eine starke Belastung, welche sich in der geringen Besiedelung widerspiegelt. Da Makroinvertebraten erst mit erheblicher Zeitverzögerung auf die Veränderung ihrer Umwelt reagieren, wird auch bei diesen Organismen für die nächsten Jahre eine positive Entwicklung erwartet. Damit würde sich die Ernährungssituation der Fische verbessern und das Zooplankton würde durch deren geringeren Fraßdruck profitieren.*

## 6.3 Phytoplankton

Im Leitbild für die zukünftige Entwicklung des Willersinnweihers im Zusammenhang mit den Reoligotrophierungsmaßnahmen war neben der Verbesserung der chemischen und physikalischen Parameter sowie der biologischen Summenparameter (Chlorophyll-Konzentration, Sicht) auch die Umstrukturierung der Planktonbiozönose formuliert. Wie bereits in Abb. 41 (S. 102) dargestellt, kann das Phytoplankton im Vergleich zu den anderen Organismen im See durch die sehr kurzen Entwicklungs- und Vermehrungszeiten schnell auf äußere Veränderungen reagieren (REYNOLDS 1984). Die Zusammensetzung sowie die saisonale Sukzession des Phytoplanktons in einem See zeigen dadurch schon bald Tendenzen der Seenentwicklung (BÜRGI 1992). Aufgrund der Autökologie der verschiedenen Arten und durch zahlreiche

Wechselwirkungen im Ökosystem stellen sich Gesellschaften ein, die Aussagen zum ökologischen Zustand des Sees erlauben. Detaillierte quantitative und qualitative Untersuchungen des Phyto- und Zooplanktons ermöglichen dadurch eine sinnvolle Erweiterung der trophischen Bewertung auf der Basis chemischer und physikalischen Kenngrößen.

Nicht nur aus Ergebnissen der chemischen Analysen lässt sich ableiten, dass im Willersinnweiher Stickstoff offensichtlich kein limitierender Faktor der Primärproduktion ist (vgl. Kap. 5.4.6). Auch die Zusammensetzung des Phytoplanktons legt diesen Schluss nahe. Blaualgenarten, die zur Stickstoffassimilation befähigt sind, fehlten im Willersinnweiher während des gesamten Untersuchungszeitraums. In N-limitierten Seen treten rasch Cyanophyceae auf, die in spezialisierten Zellen, den Heterocysten, molekularen Stickstoff aufnehmen können und so bei Mangel an anorganischen N-Verbindungen im Wasser Selektionsvorteile gegenüber anderen Taxa (wie z.B. Grünalgen oder den Blaualgengattungen *Limnothrix* und *Planktothrix*) besitzen. Die Stickstofffixierung, die den Stickstoffvorrat aus der Atmosphäre erschließt, ist ein energieaufwendiger Prozess, der sich nur bei Mangel an gelöstem Stickstoff rentiert. Aufgrund der guten N-Versorgung stellt im Willersinnweiher die Fähigkeit zur Stickstoffassimilation in den Untersuchungsjahren keinen Selektionsvorteil dar.

Bereits ab 1989 wurden vom LfW/ Rhl.-Pf. im Frühjahr regelmäßig Sichttiefen um einen Meter und darunter ermittelt. Im fischereibiologischen Gutachten (SPÄH 1992) werden im April 1992 sogar Sichttiefen von nur 40 cm registriert. Dieser Indikator eu- bis hypertropher Bedingungen (VOLLENWEIDER 1989) sollte mit der Verringerung der Phosphorkonzentrationen im Rahmen der Maßnahmen positive Reaktionen zeigen.

Die Sichttiefen und Chlorophyll a-Gehalte der Jahre 1996 bis 1998 im Willersinnweiher zeigen einen vielfach beschriebenen, saisonalen Verlauf. Ein Frühjahresmaximum der Algenentwicklung wird abgelöst durch ein sommerliches Minimum, mit einem anschließenden kleineren Herbstmaximum und einem, den niedrigen Temperaturen und dem geringen Lichtangebot entsprechenden Minimum im Winter (vgl. Abb. 19, S. 23). Die Sichttiefen im See verlaufen dementsprechend gegenläufig. Neben diesem saisonalen Muster fand im Untersuchungszeitraum insgesamt eine deutliche Abnahme der Chlorophyll a-Konzentrationen, verbunden mit der Zunahme der Sichttiefe, statt (vgl. Abb. 21, S. 61). Der Verlauf der Phytoplanktonbiomasse eines Sees wird in groben Zügen durch die jahreszeitliche Veränderung der Faktoren Nährstoffgehalt und Lichtintensität gesteuert. Auf der biotischen Seite spielt insbesondere das herbivore Zooplankton eine steuernde Rolle. Allgemein verläuft die Saisonalität in geschichteten Seen mit mäßigem Nährstoffgehalt wie folgt:

Auf ein Frühjahresmaximum des Phytoplanktons, welches durch die meteorologischen Bedingungen (Strahlung) und einen infolge der Zirkulation induzierten Nährstoffreichtum bewirkt wird, setzt zeitlich etwas versetzt eine rasche Entwicklung des Zooplanktons ein. Durch das Grazing des Zooplanktons wird das Phytoplankton dezimiert und es kann sich ein Klarwasserstadium ausbilden. Auf dieses gesunkene Nahrungsangebot reagiert das Zooplankton mit einem Rückgang. Als Folge davon kommt es gegen Herbst, in Zusammenhang mit dem allmählichen Absinken der Sprungschicht und der damit verbundenen Einmischung von nährstoffreichem Tiefenwasser, zur Ausbildung eines zweiten Maximums des Phytoplanktons. Die ungünstiger werdenden Strahlungsbedingungen führen zur erneuten Abnahme der Phytoplanktonbiomasse, die im Winter auf niedrigem Niveau bleibt.

Zudem kommt es im Verlauf der Jahresentwicklung durch die vielfältigen Wechselwirkungen von Nährstoffsituation, Lichteinfluss, Phyto- und Zooplankton sowie Fischen zu einer Artensukzession, welche durch SOMMER et al. (1986) in 24 Sequenzen über das Jahr im PEG-

Modell (**P**lancton **E**cology **G**roup) zusammengefasst wurde. Basis für dieses Modell waren neben zahlreichen Fallstudien auch die von TILMAN (1977, 1982) durchgeführten, umfangreichen Experimente über die Konkurrenzfähigkeit der verschiedenen Phytoplanktonarten in Abhängigkeit von den Ressourcen. Der Verlauf der Artensukzession wird in starkem Maß durch die Trophie des Gewässer gesteuert (vgl. BÜRGI 1992, SOMMER 1994).

Im Zuge der Eutrophierung ist in Seen zumeist eine Verschiebung innerhalb der Algen von Diatomeen oder Chrysophyceen zu Grün- und schließlich Blaualgen festzustellen. Cyanophyta bilden oft Toxine, die andere Organismen schädigen. Sie sind bei guten Bedingungen zu schnellen Massenentwicklungen („Blüten") befähigt, was auch dadurch begünstigt wird, dass das Zooplankton sie kaum kontrollieren kann.

Die im Willersinnweiher vertretenen Algen lassen sich (gemäß VAN DEN HOEK 1978, 1993) in acht systematische Gruppen unterteilen:

**Chlorophyta (Abteilung)**: Hier v.a. Klasse der **Chlorophyceae**. Heterogene Gruppe der Grünalgen, bei der das Chlorophyll nicht durch weitere Pigmente maskiert wird, wodurch sie grün erscheint. Die meisten Arten leben im Süßwasser. Die Klasse der **Conjugatophyceae** (Jochalgen) leben ausschließlich im Süßwasser, wo sowohl ein- als auch mehrzellige Arten existieren.

**Cryptophyta (Abteilung)**: Einzige Klasse **Cryptophyceae**. Fast alle kleine einzellige Flagellaten mit zwei verschieden langen Geißeln. Im Willersinnweiher nur photoautotrophe Organismen, es existieren aber auch heterotrophe Arten.

**Cyanophyta (Abteilung):** Einzige Klasse sind die **Cyanophyceae** (Blaualgen). Sie werden aufgrund einiger Zellmerkmale in die Nähe der Bakterien gestellt. Die meisten der rd. 2.000 Arten leben im Süßwasser, wo sie bei nährstoffreichen Bedingungen infolge der ausschließlich vegetativen Fortpflanzung zu Massenentwicklungen innerhalb kurzer Zeit befähigt sind. Es gibt vielfältige Organisationsformen (Einzeller, Kolonien, fädig), die alle ohne Geißeln sind. Manche Arten können atmosphärischen Stickstoff assimilieren. Einige produzieren Toxine, die sie ins Wasser absondern und die anderen Lebewesen schaden (Konkurrenzvorteil).

**Dinophyta (Abteilung)**: Zur Klasse der **Dinophyceae** gehören vor allem einzellige Flagellaten (Längs- und Quergeißel), die meist marin vorkommen. Durch einen Celluloseplatten-Panzer sind die Arten sehr stabil und auch fossil bekannt. Viele der Arten können fakultativ oder obligat heterotroph von Bakterien leben. Im Willersinnweiher wurden sowohl photoautotrophe als auch phagotrophe Dinophyceen nachgewiesen (CERMAK 1999).

**Heterokontophyta (Abteilung):** Wichtige Klassen im Willersinnweiher vor allem Bacillariophyceae (Diatomeen, Kieselalgen) und Chrysophyceae, in sehr geringen Zahlen auch **Xantophyceae**. Die **Bacillariophyceae** sind meist einzellig oder koloniebildend kokkal und besitzen Zellwände aus Kieselsäure, welche lange überdauern und für ihre Bestimmung ausschlaggebend sind. Im Willersinnweiher waren sie in den letzten Jahren mit zahlreichen Arten vertreten. Die **Chrysophyceae** (wegen gelber bis braunen Farbe auch Goldalgen genannt) sind meist einzellige oder koloniebildende Flagellaten. Die meisten Arten leben im Süßwasser, wo sie insbesondere bei oligotrophen Bedingungen gute Entwicklungsvoraussetzungen haben. Im Willersinnweiher wurde vor allem die Art *Dinobryon divergens* gefunden (CERMAK 1999).

## 6.3.1 Algensukzession im Willersinnweiher

Die folgende Abbildung stellt die zeitliche Dynamik der Phytoplanktonbiomasse gegliedert nach Algenklassen dar. Aufgrund der z.T. sehr spezifischen Ansprüche der Gruppen und einzelner Indikatorarten sind Interpretationen der Zustandsentwicklung des Willersinnweihers möglich.

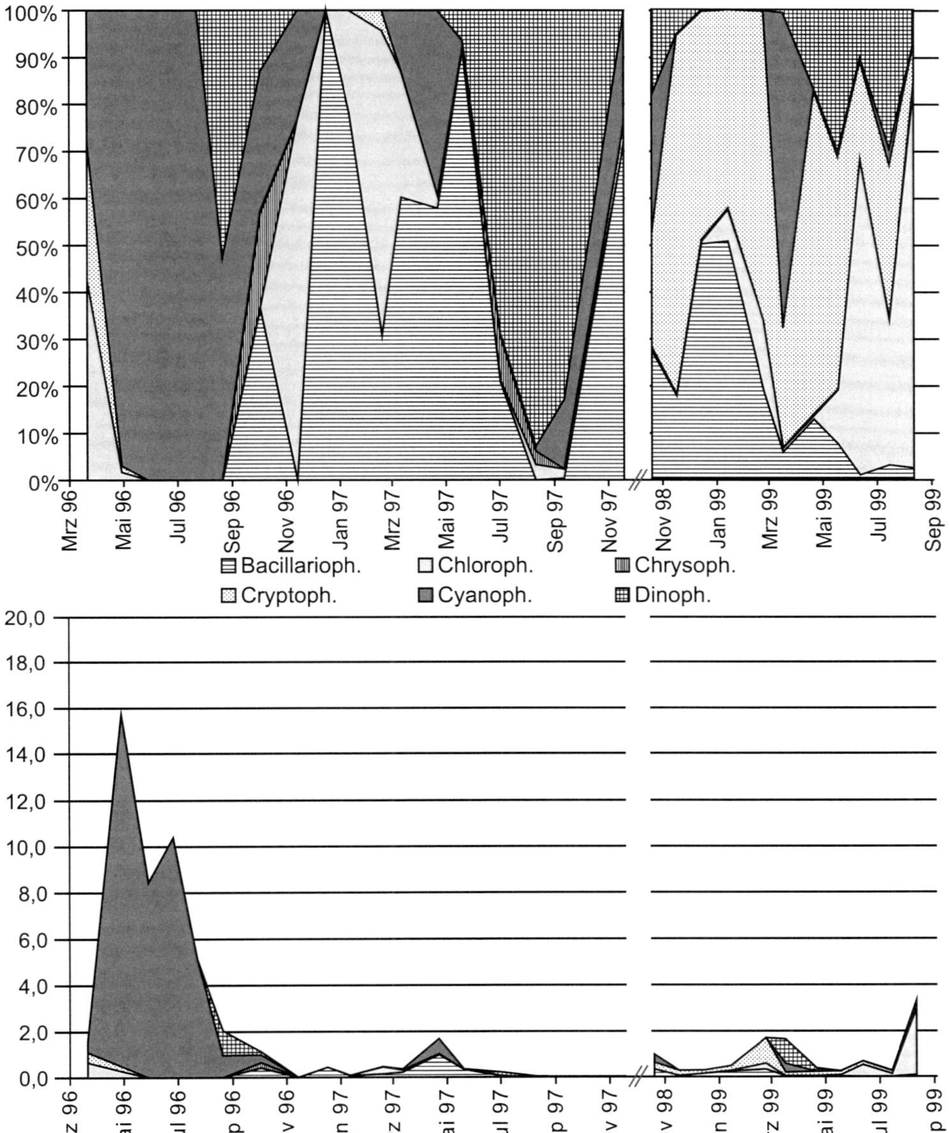


**Abb. 46: Dynamik der Phytoplanktonbiomasse (mg Frischgewicht/l) (unten) und prozentuale Anteile der Algenklassen im Untersuchungszeitraum (oben)**
(volumengewichtetes Mittel aus 0-10 m Wassertiefe)

Es ist zu beachten, dass in den Jahren 1996 und 1997 (aufgrund des Probenahmeverfahrens) zu geringe Biomassen ermittelt wurden (vgl. Kapitel 2.8.3, S. 20). Die dargestellten Biomassegehalte sind Mindestwerte, die in Realität wahrscheinlich deutlich übertroffen wurden. Aus den Daten dieser Jahre sind deshalb vor allem Aussagen über die Zusammensetzung des Phytoplanktons ableitbar. Die

Änderung im Probenahmeverfahren fand im Spätsommer 1998 statt, danach kann von einer exakten Biomassebestimmung ausgegangen werden.
Trotz dieser Einschränkungen wird aus den Darstellungen ein stark rückläufiger Trend der Phytoplanktonbiomasse im Untersuchungszeitraum deutlich. Daneben ist der rasche Wandel des Willersinnweihers von einem Blaualgen-dominierten hocheutrophen See, zu einem See mit einer größeren Vielfalt der Phytoplanktongesellschaft erkennbar. Im dritten Jahr nach Beginn der Maßnahmen dominieren Bacillariophyceae, Chlorophyceae und Cryptophyceae; Blaualgen spielen nur noch sehr kurzfristig eine untergeordnete Rolle in der Planktonzusammensetzung.

Zu Beginn der Maßnahmen wurde der Willersinnweiher als *Oscillatoria rubescens* dominiertes Gewässer beschrieben (Stellungnahme des LfW vom Januar 1996). Die Dominanz von Blaualgen ist in Abb. 46 auch im Jahr 1996 zu erkennen. Bis Ende August beherrschen die fädigen Cyanophyceae der Gattungen *Limnothrix/ Planktothrix* (früher als Gattung *Oscillatoria* zusammengefasst) das Phytoplankton. Daneben können zu Beginn der Wachstumsperiode nur grüne Flagellaten (Chlorophyceae) und einige Vertreter von Cryptophyceen festgestellt werden, die jedoch bis Mai von den Blaualgen völlig verdrängt werden. Blaualgenmassenentwicklungen, wie sie in diesem Untersuchungsjahr im Willersinnweiher festzustellen waren, gelten allgemein als Indikatoren nährstoffreicher Bedingungen (z.B. GLIWICZ 1977, LAMPERT 1977, VAN LIERE & MUR 1980, LAMPERT & SOMMER 1999). Fädige Blaualgen können vom Zooplankton kaum verwertet werden, weshalb ein Rückgang der Biomasse nur durch eine Nährstofflimitierung zu erwarten ist. Das Frühjahresmaximum der Phytoplanktonbiomasse liegt im April, danach erfolgt eine fast stete Abnahme, wobei bis zum Sommer ein Klarwasserstadium mit Sichttiefen von bis über sechs Meter erreicht wird. Erst Ende August tritt mit abnehmender Phosphorverfügbarkeit der sehr große Dinoflagellat *Ceratium hirundinella* auf und beendet die alleinige Dominanz der Blaualgen. Mit dem Absinken der Sprungschicht können im Oktober zum ersten Mal in diesem Jahr diverse Gruppen die Phytoplanktongesellschaft aufbauen. Neben Restbeständen der fädigen Blaualgen prägen nun *Dinobryon sp.* (Klasse der Chrysophyceen), die pennaten Kieselalgen *Asterionella formosa* und *Fragilaria crotonensis* sowie grüne Flagellaten (Chlorophyceen) das Bild. Da sie aufgrund ihrer Größe vom Zooplankton kaum gefressen werden können, sind die Arten *Ceratium hirundinella*, *Asterionella formosa* und *Fragilaria crotonensis* typische Vertreter des Klarwasserstadiums in Seen. Das Winterplankton wird von kleinen Beständen *F. crotonensis*, weiteren Diatomeen der Ordnung Centrales sowie grünen Flagellaten gebildet.

Zu Beginn von 1997 können sich zunächst die grünen Flagellaten vermehren, die im Februar neben den centrischen Diatomeen dominieren. Sowohl grüne Flagellaten als auch centrische Kieselalgen werden durch das herbivore Zooplankton gern als Futterpflanze genutzt und dementsprechend reduziert. Erst im März, insbesondere im April, beherrschen wieder die fädigen Blaualgen das Bild, wenn auch nur mit 10 % der Biomasse des Vorjahres. Daneben können grüne Flagellaten, *A. formosa* sowie *F. crotonensis* und einige andere Diatomeen beträchtliche Anteile der Phytoplanktonbiomasse einnehmen. Fädige Blaualgen und Diatomeen sind im Frühjahr direkte Konkurrenten im See. Beide sind an die während einer Durchmischung herrschenden, begrenzten Lichtverhältnisse angepasst. Welche Gruppe sich durchsetzt, ist neben dem Verhältnis von Silicium zu Phosphor auch von den Wassertemperaturen abhängig, wobei sich bei höheren Temperaturen (>15 °C) aufgrund ihrer höheren Phosphoraffinität Blaualgen durchsetzen (SOMMER 1994). Gegen Ende des Frühjahres, bei schon stabiler Schichtung, sind neben den fädigen Blaualgen und grünen Flagellaten, einige Ceratien (Dinophyceae) sowie centrische und pennate Diatomeen, darunter auch *A. formosa*, mit höheren Abundanzen im See. Der größte Konkurrenzvorteil der Kieselalgen aus der Familie der Fragilariaceae (*A. formosa* und *F. crotonensis*) liegt sicherlich in ihrer Form, die sie beinahe nicht fressbar macht. Daneben verfügen sie über eine große

Phosphoraffinität sowie die Möglichkeit Phosphor zu speichern (KOHL & NICKLISCH 1988, SOMMER 1989), so dass sie bei Phosphormangel, sofern Silicium nicht begrenzend wirkt, eine extrem hohe Konkurrenzstärke besitzen. Im Sommerplankton sind mit Ausnahme der centrische Diatomeen die gleichen Gruppen zu finden, wobei die neu hinzugekommenen *Dinobryon sp.* (Chrysophyceae) mit großer Individuenzahl vorkommen. Diese Arten gelten allgemein eher als Indikatoren oligotropher Bedingungen, was ihr Auftreten im Sommer begründet. Während bei vielen Untersuchungen ihr Anteil im Rahmen einer Reoligotrophierung stieg (CRONBERG 1982), konnte dies am Bodensee so nicht bestätigt werden (KÜMMERLIN & BÜRGI 1989). Auch im Sommer 1997 kann sich im Willersinnweiher ein Klarwasserstadium einstellen, welches durch eine geringe Phytoplanktonbiomasse induziert ist und im Gegensatz zum Vorjahr bereits im Mai beginnt. Da die euphotische Zone infolge der Schichtungsbedingungen und der geringeren Planktongehalte tiefere Wasserschichten als im Vorjahr erreicht, können die sinkenden Nährstoffgehalte im Epilimnion durch ein Absinken der Phytoplanktonmaxima in die Tiefe ausgeglichen werden. Zunächst bilden die Diatomeen ein Maximum im Metalimnion; im August/ September werden dort vermehrt fädige Blaualgen und grünen Flagellaten aufgefunden. Ab November 1997 dominieren bis zum Beginn des neuen Jahres centrische Diatomeen. Daneben existieren geringe Abundanzen von fädigen Blaualgen, Chlorophyceae, sowie von Vertretern der Bacillariophyceae *A. formosa* und weitere pennate Diatomeen.

Fädige Blaualgen sind 1998 im dritten Frühjahr nach Beginn der Maßnahmen am See nur noch in sehr geringer Anzahl vorhanden. Die Frühjahresmaxima 1998 und 1999 treten erneut bereits im Februar/ März auf und werden nun durch Diatomeen und Cryptophyceae zusammen mit einigen Chlorophyceae gebildet. Blaualgen sind im Frühjahresmaximum 1999 nicht mehr zu finden. Ab April werden die Diatomeen aus dem Phytoplankton verdrängt und ein Klarwasserstadium, mit sehr geringen Anteilen der Blaualge *Microcystis sp.*, beginnt. Für das rasche Verschwinden der Kieselalgen nach dem Frühjahresmaximum ist einerseits deren hohe Sinkgeschwindigkeit verantwortlich, die sich bei beginnender Stagnation der Wassermassen bemerkbar macht. Ebenso von Bedeutung ist die infolge der Sedimentation geringer werdende Silicium-Konzentration im Epilimnion (SOMMER 1994). Während des Sommerminimums dominieren neben Chlorophyceae auch Cryptophyceae und Dinophyceae, welche ab Mitte August durch einen verminderten Fraßdruck und das allmähliche Absinken des Epilimnions ein Herbstmaximum ausbilden können.

Bei einer Phosphorlimitierung, wie sie im Zuge der Maßnahmen am Willersinnweiher verstärkt stattfand, besitzen Flagellaten, wie z.B. Cryptophyceen, einen deutlichen Selektionsvorteil, weshalb ihr Anteil in der Biozönose häufig steigt. Insbesondere auch große Arten, wie die häufig gefundene *Ceratium hirundinella* können weite Strecken überwinden und so Phosphorquellen in tiefen Wasserschichten erschließen. Des weiteren nimmt ebenso die Bedeutung von Phytoplanktonformen mit niedrigem Phosphorbedarf, wie *A. formosa*, *Dinobryon sp.* zu (SOMMER 1989). Diese Arten treten im Willersinnweiher bereits 1996 nach Beendigung der alleinigen Blaualgendominanz im Klarwasserstadium auf. Nach der Sanierung sind während des Frühjahresmaximums im Willersinnweiher, wie in zahlreichen anderen Gewässern, Diatomeen ein wichtiger Bestandteil, auch wenn im Frühjahr 1999 Cryptophyceen mit größerer Biomasse vorkommen. Diatomeen können bei lichtschwachen Bedingungen, sofern genügend Silicium im Gewässer ist, gut konkurrieren. Das Maximum wird dominiert von den Arten *Cryptomonas ovata* und *C. erosa*. Beide sind euryöke Arten mit schnellen Vermehrungsraten, weshalb sie auch bei hohem Fraßdruck durch das Zooplankton in größeren Abundanzen auftreten, so wie dies im Willersinnweiher 1999 der Fall war. Trotz ihrer weiten ökologischen Toleranz sind sie massenhaft vor allem in oligo- bis mesotrophen Seen zu finden. Im Sommerplankton des Willersinnweihers sind 1999, wie bereits seit Beginn der Untersuchungen, die bei Phosphormangel konkurrenzstarken Kieselalgen aus der Familie Fragilariaceae (*A. formosa* und *F. crotonensis*) wichtiger Bestandteil.

Eine separate Untersuchung verschiedener Uferbereiche wurde durch CERMAK (1999) vorgenommen. Diese zeigen zumeist eine recht ähnliche Phytoplanktonzusammensetzung wie die Proben aus den oberen Metern des Pelagials, dennoch ergeben sich einige nennenswerte Abweichungen, die Hinweise auf die trophische Situation und den Zustand der Biozönose geben.

Am Westufer des Sees existieren im August 1999 hohe Abundanzen der Kieselalgen *Pinnularia sp.* Ansonsten wurde diese Art im Willersinnweiher nicht festgestellt. Insgesamt sind im Willersinnweiher während des Untersuchungszeitraumes im Herbst kaum Kieselalgen im Wasser, was auf einen Siliciummangel schließen lässt. Nach LAWAKÜ (1986) indiziert ein verstärktes Aufkommen von Diatomeen in Herbst häufig nährstoffreiche Bedingungen. Dieser Zusammenhang lässt auf nährstoffreichere Bedingungen des Westufers schließen. Ein Befund, der sich auch mit der Makrophytenkartierung deckt (vgl. Kapitel 6.1, S. 103).

Des weiteren fiel auch die alte Flachuferzone in ihrer Phytoplanktonpopulation deutlich auf. Im Herbst 1999 wird hier die fädige Blaualge *Oscillatoria lacustris* registriert. Wie bereits erwähnt, gelten Blaualgen zumeist als Eutrophierungsindikatoren. Auch die Untersuchung der Makrophyten und des Makrozoobenthos zeigt, wie beschrieben, in diesem Bereich eine höhere Trophie. Als Ursachen sind hier der geringe Wasseraustausch mit dem übrigen See, sehr geringe Wassertiefen sowie eine hohe Besiedelungsdichte durch Wasservögel zu benennen, welche anaerobe Bedingungen und eine Faulschlammbildung herbeiführen. Inwieweit solche Bereiche bei Verschlechterung des gesamten Umfeldes einen negativen Einfluss auf den gesamten See ausüben können, bleibt unklar.

Zusammenfassend kann als Folge der durchgeführten Reoligotrophierungsmaßnahmen im Verlauf von 1996 bis 1999 der Wandel von einem durch Cyanophyceen dominierten System zu einem See mit einer vielfältigen Phytoplanktonstruktur belegt werden. Die Anzahl der Arten ist ein erster Anhaltspunkt über den Zustand in einer Biozönose. Im Allgemeinen sind in nährstoffarmer Umgebung höhere Artenzahlen und geringe Dominanzstrukturen zu finden, wohingegen in eutrophen Gewässern wenige Arten dominieren (CRONBERG 1982, LYCHE 1989). Zwar gibt es durchaus auch Gegenbeispiele (z.B. SARVALA et al. 1998) aber auch am Willersinnweiher scheint diese allgemeine Regel Gültigkeit zu haben. Während 1996 und davor fädige Blaualgen die Phytoplanktonzönose viele Monate im Jahr allein dominieren, ist bereits 1997 eine größere Vielfalt ausgeprägt. Bis 1998/99 stieg die Anzahl der dominierenden Arten bereits auf zehn an, die aus fünf Algenklassen stammen; insgesamt wurden 107 Arten nachgewiesen (CERMAK 1999). Die Gründe für diesen Wandel sollen im Folgenden näher diskutiert werden.

Die Senkung der Phosphorkonzentration im Willersinnweiher (durch verminderte Zufuhr, Einbau in Makrophytenbiomasse sowie Speicherung im Sediment) bewirkt einen deutlichen Rückgang der Biomasse, der sich insbesondere in den deutlich reduzierten Frühjahresmaxima des Phytoplanktons und in der drastischen Verbesserung der Sichttiefen im Frühjahr und Frühsommer ausdrückt (vgl. auch Abb. 21, S. 61). Die dadurch erhöhte Lichtdurchlässigkeit begünstigt einerseits das Aufkommen einer üppigen Makrophytenvegetation (vgl. Kapitel 2.8.1, S. 19), die zuvor fast gänzlich fehlte und verändert des weiteren in Kombination mit dem gesunkenen Nährstoffniveau die Konkurrenzverhältnisse zwischen den Phytoplanktonarten. Damit können neue Sukzessionsmuster des Phytoplanktons entstehen.

Die im Jahr 1999 aufgenommene Saisonalität des Phytoplanktons entspricht mit ihrem Frühjahres- und Herbstmaximum den in oligotrophen Seen (SOMMER 1994, REYNOLDS 1980, 1984). Dieses Muster allein weist noch nicht auf eine Verbesserung der Trophie hin, da im Willersinnweiher schon zu hocheutrophen Zeiten ein Klarwasserstadium entstehen konnte. Selbst als der See durch fädige Cyanophyceen geprägt wurde, wie für 1996 nachgewiesen, traten von August bis September große Sichttiefen bis über sechs Meter auf. Diese Algengruppe ist kaum fressbar und schädigt darüber hinaus direkt das Zooplankton durch die Unterbrechung des Filtriervorgangs. Das Zooplankton als Hauptursache für das Klarwasserstadium muss in diesen Jahren daher eher ausgeschlossen werden. Auslösender Faktor ist wahrscheinlich die Nährstofflimitierung durch die Sedimentationsverluste. Die Sedimentation von abgestorbenem Plankton führt, verstärkt durch die alljährliche Calcitfällung, zur allmählichen Limitierung der Nährstoffe im Oberflächenwasser. Für diese Hypothese spricht die Tatsache, dass der deutliche Rückgang der Phytoplanktonbiomasse und eine steigende Sichttiefe erst Anfang August einsetzt. Daten des LfW bestätigen, dass dies keine Ausnahmesituation war; im Jahr 1994 herrschten demnach mindestens bis Mitte Juni Sichttiefen von unter einem Meter (danach liegen keine Daten vor). In diesen Jahren erschwerte die stabile Schichtung während der Stagnationsphase die Ausbildung eines sommerlichen Klarwasserstadiums mit geringer Phytoplanktonbiomasse. Die Fähigkeit von *Limnothrix/ Planktothrix*, durch Abtauchen den internen Phosphorspeicher im tieferen Wasser zu füllen und danach ins Epilimnion zurückzukehren, fördert eine lang anhaltende Phase intensiven Planktonwachstums mit Sichttiefen um einen Meter. Dagegen begünstigte wahrscheinlich der Hartwassercharakter des Sees zu diesen Zeiten die Einstellung eines Klarwasserstadiums, trotz hoher TP-Konzentrationen und der einseitigen Dominanz nichtfressbarer fädiger Blaualgen. Mit der Calcitfällung wird einerseits Phosphor aus der Oberflächenschicht entzogen; des weiteren dienen Algen als Kristallisationskeime und sedimentieren so beschleunigt. Den Anforderungen an die Sichttiefe eines Badegewässers gemäß EU-Richtlinien (sommerliche Sichttiefe mindestens ein Meter) entsprach der Willersinnweiher durch diese Mechanismen, bis auf eine Ausnahme (1991), seit 1989 zu jedem Untersuchungszeitpunkt während der Badesaison (Daten des LfW).

In den weiteren Untersuchungsjahren (ab 1997) wird, nachdem die Blaualgendominanz unterbunden ist, das Klarwasserstadium extrem früh, jeweils bereits ab Mai erreicht. Die nun dominierenden Algenklassen der Frühjahresmaxima (Bacillariophyceae, Cryptophyceae und Chlorophyceae) sind gut ingestierbar und können deshalb vom Zooplankton effektiv reduziert werden. Das Zooplankton als steuernder Faktor bei der Entstehung des Klarwasserstadiums (BENNDORF 1995, SARVALA et al. 1998) kann nun seine Wirkung voll entfalten. Weiterhin wird die Calcitfällung auch gegenwärtig einen gewissen Beitrag zur Einstellung eines frühzeitigen Klarwasserstadiums haben.

### 6.3.2 Ursachen für die Veränderung der Phytoplanktonsukzession

Blaualgenmassenentwicklungen gelten allgemein als Indikatoren nährstoffreicher Gewässerbedingungen (GLIWICZ 1977, LAMPERT 1977, VAN LIERE & MUR 1980, SAS 1989, KLEE 1991, RHEINHEIMER 1991, SCHARF et al. 1992, KNEALE & HOWARD 1997, LAMPERT & SOMMER 1999). Im Verlauf von Reoligotrophierungsmaßnahmen wird meist deren Verschwinden zugunsten anderer Klassen, wie z.B. Chlorophyceae, Diatomeen festgestellt (SAS 1989, LORENZ 1990, GÜDE et al. 1995, CHORUS 1995 u.v.a.). Ob die im Willersinnweiher bis 1996 dominierenden kaltstenothermen und an Schwachlichtbedingungen adaptierten Arten (LAMPERT & SOMMER 1999, SAS 1989) der Gattungen *Limnothrix/ Planktothrix* Eutrophierungsindikatoren sind, ist umstritten. LAMPERT & SOMMER (1999) sprechen von einem Auftreten im frühen Eutrophierungsstadium. Im Rahmen der Sanierung des Schliersees dominieren trotz gesunkener TP-Gehalte von unter 20 µg/l diese Gattungen auch weiterhin das Phytoplankton (SCHARF et al. 1992). Dagegen wird von vielen Seen, wie z.B. dem Schleinsee (GÜDE et al. 1995), nach der Senkung des Phosphorniveaus von der Verdrängung dieser Gattungen berichtet (MUR et al. 1993, CHORUS 1995, MÜLLER 1997). Auch CARR & WHITTON (1973) werten, wie LEONARDSON & RIPL 1980 deren massives Auftreten als Indiz für eine starke Nährstoffbelastung.

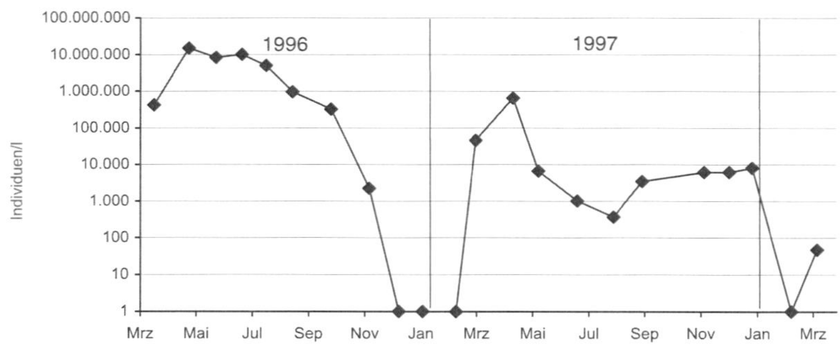


**Abb. 47: Entwicklung der Blaualgen-Abundanzen von Frühjahr 1996 bis Frühjahr 1998**
(volumengewichtetes Mittel der oberem 10 m)

Die Abb. 47 zeigt für den Willersinnweiher den Übergang von einem Blaualgen dominierten See zu einem Gewässer, in dem Cyanophyceae quasi keine Bedeutung mehr besitzen. Dieser Wandel vollzog sich in sehr drastischen Übergängen. Während das erste stark ausgeprägte Frühjahresmaximum 1996 ausschließlich durch diese Klasse gebildet wird, dominieren Blaualgen zwar auch noch 1997, jedoch auf viel niedrigerem Niveau und in Begleitung anderer Taxa. Bis 1999 werden im Frühjahresmaximum keine Blaualgen mehr gefunden. Lediglich in Zeiten des Klarwasserstadiums können sie mit geringen Abundanzen eine untergeordnete Bedeutung in der Phytoplanktongesellschaft einnehmen.

Für den häufig beobachteten extrem raschen Wechsel von fädigen Blaualgen hin zu ursprünglicheren Sukzessionsmustern machen GÜDE et al. (1995) die Existenz von Phosphor-Schwellenwerten verantwortlich. Die Autoren registrieren nach der Verringerung des Phosphoreintrags in den Schleinsee, infolge von Extensivierungmaßnahmen im Einzugsgebiet, ein Ausbleiben von Blaualgenblüten und eine Rückkehr der Algensukzession auf Verhältnisse, die lange vor der starken Eutrophierung herrschten. Empirisch nachgewiesen wurde ein Schwellenwert z.B. von MUR (1993). Demnach ist eine Dauerblüte der Blaualge *Limnothrix redekei*, die auch im Willersinnweiher nachgewiesen wurde, nur bei TP-Konzentrationen von größer 100 µg/l möglich. CHORUS (1995) registriert in drei Berliner Seen einen Rückgang der Blaualgenmaxima bei Unterschreitung der TP-Konzentration von 80 µg/l. Der deutliche Rückgang der Jahresmittelwerte der Algenbiomasse und die Unterbindung der einseitigen Blaualgendominanz zugunsten anderer Algengruppen wurde dagegen erst bei Unterschreitung eines Schwellenwertes im Bereich von 40-60 µg/l Gesamtphosphor erzielt. Der Übergang von Blaualgen-dominierten Biozönosen hin zu vielfältigeren Sukzessionen und die dafür erforderliche Unterschreitung eines Phosphorschwellenwertes ist demnach maßgeblich von der Durchmischungstiefe im See abhängig. Es ist also nicht nur die Phosphorlimitierung zu beachten sondern auch eine Lichtlimitation. Sie tritt bei tiefer werdender Durchmischung schon bei immer geringer werdender Planktonbiomasse ein (CHORUS 1995). REYNOLDS (1992) erweitert deshalb die Diskussion um Phosphor-Schwellenwerte durch den Vorschlag, nicht nur die TP-Konzentration zu beachten, sondern auch Schwellenwerte der Lichtlimitierung. Eine Lichtlimitierung kann in Seen trotz hoher Phosphorkonzentration einen weiteren Biomasseanstieg verhindern. Die Auswertung verschiedener Fallstudien in SAS (1989) brachte ebenfalls differierende Schwellenwerte der Phosphorkonzentration. Bei flachen Seen existiert einen Schwellenbereich von 100 bis 50 µg/l P (epilimnische Mittelwerte), bei dem Blaualgendominanzen verschwinden. In tiefen Seen mit Dominanzen von Oscillatoria beginnt der Rückgang bei 20 bis 10 µg/l. Grund für diese sehr verschiedenen Konzentrationen ist der höhere Lichteintrag in flachen Seen, welcher erst bei extrem hoher Algenbiomasse zu einer gegenseitigen Lichtlimitierung führt.

Im Willersinnweiher kann zur Zeit der Frühjahreszirkulation ein Rückgang der TP-Konzentration von 100 µg/l (1996) auf 75 µg/l (1997) und 40 µg/l (1998) registriert werden. Bereits während des zweiten Frühjahres sind Blaualgenmassenentwicklungen nicht mehr festzustellen. In den beiden darauf folgenden Maxima spielen Blaualgen keine Rolle mehr. Auch am Willersinnweiher scheint mit den ergriffenen Maßnahmen ein Nährstoffschwellenwert unterschritten worden zu sein, der die völlige Umstrukturierung der Planktonzönose zur Folge hat. Welche Faktoren im einzelnen für das schnelle Verschwinden von Blaualgen im Rahmen der Reoligotrophierung verantwortlich gemacht werden können, soll im Folgenden diskutiert werden.

Die Autökologie der Gattungen *Limnothrix/ Planktothrix* ist sicherlich nicht in allen einflussnehmenden Faktoren geklärt, dennoch gibt es Kenntnisse, die als Erklärungsansätze für den schnellen Wandel im Sukzessionsmuster des Phytoplanktons im Willersinnweiher dienen können.

Da sich Cyanophyceen ausschließlich vegetativ fortpflanzen, sind sie unter günstigen Bedingungen, die im Frühjahr 1996 und in den vorangegangenen Jahren im Willersinnweiher offensichtlich herrschten, in kürzester Zeit zu Massenentwicklungen befähigt. Zudem besitzen einige Cyanophyceae die Fähigkeit atmosphärischen Stickstoff umzusetzen und sind so bei Stickstoffmangel gegenüber anderen Taxa im Vorteil. Die bis 1996 im Willersinnweiher dominierenden Gattungen der fädigen Cyanophyceae *Limnothrix/ Planktothrix* (*Oscillatoria*) besitzen diese Fähigkeit der Stickstofffixierung nicht. Dennoch haben sie bei niedrigen Stickstoff/ Phosphor-Verhältnissen, wie sie 1996 im Willersinnweiher herrschten (vgl. Abb. 35, S. 81), aufgrund ihrer hohen Stickstoffaffinität gegenüber anderen Gruppen Selektionsvorteile (RHEE & GOTHAM 1980). Unter weniger günstigen Bedingungen sorgen die relativ geringen Wachstumsraten der Blaualgen für eine Verdrängung durch andere Gruppen, die dann ein schnelleres Wachstum zeigen, z.B. Chlorophyceae oder kleine Flagellaten (SAS 1989). Cyanophyceae entwickeln optimale Wachstumsraten bei pH-Werten um 9 (REYNOLDS & WALSBY 1975). Durch hohe Phytosyntheseraten wurden im Willersinnweiher im Untersuchungszeitraum 1996 und kurzzeitig auch im Frühjahr 1997 solche pH-Werte erreicht. Bei guten Startbedingungen (hoher Nährstoffgehalt etc.) können sich Blaualgen durch positive Rückkoppelungen (starke Photosyntheseaktivität erhöht den pH-Wert im Epilimnion) selbst optimale Voraussetzungen für Massenentwicklungen herbeiführen und ein starkes Aufkommen anderer Algen unterdrücken.

Blaualgen nutzen unter Schwachlichtbedingungen das Licht sehr effektiv. Insbesondere die rot pigmentierten Arten der Gattungen *Limnothrix/ Planktothrix* sind durch ein zusätzliches Photosynthesepigment befähigt, einen größeren Wellenlängenbereich zu absorbieren als andere Arten (MUR et al. 1977, LAMPERT & SOMMER 1999). Somit können sie schon früh im Jahr große Bestände ausbilden, wobei eine Wachstumshemmung durch Selbstbeschattung erst spät eintritt. Aufgrund der ungünstigen Lichtbedingungen haben andere Arten dann nicht die Möglichkeit, große Wachstumsraten zu zeigen. Dies wird noch unterstützt durch die schlechte Ingestierbarkeit der Blaualgen für das Zooplankton, welches somit nur die anderen Phytoplanktongruppen dezimiert, während sich die Blaualgen quasi ungestört weiter entwickeln.

Ob die Lichtintensität im See als limitierender Faktor betrachtet werden muss, kann während der Stagnationsphasen annähernd über das Verhältnis der Sichttiefe zur Mischungstiefe errechnet werden. Für die meisten Phytoplankter liegt eine Lichtlimitierung bei einem Quotienten unter 0,25 vor. Schwachlichtarten (z.B. *Planktothrix rubescens*) werden hingegen erst bei Verhältnissen von kleiner 0,15 limitiert (SAS 1989). Die Abb. 48 zeigt die Entwicklung des Quotienten am Willersinnweiher zu allen Beprobungsterminen in den Stagnationsphasen.

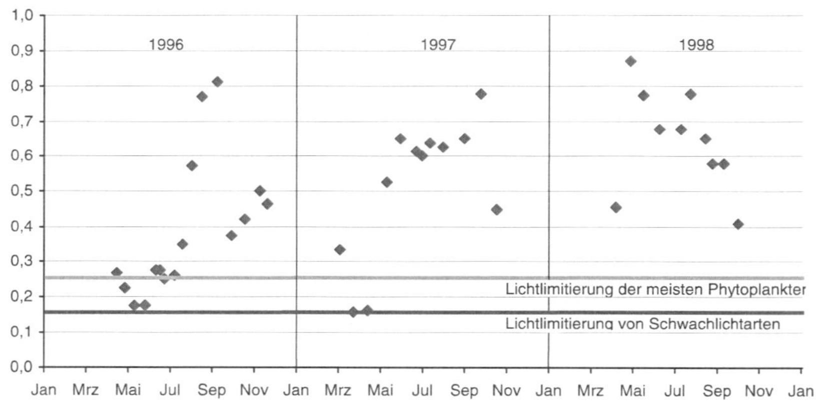


**Abb. 48: Entwicklung des Verhältnisses der Sichttiefe zur Mischungstiefe ($Z_{SD}/Z_m$)**

Die Abbildung zeigt klar, dass im Willersinnweiher im Jahr 1996 niedrige $Z_{SD}/Z_m$-Verhältnisse um 0,25 und darunter herrschen. Diese ungünstigen Lichtverhältnisse begünstigen die an Schwachlichtbedingungen angepassten fädigen Blaualgen. Andere Gruppen können sich aufgrund der Konkurrenz bei diesen Lichtverhältnissen kaum entfalten. Erst im Verlauf der Saison verbessern sich die Lichtbedingungen und somit kommt es zu veränderten Konkurrenzverhältnissen.

Ähnlich ungünstige Lichtbedingungen wie im Jahr 1996 herrschten wahrscheinlich auch in den Jahren zuvor, so dass der See von *Oscillatoria rubescens* dominiert wurde (LfW 1996). Mit den eingeleiteten Reoligotrophierungsmaßnahmen sank das Nährstoffniveau im See (durch verminderten Phosphoreintrag, Phosphorfestlegung in Makrophyten und Sediment), was wahrscheinlich unter dem Einfluss des gestärkten Zooplanktons eine verringerte Primärproduktion und damit eine geringere Selbstbeschattung zur Folge hatte. Das Verhältnis $Z_{SD}/Z_m$ erreicht nach dem Frühjahr 1996 fast ständig Werte über 0,25. Damit wird keine Algenart durch den Faktor Licht limitiert. Mit dieser Verbesserung kann eine veränderte Algensukzession stattfinden und fädige Blaualgen werden bedeutungslos. Lediglich im April 1997 werden zu zwei Beprobungsterminen ungünstige Lichtverhältnisse (um 0,15) registriert.

Diese korrelieren sehr gut mit einem letzen größeren Anteil fädiger Cyanophyceen in der Phytoplanktongesellschaft des Willersinnweihers. Nach der Verbesserung des Lichtklimas sind Blaualgen aufgrund ihrer niedrigen Wachstumsraten gegenüber anderen Arten benachteiligt (SAS 1989).

Ein weiterer wichtiger Faktor für Massenentwicklungen der Gattungen *Limnothrix/ Planktothrix* scheint, nach den Erfahrungen vieler Untersuchungen, die in SAS (1989) zusammengefasst sind, die hohe thermische Stabilität des Epilimnions zu sein. Unter solchen Umständen sind diese zu Vertikalwanderungen, bzw. zur Einschichtung ins Metalimnion befähigt (SAS 1989, LAMPERT & SOMMER 1999). Beides erhöht die Verfügbarkeit von Nährstoffen und ermöglicht hohe Wachstumsraten. Wie bereits in Kap. 5.3.1 (S. 48) ausgeführt, neigt der Willersinnweiher zu unvollständigen Zirkulationen und ist im Sommer, mit Temperaturgradienten von bis zu 7 °C/m, extrem stabil geschichtet. Im Untersuchungszeitraum konnte sich insbesondere 1996 nach lang anhaltender Eisbedeckung sehr schnell eine Schichtung aufbauen; auch eine vollständige Frühjahreszirkulation fand in diesem Jahr nicht statt. Bereits im April war die Grenze zwischen Epilimnion und Hypolimnion extrem scharf ausgebildet, d.h. es lag eine große Stabilität vor, und *Limnothrix/ Planktothrix* konnte durch Abtauchen den Phosphor der tieferen Wasserschichten nutzen. Eine geschützte Lage und daraus resultierende unvollständige Zirkulationen werden am Schliersee als Ursachen für die Dominanz fädiger Blaualgen angeführt (SCHARF et al. 1992). Möglicherweise ist an diesem Phänomen auch die in Laborversuchen (SHAPIRO et al. 1982) nachgewiesene Wirkung Blaualgenpathogener Viren beteiligt. In diesen Versuchen zeigt sich, dass bei einer schnellen Durchmischung der Wassermassen durch den erniedrigten pH-Wert eine Infizierung der Blaualgen leichter möglich ist; der Rückgang der Blaualgenbiomasse ist die Folge.

Die in den letzten Jahren verstärkt im Willersinnweiher vertretenen Diatomeen unterstützen aufgrund ihres stabilen Kieselschalenaufbaus mit einer großen Dichte zusätzlich den weiteren Reoligotrophierungsprozess im See. Im Gegensatz zu Blau- oder Grünalgen, die bereits im Hypolimnion weitgehend mineralisiert werden und nur zu 4 % der ursprünglichen Population das Sediment erreichen, sind es bei den Diatomeen zwischen 28 bis 100 %, die bis in das Sediment gelangen (REYNOLDS & WISEMAN 1982). Der bereits im Hypolimnion remineralisierte Phosphor wird bei der folgenden Zirkulation sofort wieder in den biotischen Kreislauf eingebracht und dient dem Aufbau von neuer Biomasse. Dagegen wird der in den Diatomeen enthalte Phosphor, welcher die Sedimente erreicht, zumindest teilweise im Sediment festgelegt.

Zusammenfassend können für die rasche Veränderung des Sukzessionsmusters am Willersinnweiher wahrscheinlich folgende allgemeinen Zusammenhänge verantwortlich gemacht werden:

- zu hocheutrophen Phasen war am Willersinnweiher die Nährstoffversorgung über lange Zeit im Jahr sehr gut;
- auch andere Faktoren wie Zirkulations- und Schichtungsverhalten, pH-Wert des Wassers usw. begünstigten die fädigen Blaualgen, die optimale Konkurrenzbedingungen hatten und andere Arten verdrängen konnten;
- mit der Reoligotrophierung und den damit einhergehenden zeitlich und räumlich wechselnden Nährstoffbedingungen wird eine vielfältige Sukzession begünstigt.

Im Detail sind bei dieser Entwicklung wahrscheinlich folgende Faktorenkomplexe von hervorgehobener Bedeutung:
- Verringerung der Nährstoffkonzentrationen;
- Veränderung der Nährstoffverhältnisse (vor allem das Verhältnis Stickstoff zu Phosphor);
- Veränderung des Lichtklimas durch sinkende Primärproduktion, als Folge der gesunkenen TP-Gehalte;
- verstärkte kontrollierende Wirkung des Zooplanktons.

Wie stark der Einfluss zufälliger Ereignisse, wie der Witterungsbedingungen, bei dieser Veränderung ist, kann nicht abschließend geklärt werden. Die insbesondere 1998 lang anhaltende Frühjahreszirkulation des Seewassers schaffte durch die Sauerstoffsättigung tiefer Wasserschichten und die damit mögliche Speicherung von Phosphor im Sediment sicherlich gute Voraussetzungen für die Veränderung der Biozönose. Es kann allerdings als gesichert angesehen werden, dass nur durch die Verringerung des Nährstoffeintrages und das Aufkommen der Makrophytenflora ein solches Wirken der äußeren Bedingungen ermöglicht wurde, da das Problem der geringen Sichttiefen über viele Jahre mit verschiedenartigem Witterungsverlauf registriert wurde.

Insgesamt sprechen 1999 mehr Befunde der Phytoplanktonuntersuchungen für nährstoffarme als für nährstoffreiche Bedingungen im Willersinnweiher. Zu diesen Befunden zählen u.a.:
- relativ hohe Artenzahlen und
- ein hoher Anteil großer, sperriger Arten während der Sommerstagnation, die gut an Nährstoffmangel angepasst sind;
- geringe Bedeutung von Blaualgen;
- die Artenaufteilung in der Gruppe der centrischen Diatomeen (überwiegen von *Cyclotella*-Arten, nur wenig *Stephanodiscus*);
- die Verteilung und Anzahl der Chlorococcales (geringe Bedeutung dieses Eutrophierungszeigers, Maximum der Grünalgen im Herbst);
- gestiegene Biomasse der oligostenotrophen Art *Dinobryon divergens.*

Andere Ergebnisse geben aber auch Hinweise auf die ehemals hocheutrophen Bedingungen:
- Vorkommen einer relativ großen Anzahl verschiedener Blaualgenarten (17 Arten), wenn auch in sehr geringer Biomasse.

Ein Vergleich der Algensukzession des Willersinnweihers mit der in einem anderen als mesotroph eingeschätzten Baggersee im Oberrheingraben, dem Heidesee bei Forst (KNOPF & ULRICH 1995), zeigt ähnliche Verhältnisse. Auch die Gesamtbiomasse des Phytoplanktons erreicht vergleichbare Werte.

Die eingeleiteten Maßnahmen führten am Willersinnweiher also nicht nur zur Senkung der Pflanzennährstoffe und einer Entspannung bei weiteren geochemischen Parametern, wie Sauerstoffgehalt oder Schwefelwasserstoffkonzentration; auch das Phytoplankton zeigt drei Jahre nach Beginn der Sanierung und Restaurierung den deutlichen Übergang von hocheutrophen zu mesotrophen Bedingungen. Eine starke Abnahme der Frühjahresmaxima des Phytoplanktons und eine günstigere Zusammensetzung der Algenzönose können eindeutig belegt werden. Die gegenwärtige Algenzusammensetzung muss als Durchgangsstadium angesehen werden, welches im Zusammenhang mit der zukünftigen Entwicklung der physikalisch-geochemischen Parameter und des gesamten Ökosystems einer weiteren Dynamik unterworfen sein wird.

### *6.3.3 Zusammenfassung: Phytoplankton*

*Das Phytoplankton im Willersinnweiher hat sich seit 1996 vor allem bezüglich der Primärproduktion, die sehr stark zurückgegangen ist und in der Artenzusammensetzung verändert. Während zu Beginn des Projektes fädige Blaualgen das Bild bis in den Sommer hinein fast ausschließlich prägen, kann in den folgenden Jahren eine vielfältigere Algensukzession ermittelt werden. Diese umfasst insbesondere Diatomeen, Chlorophyceen und Cryptophyceen. Da diese Gruppen in der Regel besser ingestierbar sind als Blaualgen, impliziert der Wandel eine bessere Kontrolle des Phytoplanktons durch das Zooplankton, verbunden mit höheren Sichttiefen und einer verstärkten Phosphorbindung im Sediment. Das neue Sukzessionsmuster im Willersinnweiher spricht für eine Übergangssituation von hocheutrophen zu mesotrophen Bedingungen.*

*Ursächlich verantwortlich für diesen Wandel ist die Verringerung der Nährstoffkonzentration (vor allem Phosphor) als Folge der Sanierungsmaßnahmen, die dadurch bedingte Veränderung der Nährstoffverhältnisse (insbesondere das Verhältnis Stickstoff zu Phosphor) sowie die damit im Zusammenhang stehende Verbesserung des Lichtklimas. Diese ermöglichte das Aufkommen von Makrophyten und trug zur weiteren Bindung von Phosphor bei. Des weiteren kann aufgrund der veränderten Algenzusammensetzung das Zooplankton verstärkt kontrollierend auf die Primärproduktion einwirken. Da diese Veränderungen sehr jung sind und limnische Systeme von Jahr zu Jahr großen Schwankungen unterworfen sein können, muss damit gerechnet werden, dass auch zukünftig Anpassungsprozesse im Phytoplankton des Willersinnweihers vonstatten gehen werden.*

## 6.4 Zooplankton

Das Zooplankton ist wichtigster Primärkonsument des Phytoplanktons im See und somit für die Kontrolle der Primärproduktion von besonderer Bedeutung.

### 6.4.1 Stellung des Zooplanktons im trophischen System

Die Durchlässigkeit der Nahrungskette vom Phytoplankton über das Zooplankton bis zu den Fischen ist eine wichtige Voraussetzung für die ausgewogene Verteilung der Biomasse auf alle Trophieebenen und folglich für den Phosphorhaushalt eines Sees. Wichtige Bedingung dafür ist ein hoher Anteil verwertbaren Phytoplanktons an der Gesamtbiomasse des Phytoplanktons. Dieses bindet gelösten Phosphor und ermöglicht den Übergang in die nächst höhere Trophieebene. Des weiteren verhindert eine hohe Dichte herbivoren Zooplanktons das Absinken abgestorbener Algen und damit die übermäßige Bildung von nährstoffreichen organischen Sedimenten (SHAPIRO et al. 1975, BENNDORF 1988). Darüber hinaus bindet das Zooplankton Phosphor, welches so dem Phytoplankton nicht mehr zur Verfügung steht. Wird das Zooplankton durch Fische aufgenommen, wird der Phosphor für einen längeren Zeitraum dem Wasser entzogen, da er durch Exkretionen und nach dem Absterben der Tiere nur teilweise wieder in das Gewässer zurück gelangt (SARVALA et al. 1998).

Die Verteilung der Biomasse auf die unterschiedlichen Trophiestufen im Ökosystem wird durch die Kombination von „bottom-up-Effekten", die von der Basis der Nahrungskette auf die folgenden Trophiestufen wirken und „top-down-Effekten" gesteuert. Diese wirken entgegengesetzt, von übergeordneten Trophiestufen kaskadenartig auf untergeordnete (CARPENTER et al. 1985). Im aquatischen System muss bei der Evaluation der bottom-up-Effekte neben der Höhe der Primärproduktion, die sich mittelbar aus dem Nährstoffniveau ableiten lässt, auch die Ingestierbarkeit der Algen für das Zooplankton berücksichtigt werden (GLIWICZ 1985). Das Zooplankton wird top-down durch planktivore Fischlarven und Fische, invertebrate Räuber sowie durch carnivores Zooplankton gesteuert. Da beide Effekte im Ökosystem oftmals nicht im Gleichgewicht stehen, sind vor allem in eutrophen Gewässern Missverhältnisse zwischen den Trophiestufen häufige Folge, was den Phosphorhaushalt im See negativ beeinflusst (SHAPIRO et al. 1975, BENNDORF 1995).

Das tierische Plankton besitzt eine zentrale Stellung im Nährstoffflux eines Sees. Einerseits wirkt das Zooplankton kontrollierend auf das Phytoplankton; im Gegenzug wird es aber selbst auch durch die Menge und die Zusammensetzung des Phytoplanktons beeinflusst. Darüber hinaus wird es top-down durch Fische und invertebrate Räuber kontrolliert. Mit den Sanierungs- und Restaurierungsmaßnahmen am Willersinnweiher sanken die Phosphorgehalte und die Phytoplanktonstruktur zeigte gravierende Umgestaltungen. Die im vorangegangenen Kapitel dargestellten Veränderungen im Phytoplankton des Willersinnweihers zeigen einerseits einen sehr starken Rückgang der maximalen Biomasse von 1996 bis 1999; auf der anderen Seite hat sich aber auch dessen Zusammensetzung grundlegend verändert. Waren es bis 1996 kaum ingestierbare fädige Blaualgen, so dominieren nun sehr verschiedenen Gruppen das Phytoplankton, die größtenteils vom Zooplankton gut ingestiert werden können. Dies zieht eine gravierende Modifikation der bottom-up-Effekte auf das Zooplankton nach sich. Es ist folglich davon auszugehen, dass das Zooplankton durch diese Veränderungen positiv beeinflusst wird, im Gegenzug aber auch selbst einen gewissen Einfluss auf die Veränderung des Phytoplanktons hatte.

Ferner muss auch der veränderte Fischbestand im Willersinnweiher berücksichtigt werden. Eine Maßnahme im Reoligotrophierungsprozess war die angepasste fischereiliche Bewirtschaftung, mit dem Ziel der Vergrößerung des Raubfischbestandes und der Dezimierung der planktivoren Fische im See. Dadurch sollten der Prädationsdruck der Friedfische auf große Zooplankter geringer und das Phytoplankton effektiver kontrolliert werden (vgl. nachfolgendes Kapitel 6.5, S. 139).

Inwieweit es im Untersuchungszeitraum zu einer Veränderung auf der Ebene der Primärkonsumenten (Zooplankton) kam, wird im Folgenden dargestellt. Auch einige Indikatorarten des Zooplanktons können zur Trophiebewertung eines Sees herangezogen werden (HABERMAN 1995, MAIER 1996a). Ferner gilt es zu diskutieren, welche Steuerungsprozesse das Zooplankton im Willersinnweiher dominieren (bottom-up- oder top-down-Effekte) und wie umfassend diese Mechanismen durch die Reoligotrophierungsmaßnahmen verändert wurden. Ein Problem bei dieser Evaluation ist die oft zeitgleiche Wirkung von bottom-up- und top-down-Effekten sowie eine sehr ähnliche Reaktion der Organismen auf Nährstoffmangel und verstärkten Prädationsdruck (BROOKS & DODSON 1965, ROMANOVSKY & FENIOVA 1985, VANNI 1986). Ferner wird diskutiert, ob sich das trophische System im Willersinnweiher heute in einem ausgewogenen Zustand befindet, oder ob noch Handlungsbedarf besteht, um das Nahrungsnetz natürlicher zu gestalten.

Die Untersuchungen des Zooplanktons wurden während der gesamten drei Jahre begleitend durchgeführt und durch THIELICKE (1999) im Jahr 1998 intensiviert.

### 6.4.2 Die wichtigsten Zooplanktongruppen in Seen

Überragende Bedeutung bei der Zusammensetzung des limnischen Zooplanktons besitzen Phyllopoden und Copepoden aus dem Größenspektrum des Mesozooplanktons sowie die Rotatorien (Mikrozooplankton).

Die Klasse der **Rotatoria** (Rädertierchen, aus dem Stamm der Nemathelminthes = Hohlwürmer) stellt in der Regel numerisch den weitaus größten Anteil des Zooplanktons in einem See. Aufgrund ihrer geringen Körpergröße und auch wegen ihres Nahrungsspektrums (Nanoplankton, Bakterien etc. nur wenig Phytoplankton) sind sie jedoch häufig vernachlässigbar; sie dienen aber als eine wichtige Nahrungsquelle für adulte Copepoden. Die Rotatorien-Gattung *Brachionus* ist ein wichtiger Indikator eutropher Bedingungen. Insbesondere in eutrophen Seen mit hohem Fraßdruck auf größere Planktonformen gewinnen Rotatorien an Bedeutung. Im Willersinnweiher betrug ihr Anteil an der Biomasse des Zooplanktons 1998 im Mittel unter 4 %, wobei nach den Individuenzahlen *Keratella cochlearis* (52 %), *K. quadrata* (21 %) und *Polyarthra vulgaris* sowie *P. dolichoptera* (zusammen 24 %) dominieren (THIELICKE 1999). Die räuberische Art *Asplanchna priodonta* hat aufgrund ihrer außerordentlichen Größe von bis zu einem Millimeter zwar einen großen Anteil am Gesamtbiovolumen der Rotatorien, ihre Individuenzahlen sind jedoch sehr gering.

Die bedeutendste Klasse des Zooplanktons in Seen sind die **Crustaceae** (Krebse, gehören zum Stamm der Arthropoda = Gliederfüßler), insbesondere die Unterklassen der **Phyllopoda** (Blattfußkrebse), hierbei vor allem die Cladoceren und die Copepoda (Ruderfußkrebse). Cladoceren und Copepoda sind zentrale Organismen im Ökosystem, da sie einerseits als Fischnährtiere von großer Bedeutung sind, andererseits das Phytoplankton im See wirksam reduzieren können (SOMMER 1994). **Cladoceren** sind unter günstigen Bedingungen durch Parthenogenese zu einer sehr schnellen Vermehrung fähig. Es schlüpfen kleinere Jungtiere, die den ausgewachsenen sehr ähnlich sind. Viele der Cladoceren sind effektive Filtrierer (z.B. die Gattung *Daphnia*, die häufig das limnische Zooplankton dominiert) und haben damit eine besondere Bedeutung für das Grazing und die Kontrolle des Phytoplanktons. Cladoceren sind vorwiegend herbivor und folglich stark vom Algengehalt eines Gewässers abhängig (LAMPERT 1977). Die häufigsten Arten im Willersinnweiher sind: *Daphnia hyalina*, in geringerer Zahl auch *D. galeata* sowie *Bosmina longirostris* und *Diaphanosoma brachyurum*. Das Artenspektrum deckt sich mit dem am oberrheinischen Heidesee bei Forst (KNOPF & ULRICH 1995). Die **Copepoden** haben im Vergleich zu den Cladoceren einen langsamen Entwicklungszyklus mit nur einer bis wenigen Generationen pro Saison. Aus ihren Eiern schlüpfen zunächst Naupliuslarven, die sich durch mehreren Häutungen in Copepodide verwandeln und dabei immer stärker das Aussehen der adulten Tiere annehmen. Im Laufe dieser Entwicklung verändert sich ihr Nahrungsspektrum: während Nauplien und Copepodide überwiegend herbivor leben, sind adulte Copepoden zumeist omnivor oder rein carnivor. Die Adulten haben folglich einen geringen Anteil an der Kontrolle des Phytoplanktons. Im Gegensatz zu den meisten Cladoceren filtrieren Copepoden ihre Nahrung nicht, sondern ergreifen sie selektiv. Es gibt sowohl herbivore (z.B. *Eudiaptomus*) als auch carnivore (z.B. *Cyclops*) Arten, die sich allerdings vor allem durch das Größenspektrum ihrer Nahrung unterscheiden (SOMMER 1994). Zu differenzieren sind calanoide und cyclopoide Copepoden. Im Willersinnweiher sind die Arten *Cyclops vicinus* und in geringerer Häufigkeit *Cyclops kolensis*, sowie *Thermocyclops crassus* und *Diacyclops bicuspidatus* dominierend. Auf der Ebene der Gattungen stimmen die festgestellten Dominanzen mit denen anderer Studien in vergleichbaren Seen überein (KNOPF & ULRICH 1995), das Arteninventar ist jedoch nicht identisch (THIELICKE 1999).

### 6.4.3 Veränderungen des Zooplanktons im Untersuchungszeitraum

Die Zusammensetzung des Zooplanktons wird wesentlich durch die Trophie und den Fischbestand eines Gewässers gesteuert. Allgemein gilt für das Zooplankton - sowohl für die Crustaceen als auch für die Rotatorien - dass mit steigender Trophie und wachsendem Fraßdruck durch Fische kleinere Arten profitieren. Als Erklärungsansatz für dieses Phänomen kann die „Size-Efficiency-Hypothese" (SEH) von BROOKS & DODSON (1965) und deren Erweiterung durch DODSON (1974) sowie HALL et al. (1976) dienen. In eutrophierten Seen verschwindet aufgrund des erhöhten Fischfraßdruckes zumeist das große Zooplankton zugunsten des kleinen. In Seen mit ausreichender Primärproduktion und mäßigem Prädationsdruck dominieren dagegen große Arten, da diese effektiver um die Nahrungsressourcen konkurrieren und hier weniger planktivore Fische jagen. Daneben wird das kleine Zooplankton durch invertebrate Räuber (Copepoden, Mückenlarven etc.) dezimiert. In eutrophen Seen werden diese Räuber wiederum durch die meist großen Fischbestände vermindert. Der Druck auf das kleine Zooplankton wird dementsprechend verringert.

Neben diesen allgemeinen Tendenzen ergibt sich eine saisonale Sukzession des Zooplanktons, die maßgeblich durch die Kombination aus abiotischen Faktoren, Nahrungsangebot, Konkurrenz und Raubdruck (planktivore Fische, carnivores Zooplankton) gesteuert wird (DeMOTT 1989).

Die saisonale Sukzession verläuft dabei häufig nach folgendem Muster: In der Folge des Phytoplankton-Frühjahresmaximums entwickeln sich zunächst kleine Zooplanktongruppen, wie die Rotatorien, erst etwas später folgen dann die größeren Crustaceen mit einem Maximum. Diese Gruppe verfügt im Verhältnis zu ihrer Größe über geringere Futteransprüche, was sie nach dem Frühjahresmaximum konkurrenzstärker macht (GLIWICZ 1990a). Das große Zooplankton kann jedoch durch planktivore Fische effektiver erbeutet werden, wodurch es insbesondere in den Sommermonaten durch Fischlarven stark reduziert wird. Das daraus resultierende verminderte Grazing des Zooplanktons führt, verbunden mit der sukzessiven Absenkung der Sprungschicht, zum Herbstmaximum des Phytoplanktons. Dadurch verbessert sich die Ernährungssituation des Zooplanktons und ein zweites Biomassemaximum ist die Folge.

Ein generelles Problem bei der Korrelation von Phyto- und Zooplankton-Gehalten ist, dass auch das herbivore Zooplankton nicht nur Algen als Nahrungsquelle besitzt. Aus diesem Grund wird in den letzten Dekaden den heterotrophen Mikroorganismen, der sog. „Microbial Loop" im See, eine verstärkte Aufmerksamkeit gewidmet (AZAM et al. 1983, ANDERSEN 1997). Demnach nutzen heterotrophe Einzeller die Ausscheidungen von Organismen als Nährmedium. Diese werden vom Zooplankton häufig gemeinsam mit dem Phytoplankton ingestiert. Nach Studien an verschiedenen Seen kann die mikrobielle Produktion teilweise die Größenordnung des Phytoplanktons erreichen (PACE 1986, MAURIN et al. 1997, ROTHAUPT & GÜDE 1992, SCHWOERBEL 1999) und somit einen entscheidenden Einfluss auf die verfügbare Nahrungsmenge haben. Folglich kann bei alleiniger Betrachtung des Phytoplanktons als Nahrungsquelle für das Zooplankton eine Unterschätzung der Nahrungsressourcen die Folge sein.

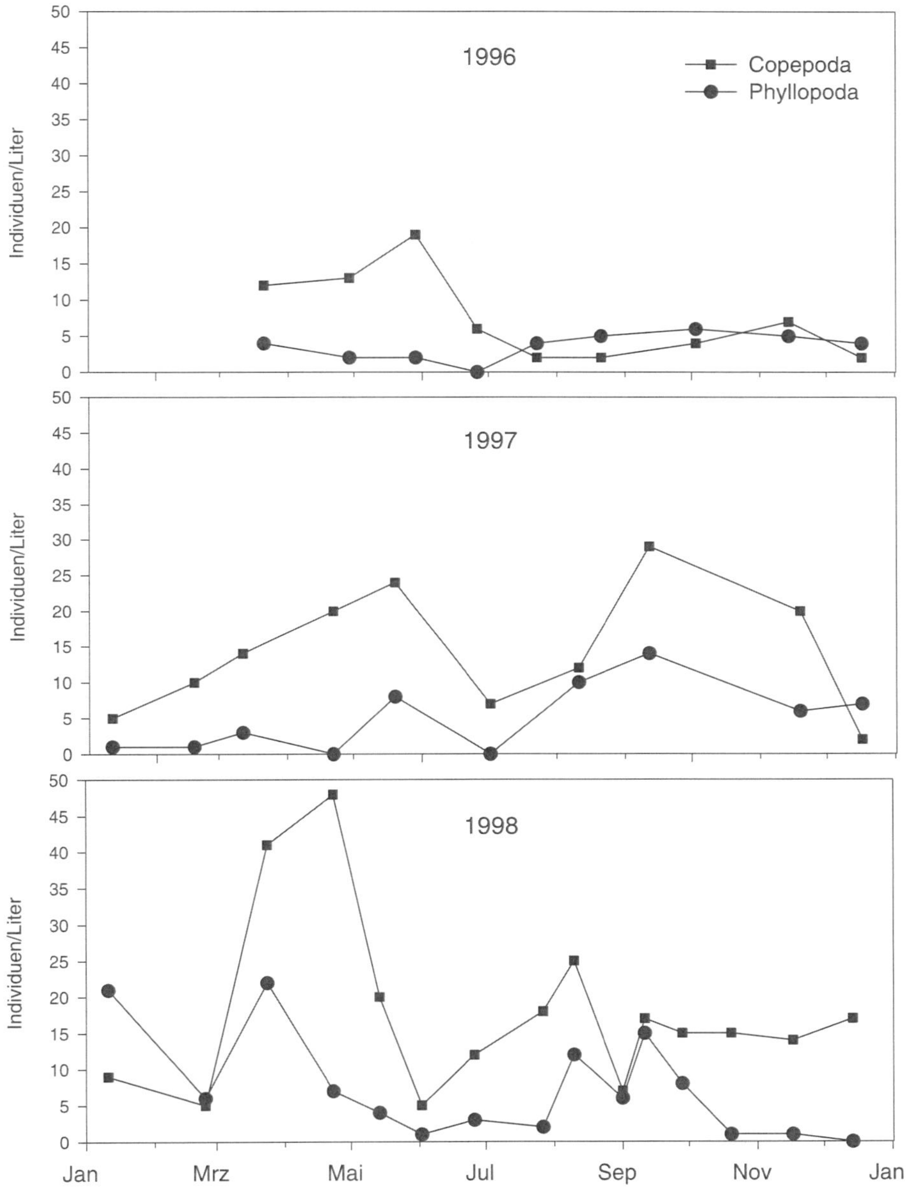


**Abb. 49: Verlauf des Crustaceen-Planktons im Untersuchungszeitraum** (obere 10 m)

Insgesamt können im Willersinnweiher deutlich gestiegene Zooplanktongehalte im Pelagial registriert werden. In allen Untersuchungsjahren existieren folgende regelmäßig ablaufenden saisonale Entwicklungen. Jeweils im Frühjahr und im Spätjahr erfolgt ein Anstieg der Copepodenzahlen. Auch die Cladoceren zeigen, wenn auch mit gedämpfterer Dynamik, in den drei Frühjahren Anstiege der Individuenzahlen. Diese Gruppe hat ihr absolutes Maximum jedoch erst im Herbst. Ihre Individuenzahlen erreichen oder überschreiten in den drei Untersuchungsjahren nur zu wenigen Terminen die Zahlen der Copepoden.

Auf der Basis der Individuenzahlen werden in Abb. 49 die Veränderungen der Großgruppen im Zooplankton des Willersinnweihers im Zeitraum von 1996 bis 1998 dokumentiert. Dabei zeigt sich zunächst, neben den saisonalen Schwankungen in den Populationsgrößen, ein deutlicher Anstieg der Individuenzahlen, sowohl bei den Copepoden als auch bei den Cladoceren. Auch eine deutliche Dominanz der Copepoden gegenüber den eigentlich sehr konkurrenzstarken Cladoceren lässt sich über den gesamten Untersuchungszeitraum feststellen. Rotatorien spielen bei Betrachtung der Biovolumina im Vergleich dazu nur eine sehr untergeordnete Rolle und sind deshalb in der Abbildung nicht berücksichtigt; sie werden im Anschluss gesondert betrachtet.

In jedem Frühjahr ermöglicht das Phytoplanktonmaximum ein leicht verstärktes Aufkommen der herbivoren Cladoceren. Im Jahr 1998 wird dieses Maximum vor allem von *Daphnia sp.* und dem Mikrofiltrierer *Bosmina longirostris* (nach BROOKS 1969 typisch für eutrophierte Seen) gebildet. Anschließend geht die Cladocerenbiomasse zurück und es verbleiben nur kleinere Arten im Pelagial (vor allem *Diaphanosoma brachyurum*), bis im Spätsommer die Cladocerenmasse auf ihr absolutes Maximum ansteigt. Für das Sommerminimum kommen die Faktoren Nahrungsmangel sowie verstärkter Prädationsdruck als Ursache in Frage. Aufgrund ihrer differierenden Ernährungsart (Beutegreifer im Gegensatz zu Filtrierer, omnivor - herbivor) vermögen die Copepoden größere Algenarten zu ingestieren, als die Cladoceren (DeMOTT 1989). Dieser Unterschied macht sie, durch die Dominanz großer Phytoplankter im Sommer, konkurrenzstärker als die Cladoceren. Bei der Betrachtung der Individuenzahlen zeigen sich im Willersinnweiher jedoch fast durchgängig geringere Cladoceren- als Copepodengehalte. Bei den Copepoden existieren in jedem Jahr zwei Maxima, zunächst eines im Frühjahr und ein zweites im Herbst, nachdem im Sommer auch bei dieser Gruppe ein Minimum zu verzeichnen ist. Der Populationsanstieg erfolgt etwa ab Juli, wobei von Jahr zu Jahr gewisse Schwankungen auftreten. Im Jahr 1996 beginnt der Anstieg der Individuenzahlen erst im September, dauert jedoch bis November an. Im Jahr 1998 kommt es nach kurzzeitig geringen Zahlen im Spätherbst zu einem erneuten Anstieg und mehr oder minder gleichbleibend relativ hohen Abundanzen. Ab Dezember kommt es sogar zu einem winterlichen Anstieg, der durch die großen *Cyclops sp.* gebildet wird. In Mitteleuropa gehören Arten dieser Gattung zu den häufigsten Individuen in Seen (MAIER 1989). Sie verschwinden, nachdem im Frühjahr Dauerstadien gebildet wurden, im Sommer aus dem Pelagial. Ihr Lebenszyklus ist damit dem starkem Raubdruck durch Fische (MAIER 1989) und/oder sommerlichem Nahrungsmangel (LAMPERT & SANTER 1995, MAIER 1996b) angepasst. Auch im Willersinnweiher verringern sich die Individuenzahlen von *Cyclops sp.* ab Mai 1998 und im Sommer ist die Art nur in sehr kleiner Zahl im Pelagial zu finden. Lediglich in eutrophen Seen mit ganzjährig großem Nahrungsangebot können sie eine Sommerpopulation bilden. Da für 1998 ein Rückgang der Gattung im Willersinnweiher bereits ab April beginnt, ist der Nahrungsmangel hier scheinbar ausschlaggebender Faktor. Zu dieser Zeit sind Fischlarven noch nicht ausgebildet und der Prädationsdruck folglich gering (BARTHELMES 1988, MEHNER et al. 1995). Das verstärkte Auftreten von *Cyclops sp.* ab November 1998 kann mit der Reaktivierung der Dauerstadien begründet werden, die während des Sommers im Sediment ruhen. Mit der Herbstzirkulation gelangt wieder Sauerstoff bis zum Grund, die Diapause wird beendet und die Art ist wieder im Pelagial zu finden (MAIER 1990). Im Sommer 1998 dominiert, wie auch bei den Cladoceren, eine kleine Art (*Thermocyclops crassus*) die Copepodengesellschaft.

Augenfälliges Merkmal der Zooplanktonzusammensetzung im Willersinnweiher war während der gesamten drei Untersuchungsjahre ein geringer Anteil von Cladoceren an der

Zooplanktonbiomasse. Wobei jahreszeitliche Schwankungsbreiten der Anteile zwischen ca. 20 % im Frühjahr und nur 4 % im Sommer festzumachen sind. In eutrophen Seen sind geringe Cladocerenanteile, vor allem im Sommer, ein häufig beobachtetes Muster (PATALAS 1954, GLIWICZ 1969, GELLER & MÜLLER 1981), welches mit dem selektiven Fraß planktivorer Fische in Verbindung gebracht wird (SHAPIRO et al. 1975, THRELKELD1985, BENNDORF 1995). Die Cladoceren bilden im Willersinnweiher die größten Zooplankter und werden somit von optisch jagenden, planktivoren Fischen häufiger erbeutet als kleinere Arten (O'BRIEN et al. 1976, WETTERER & BISHOP 1985). Kleine Cladoceren wiederum bilden eine gute Beute für omnivore Copepoden (KERFOOT 1987). Aber auch in eutrophen Seen kann eine Nahrungslimitierung als Ursache des sommerlichen Cladocerenrückgangs nicht ausgeschlossen werden. Die Zusammensetzung des Phytoplanktons (große, sperrige Arten) ist im Sommer oft ungünstig für die filtrierenden Cladoceren. Eine selektive Nahrungslimitierung kann eine Folge davon sein, wobei große Cladocerenarten empfindlicher reagieren als kleine Arten (GLIWICZ 1977). Größere Cladoceren wie *Daphnia hyalina* und *D. galeata* werden im Willersinnweiher erst wieder im Spätsommer im Pelagial angetroffen, wenn sich die Ernährungssituation verbessert hat. Die omnivoren cyclopoiden Copepoden hingegen erschließen auch andere Nahrungsquellen als die rein herbivoren Cladoceren und sollten dem gemäß weniger stark limitiert werden, wobei auch diese Gruppe im Willersinnweiher im Sommer nur mit kleineren Arten und geringen Biomassen vertreten ist. Im Verhältnis werden jedoch auch hier die Cladoceren im Sommer stärker limitiert als die Copepoden.

Als weitere Auffälligkeit ist über den gesamten Untersuchungszeitraum die sehr geringe Größe des Zooplanktons im Willersinnweiher festzustellen. In vergleichbaren Seen des Oberrheingebietes, wie dem Heidesee bei Forst, stellen Zooplanktonformen, die größer als ein Millimeter sind, ca. 50 % des Zooplanktons. Über das gesamte Jahr kommen dort noch größere Individuen (1,5 mm) vor (KNOPF & ULRICH 1995). Obwohl im Heidesee und im Willersinnweiher die gleichen Gattungen vorkommen, wurden im Willersinnweiher während der drei Untersuchungsjahre Individuen dieser Größe nicht gefunden. Als Ursache für diese lokalen Unterschiede kommen sowohl Nahrungsmangel als auch hoher Fischraubdruck in Betracht. Wobei mit intensivem Fischraubdruck nur zu rechnen ist, wenn planktivore Fische oder Fischlarven dominieren.

Fische wirken durch ihren Prädationsdruck strukturierend auf das Zooplankton eines Sees (VANNI 1986, SARVALA et al. 1998). Der Fischbestand des Willersinnweihers wird gemäß dem 1996 durchgeführten fischereibiologischen Gutachten durch Barsche (*Perca fluviatilis*), Rotaugen (*Rutilus rutilus*) sowie Brachsen (*Abramis brama*) dominiert, die im Gegensatz zu 1992 eine gute Ernährungssituation aufweisen (vgl. Kapitel 6.5, S. 139). Von den genannten Arten ernähren sich nur die Rotaugen während ihres gesamten Lebens planktivor. Bei den anderen Arten ist die planktivore Ernährungsweise auf die Fischlarven und Jungfische beschränkt. Damit ergibt sich von Mai bis September eine Zeit besonders intensiven Fraßdruckes auf das Zooplankton (MEHNER et al. 1995). Da optisch jagende Fische ihre Beute nach der Größe selektieren, werden große Planktonformen (wie *Cyclops sp., Daphnia sp.*) von ihnen stärker reduziert als kleine. Durch die Ausbildung eines anaeroben Hypolimnions, etwa zur gleichen Zeit, wird die vertikale Wanderung des Zooplanktons stark begrenzt, was den Fraßdruck noch verstärkt.

Der geringe Cladocerenanteil sowie die sommerliche Dominanz kleiner Arten sowohl bei den Cladoceren als auch bei den Copepoden, insgesamt kleine Körpergrößen des Zooplanktons sowie Fraßspuren an den Copepoden, machen im Willersinnweiher einen starken Einfluss von Fischen, also das Wirken einer top-down-Kontrolle während des gesamten Untersuchungszeitraumes wahrscheinlich. Besonders deutlich wird deren Wirkung im Sommer, wie der starke Rückgang der Individuenzahlen andeutet, was mit der planktivoren Ernährungsweise der juvenilen Fischstadien in Einklang zu bringen ist. Im Herbst treten, mit dem entwicklungsbedingt geringer werdenden Fraßdruck durch die Fische, wieder größere Daphnien im See auf.

Allerdings wirkt quasi gleichzeitig auch ein Rückgang des Phytoplanktons limitierend auf das Zooplankton. Infolge der Schichtung und dem damit im Verlauf des Sommers sukzessive geringer werdenden Nährstoffgehalt im Epilimnion, ist auch in eutrophen Seen zeitweise eine nahrungsbedingte Limitierung des Zooplankton möglich. Selbst bei hohen Chlorophyll a-Konzentrationen kann die Dominanz nicht-ingestierbarer Algenarten (beispielsweise große Kieselalgen, Dinoflagellaten) einen Nahrungsmangel für das Zooplankton bewirken (DeMOTT 1989). Gerade in eutrophen Gewässern tritt dieses Problem häufig verstärkt auf. Ein großer Grazingdruck des Zooplanktons auf das Phytoplankton induziert im Sommer eine einseitige Förderung fraßresistenter Algen im See (GLIWICZ 1985). Wie in Kapitel 6.3 beschrieben, kann dieses Phänomen auch im Willersinnweiher beobachtet werden, so dass sich wahrscheinlich in jedem Sommer eine Nahrungsmangelsituation für das Zooplankton ergibt, so wie dies für das Jahr 1998 von THIELICKE (1999) nachgewiesen werden konnte. Dieser ermittelte für das gleiche Jahr zudem auch für den Zeitraum von Februar bis Juni einen Nahrungsmangel, was zu einem hohen Fraßdruck auf das Phytoplankton führt und dem gemäß hohe Sichttiefen für diesen Zeitraum zur Folge hat. Die sommerlichen Chlorophyll a-Konzentrationen übersteigen 1998 zwar den Bedarf des saisonal geringer gewordenen Zooplanktongehaltes, dennoch zeigte die Biomasse des herbivoren Zooplanktons aufgrund der Dominanz nicht-ingestierbarer Gruppen kein Wachstum. Ein abnehmender Zooplanktongehalt ist die Folge, zumal auch die verstärkte Prädation durch Fische einen Druck auf das Zooplankton ausübt. Erst im Spätsommer führt der mit der beginnenden Zirkulation gekoppelte Nährstoffanstieg in der trophogenen Zone zu einer veränderten Phytoplanktonzusammensetzung und folglich zu einer Verbesserung der Ernährungslage für das Zooplankton. Darauf folgt in jedem Jahr ein Anstieg der sehr direkt gekoppelten Cladocerenzahlen. Die Veränderung in der Algenstruktur von nicht-ingestierbaren Algen im Sommer zu ingestierbaren im Herbst stimmt mit den Modellvorstellungen des PEG-Modells (SOMMER et al. 1986) überein, was in der Konsequenz das Aufkommen großer filtrierender Arten begünstigt. Im Willersinnweiher ist dies vorwiegend *Daphnia hyalina*.

Eindeutig sind die Wirkungen von sommerlicher Nahrungslimitierung („Resource-Variance-Hypothese" von ROMANOVSKY & FENIOVA 1985) und dem zur gleichen Zeit verstärkten Prädationsdruck nicht zu trennen, da deren Effekte (Dominanz kleinerer Arten, Verschwinden bestimmter Arten, hoher Anteil von Nauplien) oft gleich sind. Um zu klären, welche Kontrollmechanismen dominieren, wäre eine vergleichende Untersuchung der Populationsentwicklung in einem fischlosen Gewässer erforderlich (RAMCHARAN et al. 1995). Das durchgehende Fehlen großer Zooplanktonformen im Willersinnweiher lässt einen Nahrungsmangel jedoch wahrscheinlicher erscheinen, da Fischlarven nur saisonal einen starken Raubdruck ausüben. Während der hocheutrophen Zeiten des Sees bis einschließlich 1996 wurde dieser Nahrungsmangel durch die fast ausschließliche Präsenz von fädigen Blaualgen induziert. Es bleibt jedoch festzuhalten, dass trotz der verringerten sommerlichen Zooplanktongehalte das Phytoplankton in allen Untersuchungsjahren einen starken Rückgang zeigte.

Als weiterer wichtiger Einflussfaktor muss neben Nahrungslimitierung und Fraßdruck planktivorer Fische auch die Konkurrenz innerhalb der Zooplanktongesellschaft beachtet werden. So wird in eutrophierten Seen häufig eine Zunahme des **Rotatorienplanktons** beobachtet

(PACE 1986, HABERMAN 1995). Im Willersinnweiher wurde im Jahr 1998 mit durchschnittlich 60 Rotatorien/l eine eher geringe Dichte erreicht. Die steuernde Größe für Massenbestände von Rotatorien ist insbesondere ein hoher Fischraubdruck auf die größeren Zooplankter (LYNCH 1979, FUSSMANN 1996). Der Fischraubdruck auf die Cladoceren war im Sommer 1998, wie zuvor beschrieben, wahrscheinlich ein wichtiger Faktor, dennoch konnten die Rotatorien davon nicht profitieren. Es ist daher anzunehmen, dass die mit hohen Anteilen vorkommenden omnivoren Copepoden als top-down-Kontrolle der Rotatorien im Willersinnweiher dienen. Vergleichbares wurde von RONNEBERGER et al. (1993) nach der Verringerung der planktivoren Fischbestände in Seen der Mecklenburger Seenplatte festgestellt.

Das Rotatorienplankton kann sich im Frühjahr sehr schnell entwickeln und damit auf das gestiegene Nahrungsangebot reagieren; 1998 lag das Maximum der Individuenzahlen im März. Es dominieren *Polyarthra sp.*, *Keratella cochlearis* und *K. quadrata*. Die beiden letztgenannten sind häufige Arten in eutrophen Seen (RUTTNER-KOLISKO 1972, HABERMAN 1995) und im Willersinnweiher ganzjährig, wenn auch mit variierenden Zahlen vorhanden. Sie ernähren sich von Nanoplankton (kleine Algen), Bakterien und Detritus. Die größere Art *K. quadrata* dominiert das Frühjahr, was mit dem Frühjahresmaximum des Phytoplanktons in Einklang gebracht werden kann. Im Sommer sind dagegen die räuberischen Rotatorienarten *Polyarthra sp.* und mit hoher Biomasse aber geringer Anzahl *Asplanchna priodonta* beherrschend, welche häufig *Polyarthra sp.* erbeutet; andere Rotatorienarten sind kaum präsent. Das Vorkommen dieser beiden sehr großen Rotatorienarten im Sommer lässt eher auf einen mäßigen Fraßdruck durch Fische schließen. *Asplanchna priodonta* dominiert bis Oktober die Rotatorienbiomasse, um danach wieder völlig zu verschwinden.

Unter den im Willersinnweiher vorkommenden Zooplanktern besitzen Arten der Rotatorien-Gattung *Brachionus* **Indikatorfunktion** (ZANKAI 1989). Obwohl sie im Willersinnweiher nur in sehr geringer Anzahl vorkommen, lässt ihr Vorkommen aufgrund der sehr spezifischen Habitatansprüche Rückschlüsse auf die biotischen und abiotischen Faktoren im See zu. Die 1998 im Willersinnweiher gefundenen Individuen zeigen einerseits meso- bis eutrophe (*Brachionus angularis*), andererseits hocheutrophe Bedingungen (*Brachionus calyciflorus*). Das Vorkommen der Copepodenart *Eudiaptomus gracilis*, die bei geringer Nahrungskonzentration sehr konkurrenzstark ist (MUCK & LAMPERT 1984), kann als Indikator oligotropher Bedingungen gewertet werden (MAIER 1996a ). Im Willersinnweiher konnte sie nur einen Anteil von 5 % an der Zooplanktonbiomasse erzielen. Es ist also davon auszugehen, dass diese Art hier relativ ungünstige, d.h. zu nährstoffreiche, Lebensbedingungen vorfindet.

Während Abb. 49 (S. 131) die Veränderungen der Individuenzahlen der Großgruppen des Zooplanktons im Verlauf der Maßnahmen aufzeigt, gibt Abb. 50 genaueren Aufschluss über die Zusammensetzung des Frühjahresplanktons auf der Basis der Arten. Sehr eindrucksvoll geht daraus die Diversifizierung sowie auch die Vergrößerung der Biomasse des Zooplanktons im Willersinnweiher hervor. In beiden Jahren ist sowohl der geringe Cladocerenanteil sowie ein geringer Anteil des oligostenotrophen calanoiden Copepoden *Eudiaptomus gracilis* auffällig. Die Gesamtbiomasse des Crustaceen-Planktons beträgt im Frühjahr 1996 maximal um 55 µg/l, während sie sich bis 1998 bis auf ca. 160 µg/l erhöht hat. Wie schon bei den Individuenzahlen, ist ein Anstieg der Biomasse um den Faktor drei zu verzeichnen.

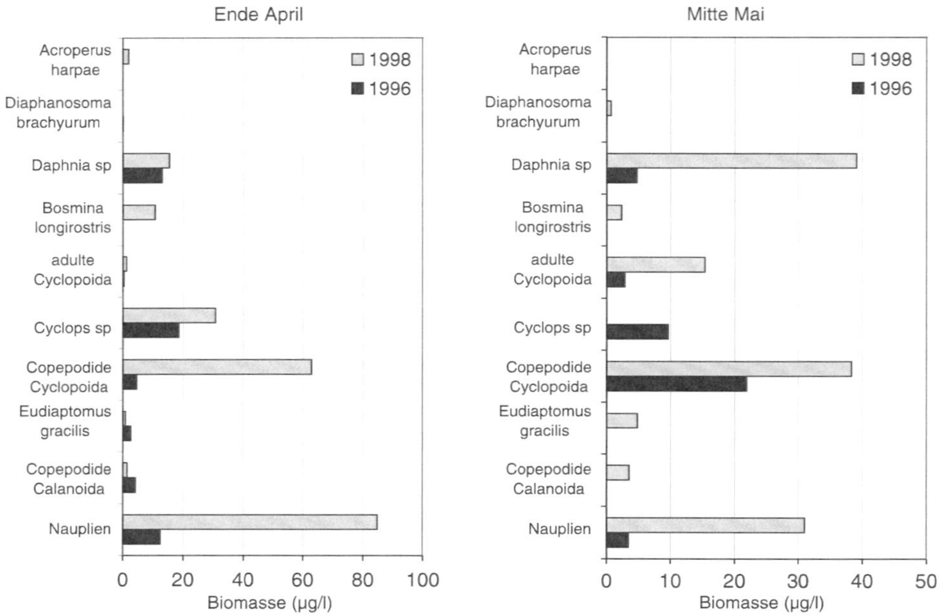


**Abb. 50: Vergleich des Zooplanktons im Frühjahr 1996 und 1998** (aus THIELICKE 1999)

Sucht man nach den Gründen für die Erhöhung der Biomasse, so muss zunächst sicherlich die Algenzusammensetzung im See in Betracht gezogen werden. Die bis 1996 vorherrschenden fädigen Blaualgen können vom Zooplankton kaum ingestiert werden. Im Jahr 1998 fehlen diese völlig, statt dessen dominieren Diatomeen und Cryptophyceen, welche gute Nahrungsquellen für das Zooplankton sind. Auffällig ist jedoch, dass trotz der verbesserten Ernährungssituation der Anteil der Cladoceren an der Gesamtbiomasse nicht wesentlich gestiegen ist. Nach den Ergebnissen verschiedener Studien (STERNER 1989, GLIWICZ 1990b) werden insbesondere die Daphnien durch fädige Blaualgen geschädigt; allerdings zeigen andere Untersuchungen, dass deren Einfluss auf die Zooplanktongemeinschaft geringer ist als die Wirkung anderer Blaualgen (REPKA 1997). Auch am Willersinnweiher wurden Copepoden und Cladoceren scheinbar gleichermaßen durch die Blaualgendominanz geschädigt, was die geringeren Zahlen beider Gruppen im Jahr 1996 belegen.

Allgemein dominieren in nährstoffarmen Seen die Großfiltrierer das Zooplankton, während in eutrophen Gewässern den Mikrofiltrierern wie *Bosmina longirostris* eine größere Bedeutung zukommt. Das Phytoplankton kann durch sie kaum kontrolliert werden, da ihre Nahrung zu 90 % aus Bakterien besteht (GLIWICZ & HILLBRICHT-ILKOWKA 1972). Im Willersinnweiher kann noch im Frühjahr 1998 ein hoher Anteil von *B. longirostris* und das gleichzeitige Vorkommen carnivoren Zooplanktons registriert werden. Die räuberischen Copepoden *Cyclops sp.* profitieren von den Mikrofiltrierern. Dies bedeutet, dass die Frühjahreszusammensetzung des Zooplanktons im Willersinnweiher auch in diesem Jahr eher für eutrophe Bedingungen spricht. Mit der allmählichen Nahrungslimitierung im Frühjahr steigt der Anteil der Cladoceren. Diese Großfiltrierer können effektiv auf das Phytoplankton einwirken und haben so Einfluss auf dessen Artenzusammensetzung und Biomasse.

### 6.4.4 Zooplankton und Sichttiefenentwicklung

In den Untersuchungsjahren zeigt die Entwicklung der Sichttiefe (vgl. Abb. 21, S. 61) eine deutliche Verbesserung. Vor allem im Frühjahr werden wesentlich größere Werte erzielt, aber auch der Zeitpunkt des Klarwasserstadiums verschiebt sich immer weiter nach vorne. Das Zooplankton scheint im Verlauf der Jahre die Primärproduktion effektiver kontrollieren zu können. Während 1996 erst im September Sichttiefen von über sechs Metern erreicht werden, herrschen vergleichbare Bedingungen 1997 im Juni und 1998 bereits im Mai. Bei dieser Betrachtung darf allerdings die Artenverschiebung des Phytoplanktons, zugunsten besser ingestierbarer Arten ebenso, wie der gesunkene TP-Gehalt als wichtige Faktoren nicht außer acht gelassen werden. Durch das Verschwinden der kaum verwertbaren Blaualgen zugunsten anderer Gruppen, ist eine Kontrolle des Phytoplanktons durch das Zooplankton überhaupt erst möglich. Dadurch verbessert sich die Ernährungssituation des Zooplanktons und höhere Reproduktionsraten sind die Folge, was wiederum auf die Sichttiefe Einfluss nimmt.

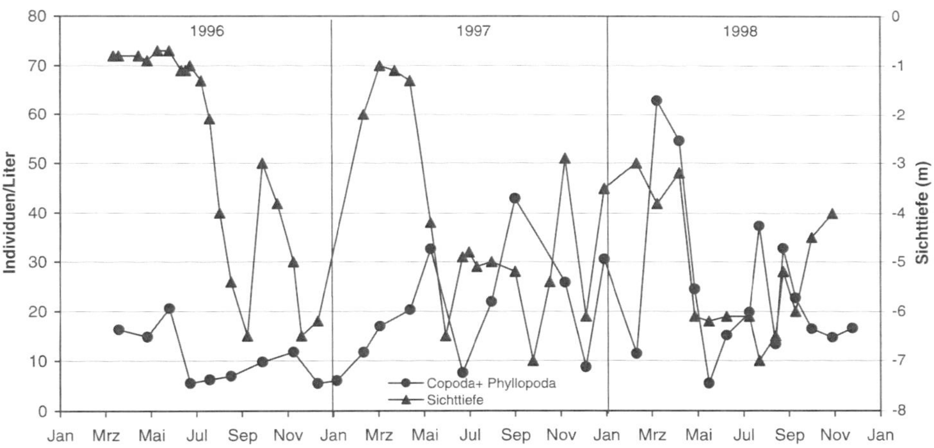


**Abb. 51: Vergleich der Zooplanktongehalte und der Sichttiefen im Willersinnweiher**

Bei der Gegenüberstellung des Zooplanktons mit der Sichttiefe wird der Zusammenhang sehr deutlich. Vor allem 1997 und 1998 folgt der Beginn des Klarwasserstadiums dem Anstieg der Zooplanktongehalte. Die Effektivität der Cladoceren für die Ausbildung einer Klarwasserphase und deren herausgehobene Bedeutung für das Ökosystem wurde an zahlreichen Beispielen dokumentiert (EDMONDSON & ABELLA 1988, BENNDORF 1995, SARVALA et al. 1998). Im Jahr 1998 beginnt das Klarwasserstadium Mitte Mai, d.h. zu einem Zeitpunkt an dem die Cladoceren im Willersinnweiher, mit einer Biomasse von 3,9 mg/m$^2$ (THIELICKE 1999), ein Maximum ausgebildet haben. Diese Konzentration liegt oberhalb eines kritischen Wertes, der für die Ausbildung eines Klarwasserstadiums notwendig ist. LAMPERT (1988) kommt bei seinen Untersuchungen an eutrophen Seen auf einen Mittelwert von 3,1 mg/m$^2$, der notwendig ist, um in diesen Systemen das sommerliche Klarwasserstadium erreichen zu können.

Wie beschrieben, konnte im Willersinnweiher auch zu hocheutrophen Zeiten trotz schlechter Nahrungsgrundlage und geringerer Cladocerenmasse ein Klarwasserstadium erreicht werden. Die Abb. 51 zeigt, dass im Jahr 1996 die Sichttiefe jedoch erst sehr viel später sinkt als die Zooplanktongehalte steigen. Die dominierenden fädigen Blaualgen erlauben dem Zooplankton keine effektive Kontrolle, die Sichttiefen bleiben bis Juli um einen Meter. Erst ab Ende Juli sinkt die Sichttiefe, trotz weiter bestehender Blaualgendominanz sehr schnell in große Tiefen. Dies bedeutet, dass auch andere Faktoren wie die Calcitfällung und die allmähliche Limitierung der epilimnischen Nährstoffgehalte bei der Betrachtung der Sichttiefenentwicklung mit berücksichtigt werden müssen. Auffällig ist jedoch, dass sich mit der Verschiebung des Algenspektrums und der damit gekoppelten Verbesserung der Ernährungssituation des Zooplanktons das Klarwasserstadium sukzessive nach vorne verschiebt, das Zooplankton also eine immer effektivere Kontrolle der Phytoplanktongehalte ausüben kann.

### 6.4.5 Zusammenfassung: Zooplankton

*Die Entwicklung des Zooplanktons zeigt über die drei Untersuchungsjahre einen deutlichen Anstieg (Faktor drei) des Mesozooplanktons im See, wobei durchgehend relativ kleine Individuen dominieren. Dieser Anstieg erklärt sich aufgrund der verbesserten Ernährungssituation, welche trotz verringerter Primärproduktion durch Artenverschiebungen im Phytoplankton bedingt wird. Bis 1996 verhinderte die Phytoplanktonstruktur (kaum ingestierbare fädige Cyanophyten) weitgehend die Entwicklung einer Filtriererpopulation, die das Phytoplankton effektiv hätte kontrollieren können. Große Gruppen wie Daphnien (Cladoceren) und calanoide Copepoden sind auch weiterhin nur in sehr geringen Individuenzahlen vorhanden. Geringe Cladocerenanteile sind in eutrophen Seen ein häufig beobachtetes Phänomen. Dies ist nur ein Hinweis darauf, dass wahrscheinlich auch heute noch die Fische einen bedeutenden top-down-Einfluss auf das Zooplankton ausüben.*

*Für das Jahr 1998 kann eine stärker limitierende Wirkung durch die begrenzte Nahrung angenommen werden (bottom-up-Kontrolle), als dies von den top-down-Effekten ausgeht. Trotz des Fehlens effektiver Filtrierer in den Sommermonaten bleibt die Primärproduktion gering und damit die Sichttiefe hoch. Dennoch kann sicherlich ein Zusammentreffen beider Faktoren angenommen werden. Da beide zur gleichen Zeit wirken und vergleichbare Effekte erreichen, ist eine exakte Trennung nicht möglich. Nahrungslimitierung wirkt auf die rein herbivoren Cladoceren stärker als auf die omnivoren Copepoden, was deren Dominanz über den gesamten Untersuchungszeitraum zu erklären vermag und das Wirken von Nahrungsmangel in jedem Sommer wahrscheinlich macht. Auch der im Vergleich zum Nährstoffniveau geringe Chlorophyll a-Gehalt spricht im Jahr 1997 und 1998 für eine effektive Kontrolle des Phytoplanktons durch das Zooplankton, also gegen einen übermäßigen und nicht angepassten Fraßdruck durch planktivore Fische im Willersinnweiher. Der geringe Anteil von Rotatorien lässt auf deren wirksame Kontrolle durch omnivore Copepoden schließen, was die Annahme eines eher geringen Fraßdruckes durch planktivore Fische stützt. Mit diesem Befund übereinstimmend erbrachte das fischereibiologische Gutachten von 1996 eine geringe Fischpopulation im See, auch wenn bei den Untersuchungen 1998 eine große Dichte juveniler Stadien, vor allem von Barschen und Kaulbarschen beobachtet wurde (freundliche mündliche Mitteilung von Herrn Dr. Th. Braunbeck vom Zoologischen Institut der Universität Heidelberg), die einen erheblichen Fraßdruck auf das Zooplankton und auch das Zoobenthos ausüben können. Wirbellose Makroinvertebraten haben im Willersinnweiher eine sehr untergeordnete Bedeutung.*

## 6.5 Fische

Als Endglied des Nahrungsnetzes in Seen besitzen Fische eine wichtige Bedeutung für die Biozönose und damit auch für das gesamte Ökosystem.

### 6.5.1 Fische und Trophie im Ökosystem See

Allgemein verändert sich die Zusammensetzung der Fischgesellschaft in Seen mit steigender Trophie. In oligotrophen Seen dominieren zumeist Fische aus der Familie der Coregoniden (z.B. Felchen, Renken, Große und Kleine Maräne), die zur Entwicklung auf aerobe Tiefenschichten angewiesen sind. Insbesondere durch die mit einem verstärken Nährstoffeintrag eintretende Verschlechterung der Sauerstoffverhältnisse verändert sich die Zusammensetzung zugunsten von barsch- und karpfenartigen Fischen (*Percidae* und *Cyprinidae*), wobei die Artenzahl abnimmt, die Biomasse jedoch drastisch steigt. Bei weiter zunehmender Trophie dominieren dann allein die Cypriniden (=Weißfische), wie beispielsweise Karpfen, Brachsen, Rotauge und Rotfeder, deren Vitalitätszustand sich häufig verschlechtert. Gleichzeitig reagieren Hechte, als wichtige Raubfische, auf die zunehmende Eutrophierung mit einem Rückgang ihrer Bestände. Infolgedessen fungieren in diesen Seen häufig nur noch Barsche als Raubfische (DEHUS & BERG 1998).

Die Fischpopulation wird jedoch nicht nur passiv durch die Eutrophierung beeinflusst, sondern kann auch selbst einen eutrophierenden Einfluss nehmen („Ichthyoeutrophierung" OPUSZYNSKI 1980). Auch BARTHELMES (1988) und BENNDORF (1995) betonen die Bedeutung des Fischbestandes für den Stoffkreislauf in Seen.

Ein nicht angepasster Fischbestand mit einem Übermaß planktivorer Friedfische bedingt einen massiven Fraßdruck auf die filtrierende Zooplanktonpopulation und führt damit zu einer verminderte Kontrolle der Algen. Auch die direkte Schädigung der submersen Makrophytenvegetation durch Fische kann eine zentrale Rolle bei der schnellen Verschlechterung der Wasserqualität spielen, die sich in hohen Algengehalten und stärkerer Trübung ausdrückt (SCHEFFER et al. 1993). Damit können Fische einen massiven Einfluss auf den Phosphorhaushalt eines Sees (vgl. Abb. 52) nehmen.

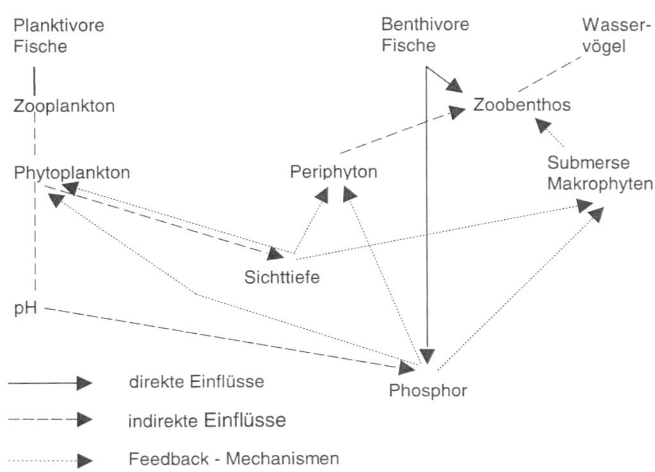


**Abb. 52: Der Einfluss von Fischen auf das Seeökosystem** (aus KLAPPER 1992)

Aufgrund dieser Bedeutung ist im Rahmen einer umfassenden Reoligotrophierung von Seen ein Eingriff bei der Fischpopulation häufig angewandte Komponente (z.B. SHAPIRO et al. 1975, SHAPIRO & WRIGHT 1984, BENNDORF 1988, 1990, BENNDORF et al. 1988, WRIGHT & PHILLIPS 1992, KOSCHEL et al. 1993). Durch gezielte Eingriffe sollen die Höhe und die Zusammensetzung des Fischbestandes so optimiert werden, dass der Grazingeffekt großer Zooplankter maximiert, damit das Phytoplanktonwachstum verringert und letztlich die Gewässergüte positiv beeinflusst wird. Dabei gilt es jedoch zu beachten, dass Rückkoppelungen in den Nahrungsnetzen die Wirkungen solcher Eingriffe verzögern können und Biomanipulationen deshalb zuweilen keine unmittelbaren Effekte zeigen (BENNDORF 1994).

Die Wirksamkeit eines veränderten Fischbestandes bis auf die Ebene des Phytoplanktons ist vielfach kontrovers diskutiertes Thema (SHAPIRO & WRIGHT 1984, McQUEEN 1990, DeMELO et al. 1992). Studien, wie beispielsweise am Feldberger Haussee, einem Gewässer der Mecklenburger Seenplatte, zeigen wie wichtig ein solcher Ansatz bei der Senkung des Phosphorgehaltes im See sein kann. Dort konnte allein durch Sanierungsverfahren nicht die gewünschte Senkung des Nährstoffgehaltes erzielt werden. Erst ein zusätzlicher Eingriff in den Fischbestand bewirkte den Anstieg der großen Zooplankter und damit eine bessere Kontrolle des Phytoplanktons sowie letztlich die Senkung der Nährstoffgehalte im See (KOSCHEL et al. 1993, KASPRZAK et al. 1993b). Auch in der hypertrophen Talsperre Bautzen, die eine relativ große mittlere Tiefe von über sieben Metern besitzt, wurde eine Nahrungskettenmanipulation erfolgreich angewendet (BENNDORF et al. 1988, BENNDORF 1990). Durch Besatzmaßnahmen mit Raubfischen konnte der Bestand von Cypriniden und Flussbarschen auf ein angepasstes Niveau gesenkt und somit der Fraßdruck auf das filtrierende Zooplankton erheblich verringert werden.

### 6.5.2 Fische im Willersinnweiher

Im Willersinnweiher wurde schon vor Beginn dieses Projektes im Jahr 1992 ein fischereiliches Gutachten erstellt (Dr. Späh, Bielefeld), um die Struktur des Fischbestandes im See erfassen und bewerten zu können. Aufgrund dieser Untersuchungen wurden Bewirtschaftungsmaßnahmen empfohlen, die auf die Entwicklung eines naturnahen Nahrungsnetzes im Willersinnweiherzielten.

In diesem Gutachten wurde ein hoher Fischbestand ermittelt, der sich durch einen schlechten Ernährungszustand der Friedfische auszeichnete. Eine Analyse der Fischmägen erbrachte die überwiegende Ernährung der Fische mit Zooplankton, d.h. es wurde ein sehr starker Prädationsdruck auf das Zooplankton ausgeübt. Ein unausgewogenes Fried-/ Raubfisch-Verhältnis mit einem hohen Weißfischanteil (insbesondere Rotauge, Karpfen, und Brachsen) und nur geringen Raubfischbeständen charakterisierten zu diesem Zeitpunkt die Zusammensetzung, Kleinfischarten fehlten völlig (vgl. Abb. 53). Die daraufhin veränderte fischereiliche Bewirtschaftung zielte insbesondere auf den Aufbau einer Raubfischpopulation durch Besatzmaßnahmen mit Hechten (*Esox lucius*) und Zandern (*Stizostedion lucioperca*) sowie auf eine drastische Senkung der Friedfischbestände durch den Verzicht eines Friedfischbesatzes und eine gezielte Befischung der Brachsen. Des weiteren wurden auch Maßnahmen zur Verbesserung der Laichsituation der Raubfische empfohlen, die allerdings nicht umgesetzt wurden.

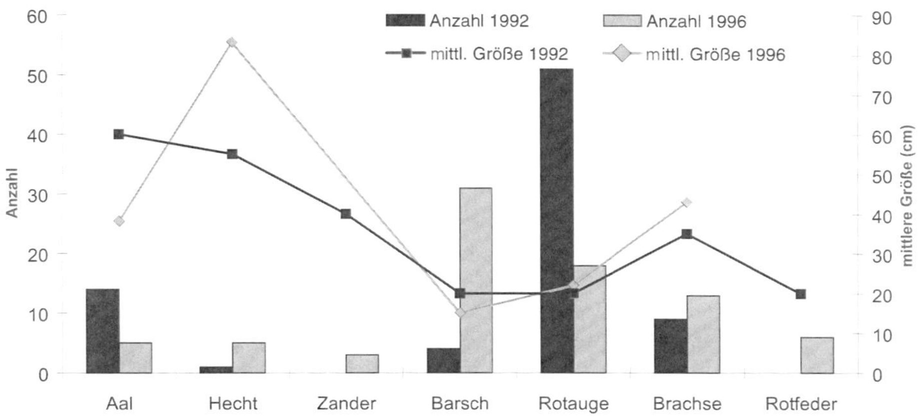


**Abb. 53: Ergebnisse der fischereilichen Gutachten von 1992 und 1996** (Daten nach SPÄH 1992 und KRETZ 1997)

Die Darstellung vermittelt einen Eindruck der Veränderungen des Fischbestandes sowie der durchschnittlichen Größen der Fische im Willersinnweiher im Zeitraum zwischen 1992 und 1996. Aufgrund der verschiedenen Methoden von 1992 und 1996 ist die Anzahl der registrierten Individuen nicht direkt vergleichbar, die Verhältnisse zu den beiden Zeitpunkten sind aber ableitbar. Für 1992 sticht die Dominanz der Weißfische (insbesondere Rotaugen) und die sehr niedrigen Bestände von Raubfischen ins Auge. Vier Jahre später zeigt sich eine Dominanz der Barsche als wichtige Raubfische im See. Die Anzahl von Hechten und Zandern konnte sich nicht im erwünschten Maß erhöhen. Weiterhin werden die Friedfische durch Rotaugen dominiert. Insgesamt scheint die große Anzahl von Barschen den Friedfischbestand effektiv kontrollieren zu können, was einen stark gesunkenen Fischbestand zur Folge hat.

Zu Beginn des Projektes 1996 wurde ein neues fischereibiologisches Gutachten in Auftrag gegeben. Es sollte Aufschluss über die Wirkung der veränderten Bewirtschaftung geben und die aktuelle Situation im Willersinnweiher erfassen. Im Gegensatz zu 1992 wurde nur ein geringer Fischbestand festgestellt, wobei Barsche, Rotaugen und Brachsen überwogen (KRETZ 1997). Die Fische zeigen eine gute Ernährungssituation. Als Folge der Besatzmaßnahmen konnten auch einige Hechte und Zander gefangen werden, wobei allerdings offensichtlich keine natürliche Reproduktion im See stattgefunden hatte. Vielmehr handelt es sich um eingesetzte Exemplare der vergangenen Jahre. Als einziger Raubfisch wurde der Flussbarsch *(Perca fluviatilis)* in großer Zahl festgestellt, der zahlenmäßig auch größere Bestände aufweist als alle Friedfische. Dieser hat bezüglich seines Habitats geringere Ansprüche als Hecht und Zander und kann sich auch bei fehlenden Strukturen im See fortpflanzen. Neben den Barschen dominieren untergeordnet auch Rotaugen, Brachsen und Rotfedern. Insgesamt kann der Willersinnweiher auch zu diesem Zeitpunkt als artenarm charakterisiert werden.

Barsche (*Perca fluviatilis)* sind sehr anpassungsfähige Fische. Sie ernähren sich sowohl planktivor, benthivor als auch piscivor (LANDESAMT FÜR WASSERHAUSHALT UND KÜSTEN 1986), wobei größere Individuen (>ab 18cm) ausschließlich piscivor leben (THORPE 1977). Sie verfügen in nährstoffreichen Systemen über gute Vermehrungsbedingungen.

Zu beiden Untersuchungszeitpunkten werden die Friedfische durch Rotaugen (*Rutilus rutilus*) dominiert. Sie sind bezüglich ihrer bevorzugten Nahrung wenig spezialisiert und können sich so den im Gewässer herrschenden Bedingungen gut anpassen. Sie ernähren sich teilweise auch direkt durch Makrophyten und können bei übermäßigen Beständen zu deren Schwund beitragen (WRIGHT & PHILLIPS 1992). Auch bei fehlenden Strukturen im See besitzen sie ein hohes Vermehrungspotential, so dass sie in eutrophen Seen häufig anzutreffen sind.

Junge Individuen der Brachsen (*Abramis brama*) sind effektive Zooplanktonfresser; für ein gutes Wachstum sind sie jedoch auf Benthonnahrung angewiesen (LÖFFLER 1984). Sie gelten als Leitart für mäßig tiefe eutrophe Seen mit ausgedehntem Makrophytenbewuchs und hohem Sauersoffschwund am Grund (BARTHELMES 1981) und werden von carnivoren Fischen nicht gerne gefressen.

Das Fischartenspektrum im Willersinnweiher entspricht damit sowohl 1992 als auch 1996 demjenigen, das in zahlreichen eutrophen Gewässern ermittelt wird (DEHUS 1990, MOESCHKE & PFEIFFER 1995). Die wesentliche Veränderung ist im Zeitraum von 1992 bis 1996 neben der Stärkung der Barsche als Räuber die wahrscheinlich damit direkt in Zusammenhang stehende drastische Verringerung des Friedfischbestandes. Auch die verbesserte Ernährungssituation der Fische kann durch die geringer gewordene intraspezifische Konkurrenz um Nahrungsressourcen zwischen den Friedfischen erklärt werden. Trotz dieser recht positiven Entwicklung wurden 1996 im Anschluss an das Gutachten gezielt Barsche abgefischt, da ihre übergroßen Anteile am Fischbestand ursächlich mit der fehlenden Reproduktion der Zander im See in Zusammenhang gebracht wurde (KRETZ 1997).

In vielen meso- und eutrophen Seen sind Barsche die einzigen Räuber und können dort die Größe und Struktur des Fischbestandes effektiv kontrollieren (THORPE 1977). Dabei ernähren sich ältere Tiere piscivor; Jungbarsche sind dagegen plankti- und benthivor und wirken, da sie Fischlarven fressen, als wichtige Kontrolle für den gesamten Fischbestand in den Seen. Durch einen ausgeprägten Kannibalismus kontrolliert der Barsch aber auch die eigenen Bestände (BARTHELMES 1988).

Die Schaffung einer artenreichen Fischfauna sollte noch immer wichtiges Ziel der fischreilichen Bewirtschaftung am Willersinnweiher sein, da sich die Raubfische Hecht, Zander und Barsch sinnvoll ergänzen. Zander und Barsch bevorzugen als Beute kleine Fische (POPOVA 1978). Somit reduzieren sie frühzeitig die Anzahl der Fischlarven und Jungfische im See und sorgen für einen insgesamt niedrigen Bestand. Im Vergleich zu diesen beiden Raubfischen sind Hechte weniger effektive Räuber für Jungfische. Diese haben aber aufgrund ihrer rein carnivoren Ernährungsweise eine besondere Bedeutung für die Zooplanktonbestände. Hechte fressen zumeist nur größere Fische; bevorzugte Beute sind Rotaugen und Barsche, Brachsen werden dagegen nur selten gefressen (LANDESAMT FÜR WASSERHAUSHALT UND KÜSTEN 1986). Arten mit einem schnellen Wachstum, wie z.B. die im Willersinnweiher relativ zahlreichen Brachsen, können durch Zander schon nach wenigen Jahren nicht mehr erbeutet werden (LAMMENS 1989). Für die Verringerung adulter Cypriniden eignen sich folglich nur Hechte, so dass auch sie im See gefördert werden sollten. Allerdings tolerieren Zander nährstoffreiche Bedingungen besser als Hechte (BARTHELMES 1988). Mit dem seit 1996 gesunkenen Nährstoffniveau im Willersinnweiher hat sich aber die Situation für den Hecht verbessert.

Der Besatz mit Raubfischen sollte allerdings nicht auf die völlige Beseitigung planktivorer Fische zielen, denn der Grazingdruck des Zooplanktons auf deren Beute, das Phytoplankton, sollte nicht zu groß werden, da dies Konkurrenzvorteile für fraßresistente Algen (Blaualgen, große Arten etc.) schaffen könnte, die dann kaum zu kontrollieren wären (KLAPPER 1995).

Eine gezielte Befischung und der Verzicht auf einen Friedfischbesatz sind auch zukünftig wichtige Voraussetzungen für den Aufbau eines quasinatürlichen Nahrungsnetzes im See, mit einem Raubfisch/ Friedfisch-Verhältnis von 3:7. Ein Besatz mit den einheimischen Raubfischarten Hecht und Zander sollte auch zukünftig, falls eine natürliche Reproduktion unterbleibt, durchgeführt werden. Bis 1996 kam es, wie die Abb. 53 belegt, nicht zur natürlichen Vermehrung dieser anspruchsvolleren Arten im See. Ein aktuelleres fischereibiologisches Gutachten existiert nicht. Somit kann nicht genau belegt werden, wie sich der Fischbestand seit Beginn der Sanierungs-/ Restaurierungsmaßnahmen am Willersinnweiher weiter entwickelt hat. Das seit 1996 deutlich gesunkene Nährstoffniveau sollte eine natürliche Fortpflanzung beider Raubfischarten ebenso begünstigen wie die Uferumgestaltungsmaßnahmen. Bei Tauchgängen im Sommer 1999 wurden auch einige Zander gesichtet, wodurch zumindest ein teilweiser Erfolg der Besatzmaßnahmen zu verbuchen ist. Hechte hingegen sind aufgrund der Beobachtungen weiterhin nur in geringer Zahl anzutreffen (freundliche mündliche Mitteilung von Herrn Dr. Th. Braunbeck vom Zoologischen Institut der Universität Heidelberg).

Wie bereits beschrieben, war der Willersinnweiher vor den Umgestaltungsmaßnahmen durch strukturarme und steil abfallende Ufer charakterisiert. Nur eine kleine Flachuferzone von ca. 0,1 ha besteht seit 1992. Diese wenig natürliche Topographie bot kaum geeignete Laichgründe für anspruchsvollere Fische und war, verbunden mit dem über weite Teile des Jahres mächtig ausgeprägten anaeroben und schwefelwasserstoffhaltigen Hypolimnion, extrem nachteilig für die Ausbildung einer naturnahen Fischpopulation. Zudem existierte bis 1996 quasi keine Makrophytenflora, dadurch fehlten wichtige Schutzzonen für die Fische. Insbesondere die frühen Lebensstadien (Eier, Fischlarven) und Jungfische waren einem starken Fraßdruck ausgesetzt, was die Ausbildung eines angemessenen Raubfischbestandes verhinderte. Wobei an den fehlenden Unterwasservegetation wiederum der nicht angepasste Fischbestand maßgeblich beteiligt war (vgl. Kapitel 6.1.2, S.108). Im nachhinein betrachtet, scheinen wahrscheinlich ursprünglich Fische (Graskarpfen) die Auslöser für eine Zerstörung der Makrophytenvegetation gewesen sein. Dieser Zustand wurde in den folgenden Jahren durch eine Lichtlimitation manifestiert.

Mit dem seit 1997 zum Flachbereich umgestalteten Nordufer wurde auch auf die Verbesserung bzw. Herstellung der Möglichkeiten einer natürlichen Fortpflanzung von Hecht und Zander gezielt, so dass der Aufbau einer stabilen Population dieser wichtigen Raubfische im See möglich wird. Es entstanden dadurch Kiesbänke im See, die für den Zander als Bodenlaicher notwendig sind aber auch Flachbereiche, welche die Makrophytenvegetation fördern und so dem Hecht als Laichplatz dienen können. Durch die Schaffung der Flachufer und die mit dem gesunkenen Nährstoffniveau verbesserten Sauerstoffverhältnisse in tieferen Seebereichen wird auch eine Erweiterung der vom Makrozoobenthos besiedelbaren Areale erwartet. Damit wird die Ernährungssituation für die Fische verbessert, auch wenn die Untersuchungen der Benthosfauna 1999 noch keine allzu hohe Artenvielfalt und Individuendichte zeigen (vgl. Kap. 6.2, S. 111ff.). Die Entwicklung einer vielgestaltigen Benthosfauna wird in der Tiefenzone und im Litoral durch die sommerliche Bildung anaerober Bereiche mit hohen Schwefelwasserstoff-Konzentrationen stark eingeschränkt. Im Untersuchungszeitraum wurde jedoch eine deutliche Tendenz zur Verbesserung der Sauerstoffsituation festgestellt. Es kann also erwartet werden, dass sich nach einiger zeitlicher Verzögerung die Lebensbedingungen für das Zoobenthos und damit auch die Ernährungssituation für Fische verbessern dürften. Eine Verbesserung der Besiedelung des Sediments wurde in den letzten Jahren auch durch das Aufkommen der Makrophyten im See erzielt. Sie strukturieren das Sediment und schaffen damit Mikrohabitate und Nischen für die verschiedensten Benthosorganismen. Die Verringerung der anaeroben Zone im See vergrößert ferner den Lebensbereich für die Fische. Damit ist bei gleichem Fischbestand eine geringere Individuendichte anzutreffen, und der Druck auf das Zooplankton und Makrozoobenthos nimmt dementsprechend ab.

Die veränderte fischereiliche Bewirtschaftung des Willersinnweihers wirkt unterstützend auf die anderen Reoligotrophierungsmaßnahmen. Der verringerte Prädationsdruck fördert zusammen mit der veränderten Phytoplanktonstruktur das herbivore Zooplankton, wodurch mehr Algenbiomasse inkorporiert wird und folglich nicht ins Hypolimnion sinkt. Die Nährstoffe bleiben längere Zeit in der trophogenen Zone, wo sie umgesetzt werden, ohne den Sauerstoffhaushalt zu belasten.

Die anaeroben Phasen im Hypolimnion und das Fehlen von Unterständen für Raubfische begünstigen noch immer die zooplanktivoren Weißfische. Es wird daher als sinnvoll erachtet, wie bereits im fischereibiologischen Gutachten von 1992 empfohlen, Tothölzer in die Uferbereiche des Willersinnweihers einzubringen; geeignet sind z.B. abgestorbene Weiden oder auch Nadelbäume. Diese dienen Hechten als Unterstand und werden auch von anderen Organismen wie dem Zooplankton angenommen, die dort höhere Individuendichten zeigen.

Durch genaue Besatz- und Angelstatistiken sowie regelmäßige fischereibiologische Gutachten sollte der Fischbestand im Willersinnweiher kontrolliert und gegebenenfalls erneut korrigierend eingegriffen werden. Auch zukünftig sollte im Willersinnweiher nicht nur auf ein ausgewogenes Raubfisch/ Friedfisch-Vehältnis, sondern zudem auf ein angepasstes Niveau des gesamten Fischbestandes geachtet werden. Da überwiegend die Fischlarven planktivor sind, kann nur durch einen insgesamt geringen Fischbestand das Metazooplankton geschont werden. BENNDORF (1995) bekräftigt durch den Vergleich verschiedener Untersuchungen die hervorgehobene Bedeutung der Jungfische von Cypriniden und Flussbarschen. Sie verhindern durch Fraßdruck schon bei Biomassen zwischen 20 bis 50 kg/ha die Entwicklung größerer Zooplankter (z.B. *Daphnia sp.*), während adulte Cypriniden erst bei Beständen größer als 200 kg/ha eine ähnliche Wirksamkeit erlangen. Nur bei einem niedrigen Fischbestand können auch die zooplanktivoren Jungfische auf einem toleriebarem Niveau gehalten werden. Neben der allgemeinen Verringerung des Fischbestandes sollten insbesondere auch die im Gutachten von 1996 in relativ hohem Maße im Willersinnweiher gefundenen Rotaugen selektiv befischt und damit weiter reduziert werden. Während die meisten anderen Fischarten nur zu Zeiten ihrer Jugendstadien Fraßdruck auf das Zooplankton ausüben, sind bei dieser Art auch die adulten Individuen vorwiegend planktivor.

### *6.5.3 Zusammenfassung: Fische*

*Durch die seit 1993 veränderte fischereiliche Bewirtschaftung ist es gelungen, die zuvor hohen Weißfischbestände, die eine schlechte Vitalität aufwiesen, drastisch zu verringern. An dieser Entwicklung ist neben dem Verzicht auf einen Friedfischbesatz und der Durchführung gezielter Befischungsmaßnahmen sicherlich auch die enorm gestiegene Barschpopulation im See maßgeblich beteiligt. Bei den Friedfischen dominieren Rotaugen und Brachsen, die einen guten Vitalitätszustand aufweisen. Hechte und Zander konnten bis 1996 trotz Besatzmaßnahmen noch keine stabile Population aufbauen, was für einen naturnahen Fischbestand, der größere Zooplanktonformen wie die Daphnien nicht vollständig unterdrückt, wichtig wäre. Durch die in den letzten Jahren gesunkenen Nährstoffgehalte, die stärkere Begrenzung anaerober Zonen im See, das Aufkommen einer Makrophytenvegetation und die Schaffung der Flachuferbereiche wird jedoch zukünftig eine Verbesserung der Situation für Hechte und Zander erwartet.*

*Weiterhin sollte auf den Besatz mit Friedfischen weitgehend verzichtet werden. Lediglich eine Diversifikation der Friedfische wäre mit Besatzmaßnahmen zu unterstützen. Die regelmäßige Durchführung fischereibiologischer Gutachten und ggf. die Stärkung der Raubfischpopulation durch einen Besatz mit Hecht und Zander erscheinen ebenfalls sinnvoll. Zudem kann das Einbringen von Tothölzern die Reproduktion der Hechte begünstigen. Diese Maßnahmen sollten die Fischpopulation im See auf einem solchen Niveau stabilisieren, dass durch sie keine eutrophierende Wirkung ausgeht.*

## 6.6 Zusammenfassende Bewertung der biotischen Entwicklung

Wie in den vorangegangenen Kapiteln ausführlicher dargestellt, kam es im Zusammenhang mit den durchgeführten Sanierungs- und Restaurierungsmaßnahmen am Willersinnweiher nicht nur zu einer deutlichen Senkung der Nährstoffkonzentrationen und Entspannung des Sauerstoffhaushalts im See, sondern auch zu vielfältigen Umstrukturierungen auf allen Ebenen der Biozönose.

Wichtige Merkmale dieser Veränderungen sind u.a. die folgenden:

- Am augenfälligsten ist das Aufkommen einer Makrophytenvegetation in dem bis 1996 quasi wüstenhaft vegetationslosen Gewässer.
- Des weiteren konnte eine Verschiebung der bislang durch Cyanophyceen dominierten Algengesellschaft hin zu einer vielfältigeren Zusammensetzung mit geringerer Primärproduktion festgestellt werden.
- Mit dieser Verschiebung war auch eine bessere Kontrolle des Phytoplanktons durch das Zooplankton möglich. Dessen Ernährungssituation verbesserte sich mit dem weitgehenden Verschwinden von fädigen Blaualgen und eine wesentliche Erhöhung der Bestände war die Folge.
- In Verbindung mit dem Wandel bei Phyto- und Zooplankton stieg die Sichttiefe, insbesondere im Frühjahr und Frühsommer, stark an.
- Die Verbesserung der Lichtverhältnisse im See war die wesentliche Voraussetzung für die Wiederbesiedelung des Sees mit Makrophyten.
- Als weitere Bedingung für diese Rekolonisierung ist wahrscheinlich auch die seit 1993 praktizierte veränderte fischereiliche Bewirtschaftung anzusehen, die den Weißfischbestand im See drastisch reduzierte und die Raubfischpopulation, in Form von Barschen, wesentlich stärkte.
- Die infolge der gesunkenen Nährstoffkonzentrationen entspannteren Sauerstoffverhältnisse sowie das Aufkommen von Makrophyten sollten erwartungsgemäß die Lebensbedingungen für das Makrozoobenthos verbessern. Dies konnte bis 1998 noch nicht im erwünschten Maße festgestellt werden. Es bleibt zu erwarten, dass sich nach einiger zeitlichen Verzögerung auch bei dieser Organismengruppe eine Diversifikation und Vergrößerung der Bestände einstellt, was auch positive Auswirkungen auf die Ernährungssituation der Fische haben sollte.

Insgesamt sind damit die mit den Reoligotrophierungsmaßnahmen verfolgten Ziele bezüglich der Biozönose im See weitgehend erfüllt worden. Das Ökosystem hat sich stabilisiert und die Gefahr von Algenmassenentwicklungen sowie bedrohlicher Sauerstoffmangelsituationen wurde verringert. Wie die dargestellten Veränderungen in der Biozönose belegen, befindet sich der Willersinnweiher zweifelsohne auf dem Wege der Reoligotrophierung, auch wenn einige Untersuchungsergebnisse noch immer Hinweise auf die vergangene stärker belastete Situation geben, bzw. auch gegenwärtige Missverhältnisse im System indizieren. Solche Indizien sind beispielsweise das Vorkommen einiger verschiedener Blaualgenarten im See, auch wenn diese nur mit geringer Biomasse vertreten sind. Eine im Vergleich zu anderen Seen in der Umgebung geringe Artenvielfalt bei der Makrophytenvegetation. Das Vorkommen von Indikatorarten einer hohen Belastung sowie die relativ geringe Tiefenausdehnung der Makrophyten. Auch das Fehlen von großen Mesozooplanktonformen und die damit geringe mittlere Größe des Zooplanktons im Willersinnweiher kann als Indiz auf Unausgewogenheiten, möglicherweise im Fischbestand, gewertet werden.

Zusammenfassend kann jedoch eine erstaunlich schnelle Erholung der Biozönose im See konstatiert werden. Die Umstrukturierung des Phytoplanktons mit der weitgehenden Verdrängung der Blaualgen, die Erhöhung der Sichttiefe, die Wiederbesiedelung mit Makrophyten etc., erfolgte sehr schnell, von einem Jahr auf das nächste. Durch Wettbewerb, das Einwandern und die Verdrängung von Arten sind weitere Veränderungen in der Biozönose sehr wahrscheinlich. Dennoch sind wesentliche Schritte auf dem Weg zu einer Reoligotrophierung des Sees gemacht und damit der Erhalt des Ökosystems Willersinnweiher gesicherter.

# 7 Schlussbetrachtungen

Aus den dargestellten räumlich und zeitlich hoch aufgelösten Untersuchungen zu den Veränderungen der Nährstoffströme und der biotischen Dynamik am Willersinnweiher im Zuge der durchgeführten Reoligotrophierungsmaßnahmen können einige Schlüsse für vergleichbare anthropogen geprägte Seen gezogen werden. Der Willersinnweiher ist somit nicht als Einzelfall zu sehen, viel mehr ist er, bei aller Vielfalt der Faktoren, welche die Trophie beeinflussen, ein typischer Vertreter einer großen Gruppe von stark anthropogen geprägten Grundwasserseen. Eine Vielzahl von Baggerseen, allein im Oberrheingraben sind es über 350, ist infolge des anthropogen geprägten Umfeldes, durch ihre starke Nutzung als Angel- und Badegewässer, sowie aufgrund morphologischer Charakteristika von einer raschen Eutrophierung bedroht. Diese Veränderungen führen zu erheblichen Belastungen oder sogar zur Bedrohung des gesamten Ökosystems See. Am Beispiel des Willersinnweihers kann gezeigt werden, dass auch mit scheinbar moderaten Maßnahmen eine grundlegende Wende von einer rasch zunehmenden Eutrophierung zur schnellen Reoligotrophierung erzielt werden kann.

## 7.1 Einordnung der Ergebnisse in die Forschung

Während die Ende der 70er Jahre durchgeführte Entschlammung und Vertiefung des Willersinnweihers lediglich zu einer temporären Entspannung der Situation führte, belegen die dargestellten Veränderungen am Willersinnweiher im Zuge der Kombination verschiedener Sanierungs- und Restaurierungsmaßnahmen einen schnellen und durchgreifenden Erfolg. Dies betont abermals die Bedeutung von Sanierungsmaßnahmen, die zu einer Verminderung der Nährstoffbelastung aus dem Einzugsgebiet führen. Restaurierungsmaßnahmen allein, wie die Entschlammung vor 20 Jahren, sind zumeist nur Symptombekämpfung und ändern die grundlegenden Probleme, wie das Beispiel Willersinnweiher zeigt, nicht. Deshalb wurde beim jüngsten Versuch der Reoligotrophierung am Willersinnweiher ein multipler Ansatz gewählt, der nicht nur die Sedimente als wichtigen Nährstoffspeicher und bedeutenden Faktor einer internen Düngung einbezieht, sondern vor allem auch die Eintragssituation verändert und den sehr wichtigen Einfluss der Biozönose berücksichtigt. Folge dieser initialen Maßnahmen war, wie in den vorangegangen Kaptiteln gezeigt wurde, die Auslösung selbstverstärkender und weitreichender seeinterner Prozesse, die eine deutliche Reoligotrophierung bewirkten.

Ziel von Reoligotrophierungsmaßnahmen kann dabei nicht nur die Senkung der Nährstoffkonzentrationen im Seewasser sein, auch die Biozönose muss vielfach erst reagieren, damit eine Entspannung im See auftreten kann. Die Nutzungseinschränkungen durch geringe Sichttiefen oder das Ökosystem bedrohenden Sauerstoffmangel werden letztendlich durch die Biozönose hervorgerufen, also nur indirekt durch hohe Nährstoffgehalte. Die Senkung der Trophie, gemessen an der Nährstoffkonzentration, muss aber nicht zwangsläufig auch zur Umstrukturierung der Biozönose und zur Entspannung des Systems führen. Bestehende Missverhältnisse der trophischen Ebenen im See tragen zum Erhalt ungünstiger Bedingungen bei.

Die besondere Wirksamkeit von Sanierungsmaßnahmen wurde bei der Reoligotrophierung vieler Seen mit unterschiedlichster Größe und verschieden geprägtem Einzugsgebiet bewiesen (z.B. SAS 1989, JAEGER & KOSCHEL 1995, IGKB 1997, MINISTERIUM FÜR UMWELT UND VERKEHR BADEN-WÜRTTEMBERG 1998). Es gibt jedoch auch Gegenbeispiele, bei denen trotz einer massiven Verringerung des Nährstoffeintrages, z.B. durch Ableitung bislang in den See eingeleiteter Abwässer, die seeinternen Prozesse zum Erhalt der nährstoffreichen und damit den See als Ökosystem bedrohenden Verhältnisse beitragen (HERING 1993, SCHAUM-

BURG 1995, KASPRZAK et al. 1995, JAEGER 1995). Zudem ist durch die Dominanz diffuser Eintragsquellen sowie durch ein fehlendes eng begrenztes Einzugsgebiet, wie beispielsweise bei den Baggerseen im Oberrheingraben, eine solche grundlegende Sanierung oftmals nicht möglich. Auch die langen Wasseraustauschzeiten vieler Baggerseen, lassen daher die Kombination von Sanierungs- und Restaurierungsmaßnahmen als erfolgversprechenden Weg erscheinen. Zumal diese Seen infolge ihrer steilen Ufer, der oftmals intensiven Bade- und Angelnutzung und den damit häufig in Zusammenhang stehenden Unausgewogenheiten in der Biozönose sowie durch Nährstoffeinträge von unmittelbaren Anliegern und aus dem weiteren Einzugsgebiet einer vielfachen Belastung ausgesetzt sind.

Im Schleinsee, der in Größe und Tiefe dem Willersinnweiher ähnelt und durch Grund- und diffuses Oberflächenwasser gespeist wird, sorgten Extensivierungsmaßnahmen der landwirtschaftlich genutzten angrenzenden Flächen für eine schnelle und umfassende Reoligotrophierung. Diese schlug sich, ähnlich wie beim Willersinnweiher, nicht nur in einem deutlichen Rückgang der Konzentration der chemischen Schlüsselparameter sondern auch in einer Umstrukturierung des Phytoplanktons und einer Verdrängung der fädigen Blaualgen nieder (GÜDE et al. 1995). Im Gegensatz zum Willersinnweiher war am Schleinsee jedoch ein offensichtlich bedeutender diffuser Eintrag aus den landwirtschaftlich genutzten angrenzenden Flächen gegeben. Über die Relevanz diffuser Nährstoffquellen aus anliegenden Flächen für den Willersinnweiher liegen nur wenige Informationen vor. Dem Nährstoffeintrag in das Grundwasser im gesamten anthropogen geprägten Einzugsgebiet wird eine wesentlich größere Bedeutung für die Eutrophierung des Willersinnweihers zugeschrieben. Diese großflächige Belastung aus dem weiteren Umfeld kann mit Einzelmaßnahmen an einem See nicht unterbunden werden. Gleichwohl überraschte selbst die schnelle Reaktion der Nährstoffkonzentrationen und der Planktonsukzession des Schleinsees mit seinem eng begrenzten Einzugsgebiet (GÜDE et al. 1995). Noch viel bemerkenswerter erscheint dagegen die schnelle Reaktion des Willersinnweihers auf die durchgeführten Sanierungsmaßnahmen, die ja nur einen Bruchteil des Einzugsgebiet erfassen.

Ein Faktor für die rasche Senkung der Phosphorkonzentration im Seewasser war im Willersinnweiher neben dem gesunken Eintrag sicherlich der Chemismus des Seewassers. Infolge hoher Calcium- und Hydrogencarbonat-Konzentrationen können Fällungsprozesse zu einer beschleunigten Sedimentation von Phosphor aus dem Pelagial beitragen und zumindest teilweise eine langfristige Bindung im Sediment bewirken. Nach Koschel (1995) ist die Wirksamkeit der Calcitfällung in Bezug auf eine Nährstofflimitierung v.a. in mäßig eutrophen, geschichteten Seen gegeben. Der Willersinnweiher ist ein solcher See. Dort ist die mittlere Phytoplanktonbiomasse im Vergleich zu einem Weichwassersee gleicher Nährstoffkonzentration um mehr als 50 % reduziert. Im Gegenzug erschwert ein Fehlen der Fällung die Senkung der Phosphorkonzentrationen im Seewasser im Zuge von Reoligotrophierungsbestrebungen (ANDERSSON et al. 1978, PECHLANER 1978).

Nährstoffreiche Sedimente können gerade auch unter dem Einfluss einer gesunkenen Phosphorkonzentration im Seewasser im Zuge einer Sanierung durch die verstärkte Remobilisierung von Nährstoffen zum Erhalt nährstoffreicher Bedingungen beitragen. Viele Sanierungs- und Restaurierungsmaßnahmen schlugen aufgrund dieser Mechanismen fehl (z.B. SAS 1989, ANDERSSON et al. 1978, PECHLANER 1978, SCHAUMBURG 1995, THEIß & MEYER-JENIN 1995). Eine solche die Reoligotrophierung verzögernde Wirkung des Sedimentes ist in den Seen des Oberrheingebietes eher nicht gegeben. Vielmehr unterstützt das Sediment, wie am Willersinnweiher belegt, durch den Hartwassercharakter sowie vorhandene Phosphor-Bindungspartner den Reoligotrophierungsprozess. Voraussetzung dafür ist aber die erzielte Entspannung des Sauerstoffhaushaltes im See, die einer intensiven Nährstoffrücklösung aus großen Sedimentflächen vorbeugt.

Eine Schlüsselposition hat neben den Sedimenten auch die Biozönose im See. Der vielfach beschriebene schnelle Wandel vom makrophytenreichen klaren See zum planktonreichen und trüben Gewässer zeigt diese herausragende Bedeutung, insbesondere bei Flachseen sehr eindrucksvoll (KLAPPER 1992 & 1995, SCHEFFER 1993, FÜRST 1998). Auch der Willersinnweiher als tiefer See zeigte im Rahmen der durchgeführten Maßnahmen diesen Wandel sehr rasch (vgl. Kap. 6.1, S.103). Die Festlegung von Nährstoffen in der Makrophytenbiomasse führte auch hier zu einer stärkeren Limitierung des Algenwachstums und damit zu einer deutlichen Verbesserung der Sichttiefen. Da das Aufkommen der Unterwasserflora nur ein Effekt von vielen im Zuge der Reoligotrophierung des Willersinnweihers war, ist die Abschätzung des Beitrags der Makrophyten für die Entspannung am See schwierig. Die dargestellte überschlagsmäßige Berechnung am Willersinnweiher dokumentiert aber auch bei diesem tiefen und geschichteten Seen einen erheblichen positiven Einfluss der Makrophytenvegetation auf das gesamte Ökosystem.

Die Bedeutung eines Eingriffes in den Fischbestand im Zuge einer Restaurierung wurde an vielen Seen festgestellt (SHAPIRO et al. 1975, WRIGHT & PHILLIPS 1992, KOSCHEL 1993, KASPRZAK 1995, FÜRST 1998). Dennoch wird die Wirkung bis zur Ebene des Phytoplanktons insgesamt kontrovers diskutiert (vgl. 4.2.2, S. 35). Die Vielzahl der Reaktionen des Willersinnweihers auf die Reoligotrophierungsmaßnahmen erschwert auch in diesem Komplex die Bewertung der Einzelmaßnahmen ganz erheblich. Die Einordnung der Bedeutung der Veränderungen des Fischbestandes für die Stabilisierung wird damit schwierig. Einerseits waren die Fische (insbesondere der Graskarpfen), wie in vielen Seen (KLEE 1991, KLAPPER 1992, SCHARF et al. 1992, FÜRST 1998), ursprünglich maßgeblich an der Zerstörung der Makrophytenflora im Willersinnweiher beteiligt. Die Folge war eine ansteigende Primärproduktion der Algen und eine Verschlechterung der Sichtbedingungen. Dass die Fische am Willersinnweiher nicht allein Ursache für die Vegetationslosigkeit waren, belegt der bereits 1996 im fischereibiologischen Gutachten festgestellte geringe Friedfischbestand. In diesem Jahr zeigte der See, wie schon viele Jahre zuvor keinen Makrophytenbewuchs. Vielmehr scheint auch in tiefen Seen der von SCHEFFER et al. (1993) an Flachseen konstatierte Zusammenhang zwischen Fischbestand, Lichtklima und Makrophytenbewuchs zu existieren. Dies ist ein weiteres Indiz dafür, dass erst die Vielfältigkeit der Maßnahmen und deren Verstärkung in der Biozönose einen Wandel im See bewirken können. Die alleinige Reduktion des Fischbestandes am Willersinnweiher führte (deshalb) bis 1996 zunächst nicht zur Wiederbesiedelung des Sees. Erst die dargestellten weiterreichenden Umstrukturierungen im Willersinnweiher im Zuge der Reoligotrophierung (gesunkene Nährstoffkonzentration, Veränderung der Algensukzession) ermöglichte die Rekolonisierung der Makrophyten. Mit der Erholung des Makrophytenbestandes war im Willersinnweiher, wie auch bei WIUM-ANDERSEN (1987), SCHEFFER et al. (1993), IGKB (1997) sowie FÜRST (1998) beschrieben, eine massive Einschränkung des Algenwachstums verbunden. Wobei auch hier wieder die Veränderung anderer wichtiger Faktoren mit in Betracht gezogen werden müssen, wie beispielsweise die Vergrößerung der Zooplanktonbestände.

Der Einfluss planktivorer Fische auf das Zooplankton und eine damit in Verbindung stehende Erholung des Crustaceen-Planktons in Seen nach der Verringerung des Fischbestandes ist ebenfalls bekannt. Dadurch kann sich die Verfügbarkeit von Nährstoffen im Pelagial verringern (GRIMM 1989, IRVINE et al. 1989, VAN DONK et al. 1993, BENNDORF 1995). Auch am Willersinnweiher zeigte das Crustaceen-Plankton Reaktionen, indem sich dessen Zahl verdreifachte (vgl. Kap. 6.4). Dies kann als wichtige Voraussetzung für die effektive Kotrolle des Phytoplanktons gesehen werden. Wobei auch hier wieder Rückkoppelungseffekte eine wichtige Rolle spielen, da sich mit der Verdrängung der Blaualgen im See die Ernährungssituation für das Zooplankton wesentlich verbessert und dadurch erst die Vergrößerung der Biomassen im Zooplankton möglich wird. Dieses kann wiederum das nun dominierende Algenspektrum effektiver kontrollieren. Bei vielen Reoligotrophierungsmaßnahmen kann der Zusammenhang zwischen Verschiebung der Phytoplanktonzusammensetzung, vermehrtem Aufkommen von Zooplankton, dadurch effektiverer Kontrolle des Phytoplanktons und Verbesserung des Sichttiefe festgestellt werden (THEIß & MEYER-JENIN 1995, GÜDE et al. 1995, RÖNNICKE et al. 1995). Voraussetzung ist allerdings ein angepasster Fischbestand, der keinen übermäßigen Prädationsdruck auf das Zooplankton ausübt.

Die am Willersinnweiher sehr schnell erreichte Veränderung von einer einseitigen Dominanz der Blaualgen hin zu einer vielfältigen Sukzession entsprach den Zielvorstellungen der Reoligotrophierung. Die Geschwindigkeit mit der sich dieser Wandel vollzog wurde jedoch nicht erwartet (vgl. Kap. 6.3). Bereits im zweiten Untersuchungsjahr hatten die fädigen Blaualgen nur phasenweise einen unbedeutenden Anteil an der Biomasse. Diese Veränderung der Sukzession mit sinkenden Nährstoffgehalten wurde an vielen Seen beschrieben, ist jedoch nicht als Automatismus zu betrachten, wie zahlreiche Gegenbeispiele belegen (z.B. SCHAUMBURG 1995, RÜMMLER & WALTER 1995, ZINTZ & ZINTZ 1995, THEIß & MEYER-JENIN 1995). In einigen Fällen wird sogar erst vom Aufkommen von Blaualgen infolge der Restaurierungsmaßnahmen berichtet (KNOPF & ULRICH 1995 durch Belüftung an einem Baggersee oder KASPRZAK et al. 1995 durch einen starken Eingriff bei den Fischen, der die fraßresistenten Blaualgen einseitig begünstigte). Am Willersinnweiher hat die Kombination aus verschiedenen Entwicklungen (gesunkene Phosphorkonzentration, Verschiebung der N/P-Verhältnisse, Verbesserung des Lichtklimas u.s.w.) das Umfeld für die fädigen Blaualgen in hinreichendem Maße verschlechtert, so dass andere Algengruppen Wettbewerbsvorteile bekamen und diese verdrängen konnten.

Das Beispiel des Willersinnweihers bestätigt, dass interne Maßnahmen allein nicht zur Entlastung des Ökosystems führen. Erst die Verringerung des Nährstoffeintrags, in Kombination mit internen Maßnahmen, ermöglichen in solchen anthropogenen Grundwasserseen die erforderlichen Umstrukturierungen, die für die grundlegende Entlastung des Seeökosystems notwendig sind. Diese Eingriffe können durch seeinterne Rückkoppelungsmechanismen in diesen relativ kleinen Seen dann zu einer sehr schnellen und umfassenden Entspannung der trophischen Situation führen.

## 7.2 Bewertung der Maßnahmen

Die am Willersinnweiher durchgeführten Reoligotrophierungsmaßnahmen (Eintragsverminderung, Modellierung von Flachuferzonen, Eingriffe in den Fischbestand) führten, wie in den vorangegangenen Kapiteln ausführlich geschildert, sowohl bei den physikalisch-chemischen Parametern als auch in der Biozönose zu weitreichenden Veränderungen. Die Senkung der TP-Konzentration, als klassische steuernde Variable der Produktivität eines Gewässer, bedingte eine Verschiebung der trophischen Bewertung des Sees von hocheutroph zu Beginn des Projektes 1996, bis zum Übergang zu mesotrophen Verhältnissen 1998. Damit ist ein primäres Ziel der Reoligotrophierung am Willersinnweiher, die Absenkung bis zu mesotrophen/schwach eutrophen Bedingungen erreicht worden. Dieser Trophiebereich ist gemäß BERNHARDT & CLASEN (1982) für Badegewässer eine Mindestanforderung, welche die Einschränkung der Badenutzung, beispielsweise durch geringe Sichttiefen, weitgehend ausschließt. Infolge des sehr stark anthropogen geprägten Einzugsgebietes erscheint selbst langfristig eine weitere starke Senkung der Nährstoffkonzentration im Willersinnweiher unrealistisch.

Die drastische Verringerung der Phosphorkonzentration wurde in einer wesentlich kürzeren Zeitspanne erreicht, als dies selbst mit der ursprünglich geplanten zusätzlichen Maßnahme des aktiven Nährstoffentzugs aus dem Hypolimnion mit Hilfe eines Bewachsenen Bodenfilters berechnet wurde. Auch die Biozönose zeigte unerwartet schnelle und weitreichende Reaktionen, obwohl diese im Allgemeinen längere Zeiträume für die Anpassung an veränderte Umweltbedingungen benötigt (vgl. Abb. 41, S. 102). Selbst die Makrophyten reagierten im Willersinnweiher sehr schnell auf die veränderten Bedingungen. Bereits im Folgejahr nach dem Beginn der Reoligotrophierungsmaßnahmen besiedelten sie teilweise wieder das Litoral und ein weiteres Jahr später (1998) hatten sie sich gürtelförmig ausgebreitet. Der Rekolonisierung durch Makrophyten wird große Bedeutung für den Nährstoffentzug und die allgemeine Stabilisierung des Ökosystems Willersinnweiher zugesprochen. In vielen Seen wurde der positive Einfluss einer Makrophytenvegetation auf die Biozönose und auch den Nährstoffhaushalt nachgewiesen. Sie bewirkt zudem eine erhöhte Stabilität des Sees, auch bei eventuell erneut steigenden Nährstoffgehalten (KLAPPER 1992, SCHEFFER et al. 1993).

Voraussetzung für diese Wiederbesiedelung war allerdings ein reduzierter Nährstoffeintrag (durch die Sanierungsmaßnahmen) und dadurch ein verringertes Algenwachstum sowie die drastische Verringerung des Friedfischbestandes im See (Nahrungskettensteuerung). Im Gegenzug verbessern die Makrophyten die Bedingungen für anspruchsvolle Raubfische und auch für das Crustaceen-Plankton, welches die Primärproduktion des Phytoplanktons effektiv kontrolliert. Durch die Verringerung des verfügbaren Phosphors wurden die dominierenden fädigen Cyanophyceen von einer vielfältigeren Algensukzession verdrängt. Im Gegensatz zu den kaum ingestierbaren Blaualgen, bilden die neuen Spezies eine gute Nahrungsgrundlage für das Crustaceen-Plankton. Das Algenwachstum kann damit schon frühzeitig im Jahr reduziert werden. Die beschriebene Rekolonisierung der Makrophyten ist als Reaktion auf diese Verbesserung des Lichtklimas im See zu sehen.

Während eine weitere starke Absenkung der Phosphorgehalte im See infolge seiner Umgebung und Nutzung nicht zu erwarten ist, muss die gegenwärtige Struktur der Biozönose als Durchgangsstadium betrachtet werden. Sie wird in den folgenden Jahren sicherlich weitere Anpassungsreaktionen an die noch sehr junge Reoligotrophierung zeigen. Dennoch sind die Veränderungen sichtbares Zeichen einer deutlichen Entspannung und das Projekt der Sanierung und Restaurierung des Willersinnweihers ist als sehr erfolgreich einzuschätzen. Bis zum Frühsommer 2000 wurden weder kritische Sauerstoffverhältnisse, noch Blaualgenmassenentwicklungen oder Sichttiefen von einem Meter und darunter registriert. Im Gegenteil konnten Anfang Mai im See bereits Sichttiefen von über acht Metern gemessen werden. Dies ist der größte bislang gemessene Wert, der insbesondere auch wegen seines extrem frühzeitigen Auftretens im Jahr, erstaunt. Im ersten Untersuchungsjahr traten noch weit bis in den Juli Sichttiefen um einen Meter auf.

Für die Nutzung des Willersinnweihers als Badesee traten im Untersuchungszeitraum leider noch immer zeitweilige Einschränkungen durch bakterielle Belastungen auf. Inwieweit es möglich sein wird, dies im Zukunft zu verhindern, ist schwierig zu beantworten, da derartige Verunreinigungen oft von Zufallsereignissen abhängig sind. Bei stark genutzte Seen, in einer anthropogen geprägten Umwelt ist die Überschreitung mikrobieller Grenzwerte nie ganz auszuschließen, da bereits durch einen infizierten Badegast oder eine Möwe jederzeit Keime eingetragen werden können, unabhängig vom trophischen Charakter des Sees. Eine Minimierung der Gefahr kann durch Maßnahmen wie das Aufsammeln des Vogelkots in den Uferbereichen, eine Begrenzung der Zahl der Wasservögel sowie der Einrichtung und Pflege von sanitären Anlagen im Umfeld erreicht werden.

Ein relevanter Faktor für die Weiterentwicklung des Willersinnweihers ist sicherlich der Fischbestand. Hier wurden bei Tauchgängen viele Jungfischschwärme von Barschen und Kaulbarschen beobachtet, die aufgrund ihres Alters sicherlich einen erheblichen Fraßdruck auf das Zooplankton und auch das Zoobenthos ausüben. Bei diesen Tauchgängen wurden aber auch einige Zander gesichtet, so dass zumindest ein teilweiser Erfolg der Besatzmaßnahmen zu verbuchen ist. Zudem sollte die neu gestaltete Flachuferzone in Zukunft auch die natürliche Reproduktion der Raubfische ermöglichen. Aufgrund des großen Einflusses der Fische im See ist es sicherlich erforderlich, den Fischbestand im Willersinnweiher auch zukünftig genau zu beobachten und in regelmäßigen Abständen fundierte fischereiliche Gutachten anfertigen zu lassen, um ggf. erneuten Fehlentwicklungen entgegenwirken zu können. Auch die kontinuierliche Untersuchung der physikalisch-chemischen Bedingungen im See ist wichtige Voraussetzung für ein schnelles Eingreifen bei einer eventuellen Tendenz zur erneuten Verschlechterung der Seewasserqualität des Willersinnweihers.

Die Untersuchungen am Willersinnweiher zeigen, dass auch bei stark genutzten Baggerseen in einem massiv anthropogen geprägten Umfeld, wie dem Oberrheingraben, mit lokalen Reoligotrophierungsmaßnahmen ein erheblicher und insbesondere auch schneller Erfolg zu erzielen ist. Positiven Einfluss bei diesem Reoligotrophierungsprozess hat sicherlich der Hartwassercharakter der Seen im Oberrheingraben. Fällungsprozesse führen zu einer verstärkten Sedimentation und damit zur beschleunigten Limitierung von Phosphor im Epilimnion und zu dessen Fixierung im Sediment. Bei einer verminderten Nährstoffzufuhr von außen kann dies zu einer erheblichen Verringerung der im Wasser verfügbaren Nährstoffe führen. Die geschilderten biozönotischen Rückkoppelungsmechanismen im See tragen zu einer Selbstverstärkung der Reoligotrophierung bei, welche durch die Verringerung des Nährstoffeintrags initiiert wird. In solchen Seeökosystemen kann durch die multiple Wirkung der Maßnahmen und der Rückkoppelungsmechanismen eine schnelle und grundlegende Entspannung erreicht werden.

# 8 Zusammenfassung

Der Willersinnweiher ist ein ca. 17 Hektar großer und maximal 20 Meter tiefer Baggersee im stark anthropogen geprägten Oberrheingebiet. Er verfügt nicht über oberirdische Zu- und Abflüsse, sondern wird vorwiegend durch das Grundwasser gespeist. Infolge seiner Lage im nördlichen Teil der industriell geprägten Stadt Ludwigshafen unterliegt er einer intensiven Freizeitnutzung als Bade- und Angelgewässer.

Sauerstoffmangelerscheinungen, geringe Sichttiefen von unter einem Meter im Frühjahr und Frühsommer, bereits sehr früh im Jahr einsetzende anaerobe Bedingungen, verbunden mit einer starken Bildung von Schwefelwasserstoff im Hypolimnion, kennzeichneten zu Beginn der Untersuchungen 1996 den See und waren Indikatoren der hocheutrophen Bedingungen.

Auf der Seite der Biozönose waren das vollständige Fehlen einer Makrophytenvegetation, die Dominanz fädiger Blaualgen, die Abwesenheit großer Zooplanktonarten, eine Armut der Makrozoobenthosgemeinschaft sowie ein hoher, größtenteils verbutteter Friedfischbestand und das weitgehende Fehlen von Raubfischen Indikatoren einer Fehlentwicklung.

Um eine weitere Zuspitzung der Situation zu vermeiden und den Bestand des Willersinnweihers, trotz der natürlichen Wirkung von Seen als Nährstoffallen, auch längerfristig zu sichern, waren Sanierungs- und Restaurierungsmaßnahmen am See notwendig.

Wichtige Phosphorquellen sind am Willersinnweiher, wie an vielen Baggerseen, insbesondere das Grundwasser sowie die nasse und trockene Deposition. Diese Quellen können im Rahmen von Sanierungsmaßnahmen nicht kurzfristig beeinflusst werden. Lediglich der mögliche Eintrag aus der unmittelbar angrenzenden Kanalisation sowie aus Abwassergruben einiger Seeanlieger, war verhältnismäßig einfach zu unterbinden. Als Nährstoffquellen von wahrscheinlich untergeordneter Bedeutung sind daneben der Laubfall, der Eintrag durch Tiere (Vögel, Fische) und aus dem Uferbereich durch Oberflächenabfluss sowie der Phosphorimport durch Badegäste zu berücksichtigen. Wichtige interne Phosphorquelle ist das autochthone Sediment, welches seit der Entstehung des Sees aufgrund der hohen Primärproduktion durch Algen und der angespannten Sauerstoffsituation gebildet wurde. Unter anaeroben Bedingungen, die im Tiefenwasser des Sees über mehr als sechs Monate im Jahr herrschen, wird ein Teil des hier gespeicherten Phosphors rückgelöst und trägt zur internen Düngung bei.

Verstärkt wurden die Wirkungen des Phosphoreintrages durch die wenig natürliche Topographie des Sees, welche sich durch steile Ufer und das weitgehende Fehlen von Flachbereichen auszeichnete. Der sehr geringe Bestand von Raubfischen und anderen anspruchsvolleren Fischarten kann teilweise auf diese Strukturarmut zurückgeführt werden. Die Ungleichgewichte in der Biozönose verstärken die eutrophierenden Effekte.

Mit dieser Belastungssituation kann der Willersinnweiher als ein beispielhafter Vertreter einer Vielzahl vergleichbarer Baggerseen im Oberrheingebiet angesehen werden, die durch ihre geographische Lage den gleichen geogenen und anthropogenen Prägungen unterliegen sowie eine ähnliche Morphologie und vergleichbare Nutzungsstrukturen aufweisen.

Infolge der beschriebenen Eintragsquellen bleibt im Rahmen einer Reoligotrophierung des Sees für eine drastische Eintragsverminderung, d.h. eine **Sanierung**, ein relativ enger Spielraum. Ab 1995 wurde zunächst mit der Beseitigung seenaher Eintragsquellen aus Kanalisation und Abwassergruben begonnen. Die Kanalisation wurde überprüft und in Stand gesetzt, undichte Gruben bei Seeanliegern wurden beseitigt und die Abwasserentsorgung erfolgte leitungsgebunden. Weiteres wichtiges Element war eine gezielte Öffentlichkeitsarbeit, welche die Nutzer des Sees für das Ökosystem sensibilisieren wollte und den Eintrag durch Badegäste, Entenfütterung etc. verringern sollte. Da eine Sanierung aus genannten Gründen nur sehr unvollkommen bleiben kann, ist eine wesentliche Komponente auf dem Weg zur Reoligotrophierung die **Restaurierung** des Sees. Zunächst soll eine Umgestaltung von Teilen des Nordufers zu Flachuferzonen eine Besiedelung mit Unterwasservegetation und die Vergrößerung der Röhrichtbestände fördern. Von diesem Schritt werden positive Effekte für andere Teile der Biozönose wie Zooplankton, Zoobenthon und Fische erwartet. Auch die fischereiliche Bewirtschaftung soll im Sinne einer Nahrungskettensteuerung auf den Besatz mit Friedfischen zugunsten von heimischen Raubfischen verzichten. Diese veränderte Bewirtschaftung erfolgte bereits seit 1993, so dass bis 1996 ein deutlicher Rückgang des Friedfischbestandes registriert werden konnte. Weitere Restaurierungsmaßnahmen, wie eine künstliche Belüftung, Destratifizierung, Phosphorfällung oder auch die Entschlammung, wurden aufgrund der Badenutzung des Sees und dem damit in Verbindung stehendenden besonderen Schutz nicht durchgeführt.

Leitbild der Reoligotrophierung am Willersinnweiher ist der im Stadtgebiet Ludwigshafens an einigen Seen auftretende Status meso- bis eutropher Nährstoffbedingungen, der auch auf die Biozönose des Sees wirkt und damit den längerfristigen Erhalt des Ökosystems und seiner Nutzungsfähigkeit sichern soll.

Trotz dieser recht einfachen Maßnahmen, die im Verlauf der Jahre 1995 bis 1997 umgesetzt wurden, konnte eine sehr schnelle Verbesserung der trophischen Situation des Sees registriert werden. Auch die Biozönose zeigte sehr bald gravierende Veränderungen.

Schlüsselgrößen dieser Veränderungen sind bei den chemisch-physikalischen Parametern u.a. die folgenden:

- Die **Sauerstoffverhältnisse** haben sich im Untersuchungszeitraum von 1996 bis 1998 aufgrund einer gesunkenen Primärproduktion entspannt. Die Dauer anaerober Bedingungen im Hypolimnion verkürzte sich von 34 auf 22 Wochen. Dies ist eine wesentliche Voraussetzung für die Verringerung der Nährstoffrücklösung aus den Sedimenten.
- Auch die **Chlorophyll a**-Konzentration wurde in den drei Jahren sukzessive geringer. Infolge der gesunken Phosphorgehalte wird die pelagiale Primärproduktion stärker limitiert. Die Verschiebung der Phytoplanktonzusammensetzung und die dadurch effektivere Kontrolle des Zooplanktons sind an dieser Entwicklung ebenso beteiligt, wie die Wiederbesiedelung des Litorals mit Makrophyten. Diese konkurrieren direkt mit Algen um den verfügbaren Phosphor und eine weitere Verknappung des Phosphors ist die Folge.
- Komplementär dazu nahmen auch die **Sichttiefen**, insbesondere im Frühjahr und Frühsommer stark zu. Dauerten die minimalen Sichttiefen von einem Meter und darunter im ersten Jahr noch drei Monate, verkürzte sich dieser Zeitraum 1997 auf einen Monat; 1998 betrug die minimale Sichttiefe zwei Meter. Die Einstellung des Klarwasserstadiums verschob sich rund drei Monate nach vorne.
- Infolge des geogenen Backgrounds ist der Willersinnweiher ein Hartwassersee. Die mit der biogenen Aktivität verbundene **Calcitfällung** wurde parallel zur sinkenden Produktivität geringer (insgesamt zwischen 20-30 t in jedem Sommer). Ökologische Relevanz besitzt dieser Prozess durch die Mitfällung von Phosphor und dessen Fixierung im Sediment. Die Calcitfällung war zu hocheutrophen Zeiten des Sees und vor der Umstrukturierung des Phytoplanktons möglicherweise der Prozess, welcher die Einstellung eines Klarwasserstadiums begünstigte oder überhaupt ermöglichte.

- Die anthropogen bedingten hohen Sulfatkonzentrationen und der angespannte Sauerstoffhaushalt führen in jedem Jahr zur Bildung von **Schwefelwasserstoff**. Infolge der stark negativen Redoxbedingungen büßt das Sediment des Sees dabei einen Teil seiner Phosphorspeicherkapazität ein und trägt während der Stagnation zur internen Nährstoffanreicherung bei. Die Entspannung im Sauerstoffhaushalt während des Untersuchungszeitraumes führten auch zu einer Verringerung der $H_2S$-Konzentrationen sowie zur stärkeren Einschränkung von deren raum-zeitlichen Ausdehnung. Dadurch ist eine Verringerung der Nährstoffrücklösung zu erwarten.
- **Stickstoff** ist im Willersinnweiher nicht limitierender Faktor der Primärproduktion. Im Zuge der Reoligotrophierung kam es auch hier zu einer Senkung der Konzentrationen im See. Wichtiger für das Ökosystem ist die Verschiebung der N/ P-Verhältnisse. Diese bewirkten eine Veränderung der Konkurrenzbedingungen zwischen den Phytoplanktern zuungunsten der Blaualgen.
- Die **TP-Konzentrationen** stiegen seit 1990 stetig an (von 0,075 auf >0,1 mg/l). Mit Beginn der Reoligotrophierungsmaßnahmen kann bereits 1997 eine Absenkung der Jahresmittelwerte auf 0,071 mg/l festgestellt werden, eine Jahr später kommt es zu einer weiteren Verringerung auf 0,043 mg/l. Damit ist der Übergang zu schwach eutrophen bis mesotrophen Bedingungen erreicht.
- Die **Sedimente** sind auch im Willersinnweiher der bedeutendste Phosphorspeicher. Insgesamt sind hier, bei einem mittleren TP-Gehalt von 0,6 mg/g, ca. 2,7 t Phosphor gespeichert. Aus dem Sediment wird zu jeder Stagnationsphase Phosphor remobilisiert. Insbesondere bei unvollständiger Zirkulation kommt ein erhöhtes Eutrophierungspotential durch die Sedimente zum Tragen, was sich 1996 an stark erhöhen Stoffkonzentrationen insbesondere im kleinen Seebecken zeigt.
- Es ist davon auszugehen, dass die Speicherfähigkeit des Sediments im Reoligotrophierungsprozess des Willersinnweihers eine wichtige Funktion hatte. Die meteorologischen Bedingungen sorgten 1997 und verstärkt 1998 für eine intensivere Zirkulation und eine tiefe Lage der Thermoklinen, wodurch große Areale der Sedimentoberflächen oxisch wurden und Phosphor gebunden wurde.
- **Meteorologische Faktoren** spielen für den Stoffhaushalt des Willersinnweiher eine bedeutende Rolle. Aufgrund der klimatischen Bedingungen im Oberrheingebiet und morphologischer Faktoren des Seebeckens neigt der See zu unvollständigen Zirkulationen, wie 1991, 1996 und teilweise 1997. Insbesondere das kleine Seebecken zeigt dann infolge der stärkeren Belastung der Seesedimente extreme Stoffkonzentrationen in Grundnähe ($H_2S$, Ammonium, TP etc.). Die günstigeren Witterungsbedingungen 1997 und 1998 (Vollzirkulation, Lage der Thermokline) hatten einen gewissen Anteil an der Entspannung des Sauerstoffhaushalts im See und nahmen damit einen positiven Einfluss auf die Reoligotrophierung. Die Veränderung der Phosphorkonzentration im Seewasser im Verlauf der Eutrophierungsgeschichte seit 1990 und deren Absenkung seit 1996 ist allerdings so signifikant, dass die Witterungsbedingungen als alleinige Ursache der Verbesserung ausgeschlossen werden können.

Vielfältige Wechselwirkungen erschweren die Analyse der Wirkzusammenhänge dieser schnellen Reoligotrophierung im Willersinnweiher. Wesentliche Voraussetzung der aufgezeigten Entwicklung ist die Verminderung des Phosphoreintrags, wobei die Einträge aus den nahegelegenen Quellen offensichtlich massiver waren als angenommen. Erst durch seeinterne

Prozesse konnte eine Halbierung der Phosphorkonzentration im Wasser erreicht werden, wobei der Makrophytenvegetation und dem Sediment Schlüsselrollen zukommen.

Die Beurteilung der Trophie nach dem OECD-Modell zeigt für alle Parameter eine deutliche Tendenz zu nährstoffärmeren Bedingungen. Verschiedene Parameter führen jedoch zu differierenden Bewertungen; während die TP-Konzentration noch immer schwach eutrophe Bedingungen implizieren, ergeben sich auf der Basis der Chlorophyll a-Konzentrationen oligotrophe Verhältnisse. Die Ursachen hierfür können in der Biozönose begründet liegen.

Die gravierenden Umstrukturierungen in der **Biozönose** war durch Änderungen auf allen trophischen Ebenen gekennzeichnet:

- Der bis einschließlich 1996 „wüstenhaft" vegetationslose See wurde bereits 1997 durch **Makrophyten** rekolonisiert. Das Fehlen der Makrophytenflora wurde ursprünglich durch den Besatz von Graskarpfen und durch den allgemein hohen Fischbestand verursacht. Bereits die 1998 durchgeführte Vegetationskartierung erbrachte eine fast durchgehende, mehr oder minder üppige, Unterwasservegetation im Litoral. Die Untergrenze der Ausbreitung lag dabei allerdings nur bei einer Wassertiefe von 4,5 m. Es dominieren dabei die Arten *Myriophyllum spicatum*, *Najas marina* und *Chara sp.*, mit geringerer Verbreitung auch *Ceratophyllum demersum*, *Potamogeton sp.* u.a. Aufgrund der Verbreitung von Indikatorarten nach MELZER (1976) ergibt sich eine mäßige bis erhebliche Belastung des Sees (Indexbereich zwischen 2,76 bis 3,26).

  Allerdings ist allein schon die Wiederbesiedelung mit Makrophyten, unabhängig von deren Indikatorfunktion, ein großer Erfolg, der zu einer erheblichen Stabilisierung des Ökosystems beiträgt. Auslösender Faktor für diese Veränderung ist das mit der gesunkenen Phosphorkonzentration verringerte Algenwachstum. Dies führte zu einer Verbesserung des Lichtklimas im Frühjahr. Eine weitere Voraussetzung, die allerdings schon in früheren Jahren gegeben war, ohne dass diese allein zu einer Wiederbesiedelung geführt hatte, ist die seit 1992 erheblich gesunkene Populationsdichte der Fische. Die Rekolonisierung sorgt nicht nur für eine weitere Verknappung von Phosphor im Pelagial, sie verbessert sowohl die Bedingungen für anspruchsvollere Raubfische, als auch für das Zooplankton und das Makrozoobenthos und hat somit vielfältige positive Wirkungen auf den See. Damit kommt **diesem Prozess ein wesentlicher Anteil an der schnellen Reoligotrophierung** des Willersinnweihers zu.

- Die Aufnahme der **Makrozoobenthosgesellschaft** zeigt 1998 - im Gegensatz zu den Makrophyten - noch keine durchgreifende Verbesserung. Eine Besiedelung kann nur bis zu einer Wassertiefe von neun Metern festgestellt werden. Darunter sind die Sauerstoffbedingungen über viele Monate im Jahr so ungünstig, dass selbst toleranten Arten eine Besiedelung verwehrt bleibt. Auffällig sind auch in darüber liegenden Bereichen die sehr geringe Arten- und Individuendichten. Die im Willersinnweiher quantitativ wichtigsten Gruppen sind die Chironomiden, Ephemeropteren und Oligochaeten, wobei in neun Metern Tiefe nur noch Chironomiden leben. Die Dominanz der Unterfamilie Chironominae impliziert eine hohe Belastung des Sedimentes. Andere Gruppen wie z.B. Gastropoda, Turbellaria oder Bivalvia wurden nur lokal gefunden. Mit der Entspannung des Sauerstoffhaushalts und der aufgekommenen Makrophytenvegetation, sind für die Zukunft aber auch auf dieser Ebene Verbesserungen zu erwarten.

- Mit einer geringen Besiedelungsdichte des Sedimentes fehlt weiterhin eine entscheidende Futterquelle für die Fische, welche deshalb auf das Zooplankton ausweichen müssen. Dies ist möglicherweise eine Ursache für das Fehlen großer Zooplankter im See, welches bis heute andauert. Es bleibt zu hoffen, dass sich die Situation auch für das Zoobenthon in den nächsten Jahren weiter verbessern wird, und die gegenwärtige relativ geringe Dichte und Artenvielfalt eine Folge der langen Reaktionsdauer des Sedimentes und der Tiere ist.

- Weitreichende Veränderungen können auch beim **Phytoplankton** festgestellt werden. Infolge kurzer Entwicklungszeiten ist es ein sehr sensibler Indikator für Veränderungen im System. War der See seit Jahren bis 1996 durch filamentöse Cyanophyceen der Gattungen *Limnothrix/ Planktothrix* geprägt, die bis in den Sommer hinein das Aufkommen anderer Arten erfolgreich verhindern konnten, so zeigt sich ab 1997 eine vielfältigere Algensukzession mit Diatomeen, Cryptophyceen sowie Chlorophyceen und in geringerer Abundanz auch weiterer Gruppen. Gleichzeitig verringerte sich die Primärproduktion; die Sichttiefen stiegen insbesondere im Frühjahr und Frühsommer deutlich an. Eine wesentliche Voraussetzung für die Verdrängung der Blaualgen dürfte neben der verringerten TP-Konzentration auch eine Verschiebung des Stickstoff/Phosphor-Verhältnisses gewesen sein. Zudem brachte die Verbesserung des Lichtklimas Konkurrenzvorteile für andere Spezies. Neben diesen bottom-up-Effekten spielen für die Verringerung der Primärproduktion sicherlich auch top-down-Effekte eine wichtige Rolle. Im Vergleich zu den fädigen Blaualgen sind die nun dominierenden Gruppen besser ingestierbar und können somit vom Zooplankton effektiver kontrolliert werden. Auch das Aufkommen der Makrophyten, die in direkter Konkurrenz zu den Algen stehen, kann als wichtige Größe angesehen werden. Das mit der Verdrängung der Blaualgen veränderte Sukzessionsmuster sowie geringere Chlorophyll a-Konzentrationen sind prägnanter Ausdruck für den Wandel des Willersinnweihers. Das lange Jahre hocheutrophe Ökosystem entwickelt sich nun auf einen mesotrophen Status zu.
- Die mit der Veränderung der Phytoplanktonstruktur einhergehende Verbesserung der Nahrungsgrundlagen für das **Zooplankton** hatte auch auf dieser Ebene Umstrukturierungen zur Folge. Im gesamten Untersuchungszeitraum wird das Zooplankton durch cyclopoide Copepoden dominiert. Es zeigt sich jedoch eine Verdreifachung der Individuenzahlen, wobei große Arten, wie Daphnien und calanoide Copepoden auch weiterhin nur sehr selten festzustellen sind. Ob dieses Muster vorwiegend durch die Prädation der Fische oder durch einen Nahrungsmangel des Zooplanktons ausgelöst wird, kann nicht eindeutig analysiert werden. Beide Ursachen wirken zeitgleich auf das Zooplankton und haben ähnliche Konsequenzen, wie die Dominanz kleiner Arten. Wahrscheinlich ist ein Zusammenwirken beider Faktoren für die Struktur des Zooplanktons im Willersinnweiher verantwortlich. Durch Nahrungslimitierung werden insbesondere die rein herbivoren Cladoceren geschädigt, was deren geringen Anteil in allen drei Untersuchungsjahren erklärt.
- Neben der bottom-up-Kontrolle steuern im See auch top-down-Prozesse, die vom Ende des Nahrungsnetzes in Richtung der Primärkonsumenten wirken. Eine bereits seit 1993 veränderte fischereiliche Bewirtschaftung führte bis 1996 zur deutlichen Verringerung des **Fischbestandes**. Die Friedfische werden durch Rotaugen und Brachsen dominiert, welche im Gegensatz zu 1992 einen guten Vitalitätszustand aufweisen. Neu hinzugekommen ist eine starke Raubfischpopulation. Barsche sind hierbei zahlenmäßig sehr stark vertreten, während sich bis 1996 noch keine stabile Populationen von Hechten und Zandern aufbauen konnte. Dies wäre sehr wichtig, um eine wirkungsvolle Kontrolle der Fische aller Altersklassen zu ermöglichen. Durch die Verbesserung der trophischen Situation im Zuge der Reoligotrophierung sowie die neu gestaltete Flachuferzone und die aufgekommene Makrophytenvegetation wird jedoch eine Verbesserung der natürlichen Reproduktion von Hecht und Zander erwartet.

Trotz dieser klaren Entwicklung hin zu einem nährstoffärmeren Status werden noch immer einige Indikatoren (hoch-)eutropher Bedingungen in den verschiedenen trophischen Ebenen gefunden. Inwieweit diese als Relikte der bis vor wenigen Jahren starken Belastung angesehen werden können, oder ob es sich tatsächlich um Anzeichen gegenwärtiger Bedingungen handelt, ist aufgrund der kurzen Zeitspanne noch nicht zu klären. Dennoch kann die Reoligotrophierung am Willersinnweiher als erfolgreich bewertet werden. Der Übergang von hocheutrophen Bedingungen, hin zu beinahe mesotrophen ist erreicht. Viel mehr ist infolge des stark anthropogen geprägten Umfeldes, das für eine hohe Nährstoffbelastung des Grundwassers und der trockenen und nassen Deposition sorgt, nicht zu erwarten. Im Gegenteil überrascht diese schnelle und drastische Reaktion des Ökosystems Willersinnweiher. In den folgenden Jahren sollte dem Gewässer dennoch eine verstärkte Aufmerksamkeit gewidmet werden, um eventuellen Tendenzen einer erneuten Verschlechterung frühzeitig gegensteuern zu können.

# 9 Literaturverzeichnis


AHLGREN, I. (1977): Role of sediments in the recovery of a eutrophicated lake.- GOLTERMAN, H.L. (ed.): Interactions between sediments and fresh water: 372-377.

ALDRIDGE, F. J. /SCHELSKE, C. L. /CARRICK, H. J. (1993): Nutrient limitation in a hypereutrophic Florida lake.- Archiv für Hydrobiologie 127: 21-37.

ALLANSON, B. R. (1990): Physical processes and their biological impact.- Verhandlungen der Internationalen Vereinigung für theoretische und angewandte Limnologie 24: 112-116.

ANDERSEN, T. (1997): Pelagic nutrient cycles- Herbivores as sources and sinks.- Berlin.

ANDERSON, G. /BERGGREN, H. /HAMRIN, S. (1975): Lake Trummen restoration project. III. Zooplankton, macrozoobenthos and fish.- Verhandlungen der Internationalen Vereinigung für theoretische und angewandte Limnologie 19: 1097-1106.

ANDERSON, G. /BERGGREN, H. /CRONBERG, G. /GELIN, C. (1978): Effects of planctivorous and benthivorous fish on organisms and water chemistry in eutrophic lakes.- Hydrobiologia 59: 9-15.

ARMITAGE, P. /CRANSTON, P.S. /PINDLER, L.C.V. (1995): The Chironomidae. Biology of nonbiting midges.- London.

ARNDT, H. /NIXDORF, B (1991): Spring clear-water phase in a eutrophic lake: Control by herbivorous zooplankton enhanced by grazing on components of microbial web.- Verhandlungen der Internationalen Vereinigung für theoretische und angewandte Limnologie 24: 879-883.

ASHLEY, K.I. (1983): Hypolimnetic aeration of a naturally eutrophic lake: physical and chemical effects.- Canadian Journal of Fisheries and Aquatic Sciences 40: 1343-1359.

ATKINS, W.R.G. (1923): The phosphate content of fresh and salt water in its relationship to the growth of algal plankton.- Journal of the Marine Biological Association 13: 700-720.

AZAM, F. /FENCHEL, T. /FIELD, J.G. /GRAY, J.S. /MEYER-REIL, L.A. /THINGSTAD, F. (1983): The ecological role of water-column microbes in the sea.- Marine Ecolology- Progress Series 10: 257-263.

BACCINI, P. (1985): Phosphate interactions at the sediment-water interface.- STUMM, W. (ed.): Chemical processes in lakes.- New York.

BAHLO, K. & WACH G. (1995): Naturnahe Abwasserreinigung.- Staufen.

BANNIK, B.A. & VAN DEN VLUGT, J.C. (1978): Hydrobiological and chemical response to the addition of iron and aluminium salts, studied in 3 LUND-type butylrubber reservoirs.- Verhandlungen der Internationalen Vereinigung für theoretische und angewandte Limnologie 20: 1816- 1821.

BARTHELMES, D. (1977): Maßnahmen gegen das Massenwachstum von aquatischen Pflanzen und Phytoplankton.- Zeitschrift für Binnenfischerei DDR 24: 243-250.

BARTHELMES, D. (1981): Hydrobiologische Grundlagen der Binnenfischerei.- Jena, Stuttgart.

BARTHELMES, D. (1988): Fish predation and resource reaction: Biomanipulation background data from fisheries research.- Limnologica 19 /1: 51-59.

BAYERISCHES LANDESAMT FÜR WASSERWIRTSCHAFT (1992): Biologische Typisierung der aquatischen Makrofauna.- Informationsberichte 4 /96.- München.

BEHRENDT, H. /BÖHME, M. (1994): Phosphorreiche aber klare Seen- Ausnahme von der Regel?- DEUTSCHE GESELLSCHAFT FÜR LIMNOLOGIE (Hrsg.): Erweiterte Zusammenfassung der Jahrestagung 1994 in Hamburg 1: 1-4.

BENGTSSON, L. /FLEISCHER, S. /LINDMARK, G. /RIPL, W. (1975): Lake Trummen restoration project I: Water and sediment chemistry.- Verhandlungen der Internationalen Vereinigung für theoretische und angewandte Limnologie 19: 1080- 1087.

BENNDORF, J (1987): Food-web manipulation without nutrient control: A useful strategy in lake restoration?- Schweizerische Zeitschrift für Hydrologie. 49: 237-248.

BENNDORF, J (1988): Objectives and unsolved problems in ecotechnology and biomanipulation: A preface.- Limnologica 19 /1: 5-8.

BENNDORF, J (1990): Conditions for effective biomanipulation; conclusions derived from whole-lake experiments in Europe.- Hydrobiologia 200 /201: 187-203.

BENNDORF, J. (1994): Sanierungsmaßnahmen in Binnengewässern: Auswirkungen auf die trophische Struktur.- Limnologica 24 /2: 121-135.

BENNDORF, J. (1995): Possibilities and limits for controlling eutrophication by biomanipulation.- Internationale Revue der gesamten Hydrobiologie 80 /4: 519-534.

BENNDORF, J. /KNESCHKE, H. /KOSSATZ, K. /PENZ, E. (1984): Manipulation of the Pelagic Food Web by Stocking with Predacious Fishes.- Internationale Revue der gesamten Hydrobiologie 69: 407-428.

BENNDORF, J. /KOSCHEL, R. (1988): Ökotechnologie für saubere Gewässer.- Wasserwirtschaft-Wassertechnik 8: 173-175.

BENNDORF, J. /SCHULZ, H. /BENNDORF, A. /UNGER, R. /PENZ, E. /KNESCHKE, H. /KOSSATZ, K. /DUMKE, R. /HORNIG, U. /KRUSPE, R. /REICHEL, S. (1988): Food-web manipulation by enhancement of piscivorous fish stock: Longterm effects in the hypertrophic Bauzen reservoir.- Limnologica 19:97-110.

BERNHARDT, H. (1974): Ten years experience of reservoir aeration.- Proc Wat. Technol. 7: 483-495.

BERNHARDT, H. /CLASEN, J. (1982): Gedanken zur Übertragung der Ergebnisse des OECD-Untersuchungsprogrammes in die Praxis des Seenschutzes.- Zeitschrift für Wasser- und Abwasserforschung 15 /3: 96-103.

BERNHARDT, H. /CLASEN, J. (1985): Recent developments and perspectives of restoration for artifical basins used for water supply.- International Congress on lake pollution and recovery, Rome: 213-227.

BESCH, W.- K. /HAMM, A. /LENHART, B. /MELZER, A. /SCHARF, B. /STEINBERG, C. (1992): Limnologie für die Praxis- Grundlagen des Gewässerschutzes.- Landsberg.

BJÖRK, S. (1972): Swedish lake restoration programme gets results.- Ambio 1: 153-165.

BJÖRK, S. (1985): Lake restoration techniques.- International Congress on lake pollution and recovery, Rome 1985, Proceedings: 202-212.

BLOMQVIST, P. /PETTERSSON, A. /HYENSTRAND, P. (1994): Ammonium-nitrogen: A key regulatory factor causing dominance of non-nitrogen-fixing cyanobacteria in aquatic Systems.- Archiv für Hydrobiologie 132: 141-164.

BOSTRÖM, B. (1984): Potential mobility of phosphorus in different types of lake sediments.- Internationale Revue der gesamten Hydrobiologie 69: 457-429.

BOSTRÖM, B. /JANSSON, M. /FORSBERG, C. (1982): Phosphorus release from lake sediments.- ELSTER, H.-J. & W. OHLE (eds.): Nutrient remobilization from sediments and its limnological effects. Ergebnisse der Limnologie, Beiheft 18: 5-59.- Stuttgart.

BOYD, C.E. (1967): Utilization of aquatic plants.- MITCHEL, D.S.: Aquatic vegetations and its use and control.

BRIGGS, I.C. (1974): Machine Contouring Using Minimum Curvature.- Geophysics 39 /1: 39-48.

BROOKS, J.L. (1969): Eutrophication and changes in the composition of zooplankton.- ROHLICH, G.A. (ed.): Eutrophication: causes, consequences, correctives, Proceedings International Symposium on Eutrophication: 236-255.

BROOKS, J.L. & DODSON, S.I. (1965): Predation, body size and composition of plankton.- Science 150: 28-35.

BÜHRER, H. (1993): Dynamische Simulation des Bodensee-Obersees und tolerierbare Phosphor-Fracht.- Bericht der Internationalen Gewässerschutzkommission Bodensee 44.

BÜRGI, H. R. (1992): Das Plankton und seine trophische Struktur in Seen unterschiedlicher Trophie.- EAWAG-Mitteilungen 34D: 14-17.

CARLSON, R.E. (1977): A trophic state index for lakes.- Limnology and Oceanography 22: 361-369.

CARPENTER, S.R. /KITCHELL, J.F. (eds.) (1993): The trophic cascade in lakes.- Cambridge.

CARPENTER, S. R. /KITCHELL, J. F. /HODGSON, J.R. (1985): Cascading trophic interactions and lake productivity.- Bio.Science 35: 634-639.

CARPENTER, S.R. /LODGE, D.M. (1986): Effects of submersed macrophytes.- Aquatic Botany 26: 341-370.

CARR, N.G. & WHITTON B.A. (eds.) (1973): The biology of blue-green algae.- Botanical Monographs 9.- Oxford.

CASPER, S.J. (Hrsg.) (1985): Lake Stechlin- A temperate oligotrophic lake.- Dortrecht.

CASPER, P. (1987): Bedeutung von terrestrischem Pflanzenmaterial für den Stoffhaushalt eines oligotrophen Gewässers (Stechlinsee).- Limnologica 18: 423-430.

CASPER, S.J. /KREY, L. /PROFT, G. (1985): Fallen leaves in Lake Stechlin- A temperate oligotrophic lake.- CASPER, S.J. (Hrsg.): Lake Stechlin- A temperate oligotrophic lake, S.400-409.- Dortrecht.

CERMAK, M. (1999): Biologisch-ökologische Charakterisierung des Phytoplanktons im Willersinnweiher bei Ludwigshafen.- unveröffentlichte Diplomarbeit in der Fakultät für Biologie, Universität Heidelberg.

CHORUS, I. (1995): Müssen in der Seensanierung Gesamphosphat-Schwellenwerte unterschritten werden, bevor das Phytoplankton eine Reaktion zeigt?- Limnologie aktuell, Band 8: 21- 28.- Stuttgart.

COOKE, G.D. (1980): Covering bottom sediment as a lake restorations technique.- Water Resources Bulletin 16: 921-926.

CRONBERG, G. (1982): Phytoplankton changes in Lake Trummen induced by restoration.- Folia Limnologia Scandinaviae 18:1-117.

DEHUS, P. (1990): Rote Liste der in Schleswig-Holstein gefährdeten Süßwasserfische und Rundmäuler. Landesamt für Naturschutz und Landschaftspflege Schleswig-Holstein (Hrsg.).- Hamburg.

DEHUS, P. /BERG, R. (1998): Angepaßte fischereiliche Bewirtschaftung als Maßnahme der Seensanierung.- MINISTERIUM FÜR UMWELT UND VERKEHR BADEN-WÜRTTEMBERG (Hrsg.): Aktionsprogramm zur Sanierung oberschwäbischer Seen: Internationale Seen-Fachtagung, August 1998: 113-117.-Ravensburg.

DEMELO, R. /FRANCE, R. & MCQUEEN, D.J. (1992): Biomanipulation: hit or myth.- Limnology and Oceanography 37: 197-207.

DEMOTT, W.R. (1989): The role of competition in zooplankton sucession.- SOMMER, U. (ed.): Plankton ecology: 195-252.

DILEWSKI, G. & SCHARF, B.W. (1988): Verbreitung des Graskarpfens (*Ctenopharyngodon idella*, Val.) und ökologische Auswirkungen in Rheinland-Pfalz.- Natur und Landschaft 63 /12: 507-510.

DILEWSKI, G. & SCHARF, B.W. (1991): Erfahrungen mit der Gewässerentkrautung durch Graskarpfen (*Ctenopharyngodon idella*, Val.) in der Bundesrepublik Deutschland. Ergebnisse einer Umfrage.- Mitteilungen der Polichia des Pfälzischen Vereins für Naturkunde und Naturschutz 78: 175-187.

DILLON, P.J. /RIGLER, F.H. (1974): The phosphorus-chlorophyll relationship in lakes.- Limnology and Oceanography 19: 767-773.

DITTRICH, M. (1998): Phosphorelimination in geschichteten Hartwasserseen durch hypolimnisch induzierte Kalzitfällung kombiniert mit Tiefenwasserbelüftung. Dissertation an der TU Brandenburg.

DLG (1995): Untersuchung, Überwachung und Bewertung von Baggerseen.

DODSON, S.I. (1974): Zooplankton competition and predation: an experimental test of Size-Efficiency Hypothesis.- Ecology 55: 605-613.

DOWNING, J.A. & MCCAULEY, E. (1992): The nitrogen: phosphorus relationship in lakes.- Limnology and Oceanography 37: 936-945.

DVWK (1988): Merkblätter zur Wasserwirtschaft. Nr. 213: Sanierung und Restaurierung von Seen.- Hamburg.

DVWK (1996): Hydrogeochemische Stoffsysteme, Teil 1.- DVWK Schriften 110- Bonn.

DVWK (1992): Gestaltung und Nutzung von Baggerseen- Baggerseen durch Abgrabung im Grundwasserbereich. Regeln zur Wasserwirtschaft 108.- Hamburg.

EDMONDSON, W.T. (1970): Phosphorus, Nitrogen and Algae in Lake Washington after Diversion of Sewage.- Science 169: 690.

EDMONDSON, W.T. (1970): Recovery of Lake Washington from eutrophication.- International Congress on lake pollution and recovery, Rome 1985: 228-234.

EDMONDSON, W.T. & ABELLA, S.E.B. (1988): Unplanned biomanipulation in Lake Washington.- Limnologica 19 /1: 73-79.

EINSELE, W. (1936): Über die Beziehungen des Eisenkreislaufs zum Phosphorkreislauf in eutrophen Seen.- Archiv für Hydrobiologie 29: 664-686.

EINSELE, W. (1941): Die Umsetzung von zugeführtem, anorganischen Phosphat im eutrophen See und ihre Rückwirkungen auf seinen Gesamthaushalt.- Zeitschrift für Fischerei 39: 407-488.

ELSER, J.J. /GOLDMAN, C.R. /MARZOLF, E.R. (1990): Phosphorus and nitrogen limitation of phytoplankton growth in the freshwaters of North America: A revies and critique of experimental enrichments.- Canadian Journal of Fisheries and Aquatic Sciences 47: 1468-1477.

ELSER, J.J. /LUBNOW, F.S. /MARZOLF, E.R. /BRETT, M.T. /DION, G. /GOLDMAN, C.R. (1995): Factors associated with interannual and intraannual variation in nutrient limitation of phytoplankton growth in Castle Lake, California.- Canadian Journal of Fisheries and Aquatic Science 52: 93-104.

ELSTER, H.-J (1958): Das limnologische Seetypensystem, Rückblick und Ausblick.- Verhandlungen der Internationalen Vereinigung für theoretische und angewandte Limnologie 13: 102-120.

ELSTER, H.-J (1974): History of Limnology.- Mitteilungen der internationalen Vereinigung für Limnologie 20: 7-30.

EUROPÄISCHE GEMEINSCHAFT (1976): Richtlinie des Rates über die Qualität der Badegewässer (76 /160 /EWG). Amtsblatt der Europäischen Gemeinschaften vom 5.2.1976.

FEE, E.J. /HECKY, R.E. /REGEHR, G.W. /HENDZEL, L.L. /WILKINSON, P. (1994): Effects of lake size on nutrient availability in the mixed layer during summer stratification.- Canadian Journal of Fisheries and Aquatic Sciences 51: 2756-2768.

FICHTNER, N. (1983): Verfahren zur Nitrateliminierung im Gewässer.- Acta hydrobiolgica 11; 339-345.

FORSBERG, C. (1979): Die physiologischen Grundlagen der Gewässer-Eutrophierung.- Zeitschrift für Wasser- und Abwasserforschung 12: 40-45.

FOX, A.D. /JONES, T.A. /AGNEW, A.D.Q. (1994): Food supply and the effects of recreational disturbance on the abundance and distribution of wintering Pochard on a gravel pit complex in southern Britain.- Hydrobiologia 279 /280: 253-261.

FÜRST, J. 1998: Der Rohrsee - Steppensee des Alpenvorlandes: sein Phyto- und Zooplankton.- MINISTERIUM FÜR UMWELT UND VERKEHR BADEN-WÜRTTEMBERG (Hrsg.): Aktionsprogramm zur Sanierung oberschwäbischer Seen: Internationale Seen-Fachtagung, August 1998.- Ravensburg: 191-199- Ravensburg.

FUSSMANN, G. (1996): The importance of crustacean zooplankton in structuring rotifer and phytoplankton communities: an enclosure study.- Journal of Plankton Research 19: 1897-1915.

GÄCHTER, R. (1968): Phosphorhaushalt und planktische Primärproduktion im Vierwaldstättersee (Horwer Bucht):.- Schweizerische Zeitschrift für Hydrologie 30: 1-66.

GÄCHTER, R. (1976): Die Tiefenwasserableitung, ein Weg zur Sanierung von Seen.- Schweizerische Zeitschrift für Hydrologie 38: 1-28.

GÄCHTER, R. (1987): Lake restoration. Why oxigenation and artificial mixing cannot substitute for decrease in the external phosphorus loading.- Schweizerische Zeitschrift für Hydrologie 49: 176-185.

GÄCHTER, R. /MARES, A. /GRIEDER, E. /ZWYSSIG, A. /HÖHENER, P. (1989): Auswirkungen der Belüftung und Sauerstoffbegasung auf den P-Haushalt des Sempachersees.- Wasser, Energie, Luft 81 /11 /12: 335-341.

GÄCHTER, R. /MEYER, J. /MARES, A. (1988): Contribution of bacteria to release and fixation of phosphorus in lake sediments.- Limnology and Oceanography 33: 1542-1558.

GARBE-SCHÖNBERG, C.-D. /ZEILER, M. /STOFFERS, P. (1997): Geochemische Stoffkreisläufe in Binnenseen: Akkumulation versus Remobilisierung von Spurenelementen.- MATSCHULLAT, J. et al.: Geochemie und Umwelt: 291-315- Berlin.

GELLER, W. & MÜLLER, H. (1981): The filtration apparatus of Cladocera: Filter mesh sizes and their implications on food selectivity.- Oecologia 49: 316-321.

GELLER, W. /NETTER, G. /KLEYN, K. /LENZ, A. (1992): Bewachsene Bodenfilter zur Reinigung von Wässern- Ergebnisse und Empfehlungen aus einem 5-jährigen BMBF-Forschungsvorhaben.- Korrespondenz Abwasser 39 /6: 886-899.

GLIWICZ, Z.M. (1969): Studies on the feeding of pelagic zooplankton in lakes with varying trophy.-Ekologia Polska 17: 665-708.

GLIWICZ, Z.M. (1977): Food selection and seasonal sucession of filter feeding zooplankton in a eutrophic lake.- Ekologia Polska 25: 179-225.

GLIWICZ, Z.M. (1985): Predation or food limitation: an ultimate reason for extinction of planktonic Cladoceran species.- Ergebnisse der Limnologie 21: 419-430.

GLIWICZ, Z.M. (1990a): Food thresholds and body size in Cladocerans.- Nature 343: 638-639.

GLIWICZ, Z.M. (1990b): Why do cladocerans fail to control algal blooms?- Hydrobiologia 200 /201: 29-41.

GLIWICZ, Z.M. & HILLBRICHT-ILKOWKA, A. (1972): Efficiency of the utilization of nannoplankton primary production by communities of the filter feeding animals measured in situ.- Verhandlungen der Internationalen Vereinigung für theoretische und angewandte Limnologie 18: 197-203.

GOLDMAN, C.R. /HORNE, A.J. (1994): Limnology.- New York.

GOLTERMAN, H.L: (1990): Concluding remarks.- International symposium on trophic relationships in inland water. Tihany, Hungary.- Hydrobiologia 191: 319-320.

GRANÉLI, W. /SOLANDER, D. (1988): Influence of aquatic macrophytes on phosphorus cycling in lakes.- Hydrobiologia 170: 245-266.

GRIMM, M.P. (1989): Northern pike (*Esox lucius* L.) and aquatic vegetation, tools in the management of fisheries and water quality in shallow waters.- Hydrobiological Bulletin 23: 59-65.

GROSS, E.M. /MEYER, H. /SCHILLING, G. (1996): Release and ecological impact of algicidal hydrolysable polyphenols in *Myriophyllum spicatum*.- Phytochemistry 41, 133-138.

GÜDE, H. (1989): The role od Grazing on bacteria in plankton succession.- SOMMER, U. (ed.): Plankton ecology.- Berlin.

GÜDE, H. (1991): Participation of bacterioplankton in epilimnic phosphorus cycle of Lake Constance.- Verhandlungen der Internationalen Vereinigung für theoretische und angewandte Limnologie 24: 816-820.

GÜDE, H. /ROSSKNECHT, H. /WAGENER, G. (1998): Anthropogenic impacts on the trophic state of Lake Constance during the $20^{th}$ century.- Ergebnisse der Limnologie 53.

GÜDE, H. /ROTHAUPT, K.O. /SIUDA, W. (1992): Impact of dissolved phosphorus on the competition for phosphorus between algae and bacteria in Lake Constance.- Ergebnisse der Limnologie 37: 121-128.

GÜDE, H. /SCHÜNEMANN, B. /TRAUTMANN, A. (1995): Die Fallstudie Schleinsee – Ein Beispiel für die Wirkung von Extensivierungsmaßnahmen im Einzugsgebiet.- JAEGER, D. & KOSCHEL, R. (Hrsg): Limnologie aktuell, Band 8: 39-52.- Stuttgart.

HABERMAN, J. (1995): Estimation of the trophic state of Lake Vortsjärv on the basis of rotifer.- Proceedings of the Estonian Acadademy of Science 44 /3 /4: 92-105.

HALL, D.J. /THREKELD, S.T. /BURNS, C.W. /CROWLEY, P.H. (1976): The size-efficiency hypothesis and the size structure of zooplankton communities.- Ann. Rev. Ecol. Syst. 7: 177.

HAMM, A. (1967): Bisherige Untersuchungen an oberbayrischen Seen im Hinblick auf die Auswirkungen von Seensanierungsmaßnahmen.- Zeitschrift für Wasser- und Abwasserforschung 1: 135-141.

HAMM, A. (1971): Limnologische Untersuchungen am Tegernsee und Schliersee nach der Abwasserfernhaltung /Stand 1970).- Wasser- und Abwasserforschung 4: 131-150.

HAMM, A. (1975): Eutrophierungsprobleme am Freudensee (Bayerischer Wald), einem Badesee mit ländlichem Einzugsgebiet –II. Mitteilung: Seenrestaurierung durch Ausbaggerung.- Zeitschrift für Wasser- und Abwasserforschung 8 /29: 4-9.

HAMM, A. (Hrsg.) (1991): Studie über Wirkungen und Qualitätsziele von Nährstoffen in Fließgewässern.- St. Augustin.

HARPER, D.M. (1986): The effect of artificial enrichment upon the planctonic and benthic communities in a mesotrophic to hypertrophic loch series in lowland Scotland.- Hydrobiologia 137: 9-19.

HASLAM, S.M. (1987): River plants of Western Europe.- Cambridge.

HERING, P. (1993): Stoffhaushalt zweier kleiner Seen in Oberschwaben mit landwirtschaftlichem Einzugsgebiet.- Dissertation Universität Ulm.- Tübingen.

HOLDGREN, G.C. & ARMSTRONG, D.E. (1984): Interstitial ion concentrations as an indicator of phosphorus release and mineral formation in lake sediments.- SLY, P. (ed.): Sediments and water interactions: 133-147.- Berlin.

HOSPER, S.H. (1989): Biomanipulation- new perspectives for the restoration of shallow eutrophic lakes in the Netherlands.- Hydrobiological Bulletin 23: 5-10.

HOUSE, W.A. (1990): The prediction of phosphate coprecipitation with calcite in freshwaters.- Water research 24: 1017-1023.

HRBÁCEK, J. (1962): Species composition and the amount of the zooplankton in relation to the fish stock.- Rozpravy Cekoslowvenske Akademie Ved. 72: 1-116.

HUISMAN, J. /JONKER, R. /ZONNEVELD,C. /WEISSIG, F.J. (1999): Competition for light between pytoplankton species: experimental tests of mechanistic theory.- Ecology 80: 211.

HUMBERG, B. (1989): Vergleichende vegetationskundliche Untersuchungen in Baggerseen zwischen Mannheim und Karlsruhe.-unveröffentlichte Diplomarbeit in der Fakultät für Biologie, Universität Heidelberg.

HUPFER, M. (1995): Bindungsformen und Mobilität des Phosphors in Gewässersedimenten.- STEINBERG, C. /CALMANO, W. /KLAPPER, H. /WILKEN, R.-D. (Hrsg.): Handbuch angewandte Limnologie. Teil IV-3.2.- Landsberg.

HUPFER, M. /GÄCHTER, R. (1995): Einfluß der hypolimnischen Belüftung auf den Phosphorhaushalt des Sempachersees (Schweiz).- Limnologie aktuell, Band 8, 99- 114.

HUPFER, M. /GELBRECHT, J. /SCHARF, B. /STEINBERG, C. (1997): Konzeptionelle Ansätze zur Steuerung des Phosphat-Haushaltes von Seen durch interne Maßnahmen.- Wasser & Boden 49 /12: 8-13.

HUTCHINSON, G.E. (1967): A treatise on limnology. Vol 2.- New York.

HUTCHINSON, G.E. (1969): Eutrophication, past and present.- ROHLICH, G.A. (ed.): Eutrophication: causes, consequences, correctives, Proceedings International Symposium on Eutrophication. 17-26.

(IGKB) INTERNATIONALE GEWÄSSERSCHUTZKOMMISSION FÜR DEN BODENSEE (1997): Limnologischer Zustand des Bodensees Nr. 123.

IMBODEN, D.M. & GÄCHTER, M.V. (1978): A dynamic model for trophic state prediction.- Ecolological modelling 4: 77-98.

IMBODEN, D.M. (1985): Restoration of a swiss lake by internal measures: can models explain reality.- International Congress on lake and recovery, Rome 1985: Proceedings 29-40.

IRVINE, K. /MOSS, B. /BALL, H. (1989): The loss of submerged plants with eutrophication II: Relationsships between fish and zooplankton in a set of experimental ponds and conclusions.- Freshwater Biology 22: 89-107.

JAEGER, D. (1995): Restaurierung des Kruprunder Sees durch Kombination von hypolimnischer Belüftung und technischer Eisenphosphatfällung.- Limnologie aktuell, Band 8: 255- 272.

JAEGER, D. & KOSCHEL, R. (Hrsg.) (1995): Verfahren zur Sanierung und Restaurierung stehender Gewässer.- Limnologie aktuell, Band 8.- Stuttgart.

JEFFRIES, M. & MILLS, D. (1990): Freshwater ecology- principles and applications.- London.

JØRGENSEN S.E. /HALLING-SOERENSEN, B. /NIELSEN S.N. (eds.) (1996): Handbook of Environmental and Ecological Modelling.- Boca Raton.

KALBE, L. (1996): On the stability of limnetic ecosystems.- Limnologica 26 /3: 281-291.

KAMP-NIELSEN, L. (1986): Modelling the recovery of hypertrophic Lake Glumsø.- Hydrobiological Bulletin 29 1 /2: 245-255.

KARAGOUNIS, I. (1992): Ein physikalisch-chemisches Seenmodell- Anwendung auf das Nordbecken des Luganersees.- Zürich.

KASPRZAK, P. /KRIENITZ, L. /KOSCHEL, R. (1993a): Biomanipulation: a limnological in-lake ecotechnology of eutrophications management?- Memorie dell'Istitudo Italiano Idrobiologie 52: 151-169.

KASPRZAK, P. /KRIENITZ, L. /KOSCHEL, R. (1993b): Changes in the plankton of Lake Feldberger Haussee (Mecklenburg-Vorpommern, Germany): in response to biomanipulation.- Archiv für Hydrobiologie 128:149-168.

KASPRZAK, P. /KRIENITZ, L. /KOSCHEL, R. (1995): Erfahrungen bei der Sanierung des hocheutrophen Feldberger Hausses (Mecklenburg-Vorpommern) durch Kombination von Belastungsverminderung und Biomanipulation.- Limnologie Aktuell Band 8: 273-279.

KEIL, U. (1995): Phosphat-Elimination zur Restaurierung geschichteter Gewässer.- Limnologie Aktuell 8: 115-118.

KERFOOT, W.C. (1987): Translocation experiments: Bosmina responses to Copepod predation.- Ecology 28 /3: 596-610.

KLAPPER, H. (1991): Control of eutophication in inland waters.- New York.

KLAPPER, H. (1992): Oligotrophierung eines tiefen, geschichteten Sees in einem Erholungsgebiet durch Ableitung des Tiefenwassers.- Limnologica 10: 587-593.

KLAPPER, H. (1992): Eutrophierung und Gewässerschutz.- Jena.

KLAPPER, H. (1995): Anwendung ökotechnologischer Wirkprinzipien für die Wassergütebewirtschaftung.- Limnologie aktuell, Band 8: 1- 10.

KLEE, O. (1971): Die größte Kläranlage im Bodensee eine Muschel.- Mikrokosmos 60: 129-132.

KLEE, O. (1991): Angewandte Hydrobiologie: Trinkwasser-Abwasser-Gewässerschutz.- Stuttgart.

KLEEBERG, A. (1995): Die Sanierung /Restaurierung des Großen Müggelsees- mit oder ohne Baggerung der phosphorreichen Sedimentschichten?- Limnologie aktuell, Band 8: 281- 293.

KLEINER, J. (1988): Coprecipitation of phosphate with calcite in lake water: a laboratory experiment modelling phosphorus removal with calcite im Lake Constance.- Water Research 22: 1259-1265.

KLEINER, J. (1990): Calcite precipitation- regulating mechanism in hardwater lakes.- Verhandlungen der Internationalen Vereinigung für theoretische und angewandte Limnologie 24: 136-139.

KLEINER, J. (1990): Untersuchungen zur Calcitfällung im Bodensee. Dissertation an der Universität Konstanz.

KLEINER, J. & STABEL, H.H. (1989): Phosphorus transport to the bottom of Lake Constance.- Aquatic Science 51: 181-191.

KNEALE, P.E. /& HOWARD, A. (1997): Statistical analysis of algae and water quality.- Hydrobiologia 349: 59-63.

KNOPF, K. & ULRICH, K.-U. (1995): Auswirkungen der hypolimnischen Belüftung auf das Phytoplankton und Zooplankton im Heidesee, einem Baggersee in der Rheinebene.- Limnologie aktuell, Band 8: 119-131.- Stuttgart.

KOHL, J.G.& NICKLISCH, A. (1988): Ökophysiologie der Algen.- Stuttgart.

KOSCHEL, R. (1990): Pelagic calcite precipitation and trophic state of hardwater lakes.- Archiv für Hydrobiologie, Beiheft 33: 713-722.

KOSCHEL, R. (1994): Steuerung der natürlichen Kalzitfällung in Hartwasserseen- eine Möglichkeit zur Seensanierung?- Arbeitskreis "Chemische Limnologie" der DGL 17.

KOSCHEL, R. (1995): Möglichkeiten und Grenzen von ökotechnologischen Verfahren zur Restaurierung von Standgewässern.- Limnologie aktuell, Band 8: 11-19.- Stuttgart.

KOSCHEL, R. /BENNDORF, J. /PROFT, G. /RECKNAGEL, F. (1983): Calcite precipitation as a natural control mechanism of eutrophication.- Archiv für Hydrobiologie 98: 380-408.

KOSCHEL, R. /PROFT, G. /RAIDT, H. (1987): Autochtone Kalkfällung in Hartwasserseen der Mecklenburger Seenplatte.- Limnologica 18: 317-338.

KOSCHEL, R. /KASPRZAK, P. /KRIENITZ, L. /RONNEBERGER, D. (1993): Longterm effects of reduced nutrient loading and food-web manipulation on plankton in a stratified Baltic hardwater lake (Lake Haussee, Germany, Feldberg).-Verhandlungen der Internationalen Vereinigung für theoretische und angewandte Limnologie 25: 647-651.

KRAUSCH, H.D. (1996): Farbatlas Wasser- und Uferpflanzen.- Stuttgart.

KRETZ, M. (1997): Fischereiliche Situation am Willersinnweiher, Ludwigshafen-Friesenheim-Stellungnahme zur Befischung Aug - Okt. 1996.- nicht veröffentlicht.

KUCKLENTZ, V. & HAMM, A. (1988): Möglichkeiten und Erfolgsaussichten der Seerestaurierung.- Bayerische Landesanstalt für Wasserforschung.- München.

KÜMMERLIN, R.E. (1991): Long term development of phytoplankton in Lake Constance.- Verhandlungen der Internationalen Vereinigung für theoretische und angewandte Limnologie 24: 826-830.

KÜMMERLIN, R. E. /BÜRGI, H.R. (1989): Die langjährige Entwicklung des Phytoplanktons im Bodensee (1961-1986). Bericht der Internationalen Gewässerschutzkommission für den Bodensee 39.

KUMMERT, R & STUMMM, W (1989): Gewässer als Ökosysteme-Grundlagen des Gewässerschutzes.- Zürich.

LACHAVANNE, J.-B. /PERFETTA, J. /JUGE, J. (1991): The consequences of water oligotrophication on the macrophytic vegetation of swiss lakes.- Verhandlungen der Internationalen Vereinigung für theoretische und angewandte Limnologie 24: 943-948.

LAMMENS, E.H. (1989): Causes and consequences of the success of bream in Dutch eutrophic lakes.- Hydrobiological Bulletin 23: 11-18.

LAMPERT, W. (1977): Studies on the carbon balance of *Daphnia pulex* De Geer as related to environmental conditions. II. The dependence of carbon assimilation on animal size, temperature, food concentration and diest species.- Archiv für Hydrobiologie, Suppl. 48: 310-335.

LAMPERT, W. (1983): Biomanipulation- eine neue Chance zur Seensanierung?- Biologie in unserer Zeit 13: 79-86.

LAMPERT, W. (1986): Trophic chain interactions with reference to resilience.- Proceedings first workshop Eutrophication management in international perspective, IMSA report.- Amsterdam.

LAMPERT, W. (1988): The relationship between zooplankton biomass and grazing: A review.- Limnologica 19 /1: 11-20.

LAMPERT, W. & SOMMER, U. (1999): Limnoökologie.- Stuttgart.

LANDESAMT FÜR UMWELTSCHUTZ UND GEWERBEAUFSICHT RHEINLAND-PFALZ: Zentrales Immissionsmessnetz (ZIMEN)- Daten Ludwigshafen Mundenheim.

LANDESAMT FÜR WASSERHAUSHALT UND KÜSTEN SCHLESWIG-HOLSTEIN (1986): Bewertung des Zustandes von Seen -Eine Literaturstudie-.- Kiel.

LANDESAMT FÜR WASSERWIRTSCHAFT RHEINLAND-PFALZ (1996): Sanierung des Willersinnweihers in Ludwigshafen.- nicht veröffentlichte Stellungnahme.

LANDESANSTALT FÜR UMWELTSCHUTZ BADEN-WÜRTTEMBERG (Hrsg.) (1975): Wasserwirtschaftliche Untersuchungen – Baggerseen – 1. Bericht.- Karlsruhe.

LANDESANSTALT FÜR UMWELTSCHUTZ BADEN-WÜRTTEMBERG (Hrsg.) (1977): Wasserwirtschaftliche Untersuchungen – Baggerseen - 2. Bericht.- Karlsruhe.

LANDESANSTALT FÜR UMWELTSCHUTZ BADEN-WÜRTTEMBERG (Hrsg.) (1981): Wasserwirtschaftliche Untersuchungen – Baggerseen - 3. Bericht.- Karlsruhe.

LANDESANSTALT FÜR UMWELTSCHUTZ BADEN-WÜRTTEMBERG (Hrsg.) (1996): Nährstoff- und Schadstoffeinträge in Baggerseen.- Karlsruhe.

LANG, C. & LOIDS-CROZET, B. (1997): Oligochaetes versus chironomids as indicators of trophic state in two swiss lakes recovering from eutrophication.- Archiv für Hydrobiologie 139 /2: 187-195.

LAWA (1998): Gewässerbewertung - stehende Gewässer. Vorläufige Richtlinie für eine Erstbewertung von natürlich entstandenen Seen nach trophischen Kriterien 1998.- Berlin.

LAZARETTI, M.A. & HANSELMANN, K.W. (1992): The role of sediments in the phosphorus cycle in Lake Lugano. II. Seasonal and spatial variability of microbiological processes at the sediment-water-interphase.- Aquatic Sciences 54: 285-299.

LEHMAN, J.T. /BOTKIN, D.B. /LIKENS, G.E. (1975): Lake eutrophication and the limiting $CO_2$ concept: a simulation study.- Verhandlungen der Internationalen Vereinigung für theoretische und angewandte Limnologie 19: 300-307.

LEONARDSON, L. & RIPL, W. (1980): Control of undesiderable algae and induction of algael successions in hypertrophic lake ecosystems.- Developmental Hydrobiology 2: 57-65.

LERMAN, A. /IMBODEN, D. & GAT, J. (1995): Physics and Chemistry of Lakes.- Berlin.

LIBES, S.M. (1992): Introduction to marine biogeochemistry.- New York.

LIKENS, G.E. (ed.) (1972): Nutrients and eutrophication: the limiting nutrient controversy.- Limnology and Oceanography, Proceedings Vol. 1.- Michigan.

LINDEMANN, R.L. (1942): The trophic-dynamic aspect of ecology.- Ecology 23: 339-418.

LÖFFLER, H. (1984): Zur Ökologie des Brachsen (*Abramis brama*): im Bodensee.- Schweizerische Zeitschrift für Hydrologie 46 /1: 147-162.

LORENZ, P. (1990): Seenrehabilitierungsmaßnahmen und ihre Auswirkungen auf das Ökosystem See- dargestellt am Beispiel Stadtsee Bad Waldsee.- Dissertation an der Fakultät für Biologie der Universität Tübingen.

LYCHE, A. (1989): Changes in phyto- and zooplankton community structure along a gradient of trophy as shown by cluster analysis.- Vortrag am 18.8. auf dem XXIV. SIL-Kongreß in München.

LYNCH, M (1979): Predation, competition and zooplankton community structure: an experimental study.-Limnology and Oceanography 24: 252-273.

MAIER, G. (1989): Variable life-cycles in the freshwater copepod *Cyclops vicinus*: Support to the predator avoidance hypothesis?- Archiv für Hydrobiologie 115 /2: 203-219.

MAIER, G. (1990): Spatial distribution of resisting states, rate of emergence from diapause and time to adulthood and to the apperance of the first clutch in 3 species of cyclopoid copepods.- Hydrobiologia 206:11-18.

MAIER, G. (1996a): Copepod communities in lakes of varying trophic degree.- Archiv für Hydrobiologie 136 /4: 455-465.

MAIER, G. (1996b): Variable matin durations in cyclopoid copepods: an adaptation to changing predation risk?- Archiv für Hydrobiologie 137 /3: 349-361.

MANNY, B.A. /WETZEL, R.G. /JOHNSON, W.C. (1975): Annual contribution of carbon, nitrogen and phosphorus by migrant Canada geese to a hardwater lake.- Verhandlungen der Internationalen Vereinigung für theoretische und angewandte Limnologie 19: 949-951.

MATSCHULLAT, J. /TOBSCHALL, H.J. /VOIGT, H.-J. (1997): Geochemie und Umwelt.- Berlin.

McCAULEY, E. & DROWNING, J.A (1991): Different effects of phosphorus and nitrogen on chlorophyll concentration in oligotrophic and eutrophic lakes: Reply to Seip.- Canadian Journal of Fisheries and Aquatic Sciences 48: 2552-2553.

MCQUEEN, D.J. (1990): Manipulating lake community structure- where do we go from here?- Freshwater Biology 23: 613-620.

MEHNER, T. /SCHULTZ, H. /HERBST, R. (1995): Interactions of zooplankton dynamics and diet of 0+ perch (*Perca fluviatilis*) in the Top-down manipulated Bautzen Reservoir (Saxony, Germany) during summer.- Limnologica 25 /1: 1-9.

MELZER, A. (1976): Makrophytische Wasserpflanzen als Indikatoren des Gewässerzustandes oberbayrischer Seen.- Dissertationes Botanicae, Bd. 34.- Vaduz.

MELZER, A. (1988): Der Makrophytenindex- Eine biologische Methode zur Ermittlung der Nährstoffbelastung.- Habilitationsschrift an der Fakultät für Chemie, Biologie und Geowissenschaften der TU München.

MELZER, A. (1993): Die Ermittlung der Nährstoffbelastung im Uferbereich von Seen mit Hilfe der Makrophytenindex.- BAYERISCHES LANDESAMT FÜR WASSERFORSCHUNG (Hrsg.): Münchner Beiträge zur Abwasser-, Fischerei- und Flußbiologie, Bd. 47: Auswirkungen von Abwassereinleitungen auf die Gewässerökologie.

MELZER, A. /HARLACHER, R. /HELD, K. /SIRCH, R. /VOGT, E. (1986): Die Makrophytenvegetation des Chiemsees.- Bayerisches Landesamt für Wasserwirtschaft.

MERCIER, P. (1949): Aeration partielle sous-lacustre d'un lac eutrophe.- Verhandlungen der Internationalen Vereinigung für theoretische und angewandte Limnologie 10: 294-297.

MINISTERIUM FÜR UMWELT BADEN-WÜRTTEMBERG /DER HESSISCHE MINISTER FÜR UMWELT UND REAKTORSICHERHEIT /MINISTERIUM FÜR UMWELT UND GESUNDHEIT RHEINLAND-PFALZ (Hrsg.) (1987): Hydrogeologische Kartierung und Grundwasserbewirtschaftung Rhein-Neckar-Raum.- Stuttgart.

MINISTERIUM FÜR UMWELT UND VERKEHR BADEN-WÜRTTEMBERG (Hrsg.) (1998): Aktionsprogramm zur Sanierung oberschwäbischer Seen: Internationale Seen-Fachtagung, August 1998.- Ravensburg.

MOESCHKE, R. & PFEIFFER, H.W. (1995): Fischereiliche Bewirtschaftung als Unterstützung der Therapie eines Hamburger Badegewässers (Eichbaumsee):.- Limnologie aktuell, Band 8, S. 295-308.- Stuttgart.

MORTIMER, C. (1941): The exchange of dissolved substances between mud and water in lakes.- Journal of Ecology 29: 280-329.

MUCK, P. & LAMPERT, W. (1984): An experimental study on the importance of food conditions for the relative abundance of calanoid copepods and cladocerans.- Archiv für Hydrobiologie, Suppl. 66: 157-179.

MÜLLER, G. (1997): Chronologie des anthropogenen Phosphor-Eintrags in den Bodensee und seine Auswirkung auf das Sedimentationsgeschehen.- MATSCHULLAT, et al.: Geochemie und Umwelt: 317- 342.- Berlin.

MUR, L.R. (1993): How to control undesirable cyanobacterial dominance.- Proceedings of the International Conference on Conservation and Management of Lakes, Strese: 565-569.

MUR, L.R. /GONS, H.J. /VAN LIERE, L. (1977): Some experiments on the competition between green algae and blue-green bacteria in light-limited environments.- FEMS Microbiology Letters 1: 335-338.

MURPHY, T. /PREPAS, E. (1990): Lime treatment of hardwater lakes to reduce eutrophication.- Verhandlungen der Internationalen Vereinigung für theoretische und angewandte Limnologie 24: 327- 334.

MURPHY, T.P. /HALL, K.J. /YESAKI, I. (1983): Coprecipitation of phosphate with calcite in a naturally eutrophic lake.- Limnology and Oceanography 28: 58-69.

NAUWERCK, A. (1963): Die Beziehungen zwischen Zooplankton und Phytoplankton im See Erken.- Symbolae Botanica Uppsala 17 /5: 1-163.

NICHOLS, S.A. & COTTAM, G. (1972): Harvesting as a control for aquatic plants Water Resources Bulletin 8: 1205-1210.

NÜRNBERG, G. (1988): Prediction of phosphorus release rates from total and reductant-soluble phosphorus in anoxic lake sediments.- Canadian Journal of Fisheries and Aquatic Sciences 45: 453-462.

O'BRIEN, W.J. /SLADE, N.A. /VINYARD,G. L. (1976): Apparent Size as a determination of prey selection by bluegill sunfish.- Ecology 57: 1304-1310.

ODENWÄLDER, G. (1999): Makrozoobenthos und Makrophyten- Indikatoren für den ökologischen Zustand eines eutrophen Baggersees, des Willersinnweihers bei Ludwigshafen.- unveröffentlichte Diplomarbeit in der Fakultät für Biologie, Universität Heidelberg.

OECD (1982): Eutrophication of waters. Monitoring, assessment and control.- Paris.

OGLESBY, R.T. (1968): Effects of controlled nutrient dilution on the eutrophication of a lake.- ROHLICH, G.A. (ed.): Eutrophication: causes, consequences, correctives, Proceedings International Symposium on Eutrophication: 483-493.- Washington.

OHLE, W. (1934): Chemische und physikalische Untersuchungen norddeutscher Seen.- Archiv für Hydrobiologie 26.

OHLE, W. (1972): Seentherapie. Ein Forschungsprojekt am Grebiner See.- Schrift Max-Planck-Inst. Limnol. Symp. Semisaeculare SIL /Plön, 49-52.

OLSZWESKI, P. (1961): Versuch einer Ableitung des hypolimnischen Wassers aus einem See.- Verhandlungen der Internationalen Vereinigung für theoretische und angewandte Limnologie 14: 855- 861.

OPUSZYNSKI, K. (1980): The role of fishery management in counteracting eutrophication process.- Developments in Hydrobiology 2: 263-269.

OSGOOD, R.A. (1982): Using differences among Carlson's trophic state index values in regional water quality assessment.- Water Resources Bulletin 18: 67-74.

OSTENDORP, W. (1988): Nährstoffkreisläufe und Nährstoffakkumulation in Seeufer-Schilfröhrichten- Am Beispiel des Bodensee- Untersees.- TELMA 18: 351-372.

OSTENDORP, W. (1995): Seeuferrenaturierung als Teil einer Seesanierung.- JAEGER, D. & KOSCHEL, R. (Hrsg.): Verfahren zur Sanierung und Restaurierung stehender Gewässer.-Limnologie aktuell, Band 8.- Stuttgart.

OSTENDORP, W. & P. KRUMSCHEID-PLANKERT (1993): Seeuferzerstörung und Seeuferrenaturierung in Mitteleuropa.- Limnologie Aktuell Band 5.- Stuttgart.

OTSUKI, A. & WETZEL, R.G. (1974): Calcium and total alkalinity budgets and calcium carbonate precipitation of a small hard-water lake.- Archiv für Hydrobiologie 73: 14-30.

OTSUKI, A. & WETZEL, R.G. (1972): Coprecipitation of phosphate with carbonates in a marl lake.- Limnology and Oceanography 17: 453-462.

OZIMEK, T. /GULATI, T.R.D. /VAN DONK, E. (1990): Can macrophytes be useful in biomassmanipulation of lakes? The Lake Zwemlust example.- Hydrobiologia 200 /201: 399-307.

PACE, M.J. (1986): An empirical analysis of zooplankton community size structure across lake trophic gradients.- Limnology and Oceanography 31 /1: 27-35.

PATALAS, K. (1954): Crustacean pelagic communities in 28 Pomerian lakes.- Ekologia Polska 2:61-92.

PECHLANER, R. (1971): Die Restaurierung des Piburger Sees (Tirol).- Carinthia II, Sonderheft 31: 97-115.

PECHLANER, R. (1978): Erfahrungen mit Restaurierungsmaßnahmen an eutrophierten Badeseen Tirols.- Österreichische Wasserwirtschaft 30: 112-119.

PECHLANER, R. (1979): Response of a eutrophied lake (Piburger See): to reduced nutrient load and selective water renewal. Lake metabolism and management.- Ergebnisse der Limnologie 13: 293-305.

PETTERSON, K. (1984): The fractional composition of phosphorus in Lake Sediments of different composition.- SLY, P. (ed.): Sediments and water interactions, 149-155.- Berlin.

PETTERSON, K. & BOSTRÖM, B. (1984): Phosphorus exchange between sediment and water in Lake Balaton.- SLY, P. (ed.): Sediments and water interactions, 427-435.- Berlin.

PFEIFFER, S. & PECHER, K. (1997): Experimentelle aquatische Chemie.- Heidelberg.

PHILLIPI, G. (1978): Veränderungen der Wasser- und Uferflora im badischen Oberrheingebiet.- Beih. Veröff. Naturschutz und Landschaftspflege Baden-Württemberg. 11: 99-134.

POLTZ, J. (1978): Untersuchungen an Sedimenten in niedersächsischen Flachseeen.- I. Die Sedimente des Steinhuder Meers.- Archiv für Hydrobiologie 82: 1-19.

POPOVA, O.A. (1978): The role of predaceous fish in ecosystem.- GERKING, S. (ed.): Ecology of reshwater fish production.- New York.

PSENNER, R. /PUCSKO, R. (1988): Phosphorus fractionation: advantages and limits of the study of Phosphorus origins and interactions.- Ergebnisse der Limnologie 30: 43-59.

PSENNER, R. /PECHLANER, R. /ROTT. E. (1984a): Belastung und Belastbarkeit des Piburger Sees.- ÖSTERREICHISCHE AKADEMIE DER WISSENSCHAFTEN (Hrsg.): Der Einfluß des diffusen Nährstoffeintrags auf die Eutrophierung von Seen. Veröffentlichung des Österreichischen MaB-Programms 8: 7-74.

PSENNER, R. /PUCSKO, R. /SAGER, M. (1984b): Die Fraktionierung organischer und anorganischer Phosphorverbindungen von Sedimenten: Versuch einer Definition ökologisch wichtiger Fraktionen.- Archiv für Hydrobiologie, Suppl. 70: 111-158.

RAMCHARAN, C.W. /MCQUEEN, D.J. /DEMERS, E. /POPIEL, S.A. /ROCCHI, A.M. /YAN, N.D. /WONG, A.H. /HUGHES, K.D. (1995): A comparative approach to determining the role of fish predation in structuring limnetic ecosystems.- Archiv für Hydrobiologie 133 /4; 389-416.

RASPOPOV, M.I. /MENSUTKIN, V.V. /DOCENKO, O.N. (1987): Aquatic vegetation dynamics during 20 years in two bays of Ladoga Lake.- Archiv für Hydrobiologie Beiheft 27: 75-82.

REDFIELD, A.C. (1934): On the proportions of organic derivatives in sea water and their relationship to the composition of plankton.- James Johnstone Memorial Volume.- Liverpool.

REDFIELD, A.C. (1958): The biological control of chemical factors in the environment.- American Journal of Science 46: 206-226.

REJIC, M. (1978): Sanierungsmöglichkeiten eutrophierter Seen.- Zeitschrift für Wasser- und Abwasserforschung 11 /2: 39-44.

REPKA, S. (1997): Effects of food type on life history of *Daphnia* clones from lakes differing in trophic state. I. *Daphnia galeata* feeding on *Scenedesmus* and *Oscillatoria*.- Freshwater Biology 38 /3: 657-683.

REYNOLDS, C.S. (1980): Phytoplankton assemblages and their periodicity in stratifying lake systems.- Holarctic Ecology 3: 141-159.

REYNOLDS, C.S. (1984): The ecology of freshwater phytoplankton.- Cambridge.

REYNOLDS,C.S. (1992): Eutrophication and the management of planktonic algae: What Vollenweider couldn't tell us.- SUTCLIFFE, D.W. (ed.): Eutrophication: Research and application to water supply.- Ambleside.

REYNOLDS,C.S. (1994): The ecological basis for successful biomanipulation of aquatic communities.- Archiv für Hydrobiologie 130: 1-33.

REYNOLDS,C.S. /WALSBY A.E. (1975): Water-blooms.- Biological Reviews of the Cambridge Philosophical Society 50: 437-481.

REYNOLDS,C.S. /WISEMAN, S.W. (1982): Sinking losses of phytoplankton in closed limnic systems.- Journal of Plankton Research 4: 489-522.

RHEE, G.J. & GOTHAM, I.J. (1980): Optimum N: P ratios and coexistence in planktonic algae.- Journal of Phycology 16: 486-489.

RHEINHEIMER, G. (1991): Mikrobiologie der Gewässer.- Stuttgart.

RIPL, W. (1976): Biochemical oxidation of polluted lake sediment with nitrate- A new lake restoration method.- Ambio 5 /3: 132-135.

ROMANOVSKY, Y.E. & FENIOVA I.Y. (1985): Competition among Cladocera: Effects of different levels of food supply.- Oikos 44: 243-252.

RÖNICKE, H. & BAHR, K. (1989): Nährstoffausfälllung an einem Magdeburger Badesee zur Verbesserung der Wasserbeschaffenheit und Erhöhung des Erholungswertes.- Wasserwirtschaft-Wassertechnik 8: 187-188.

RÖNICKE, H. /BEYER, M. /TITTEL, J. (1995): Möglichkeiten zur Steuerung der Blaualgendynamik in eutrophierten stehenden Gewässern durch Maßnahmen zur Seenrestaurierung.- Limnologie aktuell, Band 8: 133- 156.

RONNEBERGER, D. /KASPRZAK, P. /KRIENITZ, L. (1993): Long-term changes in the Rotifer fauna after biomanipulation in Haussee and its relationship to crustacean and phytoplankton communities.- Hydrobiologica 255 /256: 297-304.

ROßKNECHT, H. (1977): Zur autochthonen Calcitfällung im Bodensee-Obersee.- Archiv für Hydrobiologie 81: 35-64.

ROßKNECHT, H. (1980): Phosphatelimination durch autochthone Calcitfällung im Bodensee-Obersee.- Archiv für Hydrobiologie 88: 328-344.

ROßKNECHT, H. (1992): Chemische Untersuchungen des Wassers und der Sedimente von 44 Seen in Baden-Württemberg. Wasserwirtschaftsverwaltung Heft 28.- Langenargen.

ROTHAUPT, K.-H. (1998): Möglichkeiten und Grenzen der Seenrestaurierung durch Nahrungskettenmanipulation.- MINISTERIUM FÜR UMWELT UND VERKEHR BADEN-WÜRTTEMBERG (Hrsg.): Aktionsprogramm zur Sanierung oberschwäbischer Seen: Internationale Seen-Fachtagung, August 1998.- Ravensburg: 105-112.- Ravensburg.

ROTHAUPT, K.-H. & GÜDE, H. (1992): The influence of spatial and temporal concentration gradients on phosphate partitioning between different size fractions of plankton: Further evidence and possible causes.- Limnology and Oceanography 37: 739-749.

ROTT, E. (1981): Some results from phytoplankton counting intercalibrations.- Schweizerische Zeitschrift für Hydrologie 43: 34-62.

RÜMMLER, F. & WALTER, C. (1995): Zwei Jahre hypolimnische Belüftung im Sacrower See.- Limologie aktuell Band 8: 157-169.- Stuttgart.

RUTTNER, F. (1931): Hydrographische und hydrochemische Beobachtungen auf Java, Sumatra und Bali.- Archiv für Hydrobiologie, Suppl. 8: Tropische Binnengewässer: 197-454.

RUTTNER-KOLISKO, A. (1972): Das Zooplankton der Binnengewässer. 1. Teil. III. Rotatoria.- Stuttgart.

RYDING, S.O. & FORSBERG, C. (1977): Sediments as a nutrient source in shallow polluted lakes.- GOLTERMAN, H. (ed.): Interactions between sediments and fresh water.- Den Haag.

SAMPL, H. (1979): Die Massenentwicklung der Wasserpest *Elodea canadensis* im Afritzer See im Jahre 1978.- Kärntner Naturschutzblätter 17: 59-70.

SARVALA, J. /HELMINEN, H. /SAARIKARI, V. /SALONEN, S. /VUORIO, K. (1998): Relations between planktivorous fish abundance and phytoplankton in three lakes of differing productivity.- Hydrobiologia 363: 81-95.

SAS, H. (1989): Lake restoration by reduction of nutrient loading: Expectations, experiences, extrapolation.- St. Augustin.

SCHANZ, F. (1994): Oligotrophication of Lake Zürich as reflected in Secchi depth measurements.- Annales de Limnologie 30 /1: 57-65.

SCHARF, B.W. (1984): Errichtung und Sicherung schutzwürdiger Teile von Natur und Landschaft mit gesamtstaatlich repräsentativer Bedeutung: Beispiel: Meerfelder Maar: Teil 2. Sanierung und Restaurierung des Maares.- Natur und Landschaft 59 /1: 21-27.

SCHARF, B.W. & M. SCHMIDT-LÜTTMANN (1990): Umweltverträglichkeit bei der Bewirtschaftung stehender Gewässer. Wasserbau- Mitteilungen 34: 93-108.

SCHARF, B. /HAMM, A. /STEINBERG, C. (1992): Seenrestaurierung.- BESCH et al. (Hrsg.): Limnologie für die Praxis- Grundlagen des Gewässerschutzes: 277-344.

SCHAUMBURG, J. (1995): Limnologische Erfahrungen mit Restaurierungsmaßnahmen und Langzeitbeobachtungen an vier bayerischen Seen.-Limnologie aktuell, Band 8: 309-325.- Stuttgart.

SCHEFFER, F. & P. SCHACHTSCHABEL (1998): Lehrbuch der Bodenkunde.- Stuttgart.

SCHEFFER, M. /HOSPER, S.H. /MEIJER, M.-L. /MOSS, B. & JEPPESEN, E. (1993): Alternative Equilibria in shallow lakes.- Trends in Ecology and Evolution. Vol. 8: 275-279.

SCHERNEWSKI, G. (1999): Der Stoffhaushalt von Seen: Bedeutung zeitlicher Variabilität und räumlicher Heterogenität von Prozessen sowie des Betrachtungsmaßstabs.- Kiel.

SCHINDLER, D.W. (1974): Eutrophication and recovery in experimental lakes: Implications for lake management.- Science 184: 897-899.

SCHINDLER, D.W. /ARMSTRONG, A.J. /HOLMGREN, S.K. /BRUNSKILL, G.J. (1971): Eutrophication of Lake 227, Experimental Lake Area, Northwestern Ontario, by addition of phosphate and nitrate.- Journal of the Fisheries Research Board of Canada 28: 1763-1782.

SCHLEYER, R. & KERNDORFF, H. (1992): Die Grundwasserqualität westdeutscher Trinkwasserressourcen.- Weinheim.

SCHMID, J. (2002): Calcitfällung und Phosphor-Kopräzipitation im Phosphorhaushalt eines eutrophen Hartwassersees mit anoxischem Hypolimnion (Willersinnweiher, Ludwigshafen am Rhein) - Dissertation am Geographischen Institut der Universität Heidelberg. URL: http: //www.ub.uni-heidelberg.de /archiv /2118

SCHRÖDER, V.R. & SCHRÖDER, H. (1978): Ein Versuch zur Quantifizierung des Trophiegrades von Seen. An attempt to quantify the trophic state of lakes.- Archiv für Hydrobiologie 82: 240-262.

SCHWOERBEL, J. (1999): Einführung in die Limnologie.- Stuttgart.

SEIP, K.L. (1994): Phosphorus and nitrogen limitation of algal biomass across trophic gradients.- Aquatic Sciences 56: 16-28.

SHAPIRO, J & WRIGHT, D.I. (1984): Lake restoration by biomanipulation: Round Lake, Minnesota, the first two years.- Freshwater Biology 14: 371-383.

SHAPIRO, J. /FORSBERG, P. /LAMARRA, V. /LINDMARK. G. /LYNCH, M. /SMELTZER, E. /ZOTO, G. (1982): Experiments and experiences in biomanipulation - Studies of biological ways to reduce algal abundance and eliminate bluegreens.- EPA-600 /3-82-096.

SHAPIRO, J. /LAMARRA, V. /LYNCH, M. (1975): Biomanipulation- An ecosystem approach to lake restoration.- Contribution No. 143, Limnological Research Center, University of Minnesota.

SIGG, L. & STUMM, W. (1994): Aquatische Chemie- Einführung in die Chemie wässriger Lösungen und natürlicher Gewässer.- Zürich.

SLY, P. (ed.) (1984): Sediments and water interactions.- Berlin.

SMITH, W.H.F. /WESSEL, P. (1990): Gridding with Continuous Curvature Splines in Tension.- Geophysica 55 /3: 293-305.

SOMMER, U. (1989): The role of competition for resources in phytoplankton succession.- SOMMER, U. (ed.): Plankton ecology: succession in plankton communities.- Berlin.

SOMMER, U. (ed.) (1989): Plankton ecology: succession in plankton communities.- Berlin.

SOMMER, U. (1994): Planktologie.- Berlin.

SPÄH, H. (1992): Gutachten über die fischereiliche Qualität des Willersinnweihers und Empfehlungen für die zukünftige fischereiliche Bewirtschaftung.- Erstellt im Auftrag der Stadt Ludwigshafen /Rhein. unveröffentlicht.

STABEL, H.H. (1986): Calcite precipitation in Lake Constance: Chemical equilibrium, sedimentation and nucleation by algae.- Limnology and Oceanography 31: 1081-1093.

STABEL, H.H. /KLEINER, J. (1995): Folgen der Phosphatabnahme für die Phytoplanktonentwicklung im Bodensee.- Wasser-Abwasser 136: 601-607.

STADELMANN, P. (1988): Zustand des Sempachersees vor und nach der Inbetriebnahme der seeinternen Maßnahmen: Künstlicher Sauerstoffeintrag und Zwangszirkulation 1980-1987.- Wasser, Energie, Luft 80 /3 /4: 81-96.

STANGENBERG, M. (1942): Das Phosphorproblem bei der Bekämpfung der Verunreinigungen von Oberflächenwässern. Vorläufige Mitteilungen.- Archiv für Hydrobiologie 38: 148-154.

STEINBERG, C. (1989): Bioverfügbarkeit und Rolle des Phosphors im Gewässer.- BAYERISCHES LANDESAMT FÜR WASSERFORSCHUNG (Hrsg.): Aktuelle Probleme des Gewässerschutzes: Nährstoffbelastung und -elimination (Münchener Beiträge zur Abwasser-, Fischerei- und Flußbiologie Bd. 43): 190-218.

STEINBERG, C. & SCHRIMPF (1980): Phosphoranalytik - ein gelöstes Problem?- Vom Wasser 55: 295-302.

STEINBERG, C. /BUCKSTEEG, K. (1980): Versuch der Therapie eines polytrophen Kleinsees mit Aluminiumchlorid.- Vom Wasser 55: 47-62.

STEINBERG, C. /CALMANO, W. /KLAPPER, H. /WILKEN, R.-D.: Handbuch angewandte Limnologie.- Landsberg /Lech.

STEINBERG, C. /MELZER, A. (1984): Stoffkreisläufe in Binnengewässern.- Limnologie für die Praxis- Grundlagen des Gewässerschutzes: 5-91.

STERNER, R.W. (1989): The role of Grazers in phytoplankton succession.-In: SOMMER, U.: Plankton ecology, 107-170.- Berlin.

STREHLE, H.M. (1998): „Aktionsprogramm zu Sanierung oberschwäbischer Seen“: Untersuchungsprogramm, Maßnahmen, Ergebnisse.- MINISTERIUM FÜR UMWELT UND VERKEHR BADEN-WÜRTTEMBERG (Hrsg.): Aktionsprogramm zur Sanierung oberschwäbischer Seen: Internationale Seen-Fachtagung, August 1998: 25-31.-Ravensburg.

STUMM, W. (Hrsg.) (1985): Chemical processes in lakes.- New York.

STUTTER, E. /PROFT, G. (1993): Calcite precipitation in hard water lakes in calculation and experiment.- Internationale Revue der gesamten Hydrobiologie 78: 177-199.

TAGGART, C.T. & MCQUEEN, D.J. (1981): Hypolimnic aeration of a small eutrophic kettle lake: physical and chemical changes.- Archiv für Hydrobiologie 91: 150-180.

TAGGART, C.T. & MCQUEEN, D.J. (1982): A model for the design of hypolimnetic aerators.- Water research 16: 949-956.

TESSENOW, U. (1972): Lösungs-, Diffusions- und Sorptionsprozese in der Oberschicht von Seesedimenten. I. Ein Langzeitexperiment unter aeroben und anaeroben Bedingungen im Fließgleichgewicht.- Archiv für Hydrobiologie, Suppl. 37: 353-398.

TESSENOW, U. (1979): Die Wechselwirkungen zwischen Sediment und Wasser in ihrer Bedeutung für den Nährstoffhaushalt von Seen.- Zeitschrift für Wasser und Abwasserforschung 12: 46-55.

THEIS, J. & MEYER-JENIN, M. (1995): Therapie eines Hamburger Badegewässers (Eichbaumsee) durch intermittierende Zwangszirkulation.- Limnologie Aktuell 8: 201-209.

THIELICKE, R. (1999): Untersuchungen über das Zooplankton des Willersinnweihers (Rotatoria und Crustacea) zur Bewertung des Ökoysystems.- unveröffentlichte Diplomarbeit in der Fakultät für Biologie, Universität Heidelberg.

THIENEMANN, A. (1921): Seentypen.- Die Naturwissenschaften 18: 87-91.

THOMAS, E.A. (1953): Bekämpfung der See-Eutrophierung: Empirische und experimentelle Untersuchungen zur Kenntnis der Minimumstoffe in 46 Seen der Schweiz und angrenzender Gebiete.- Schweiz. ver. Gas- und Wasserfachmännern, Monatsbull. 3 /2: 2-15.

THOMAS, E.A. (1971): Oligotrophierung des Zürichsees.- Vierteljahresschrift der Naturforschenden Gesellschaft in Zürich 116: 165-179.

THORPE, J. (1977): Synopsis of biological data on the perch *Perca fluviatilis* L. and *Perca flavescens* M.-FAO Fisheries Synopsis 113.

THRELKELD, S.T. (1985): Resource variation and the initiation of midsummer declines of cladoceran populations.- Ergebnisse der Limnologie 21: 333-340.

TILMAN, D. (1977): Resource competition between planktonic algae: An experimental and theoretical approach.- Ecology 58:338-348.

v. TÜMPLING, W. & FRIEDRICH, G. (Hrsg.) (1999): Biologische Gewässeruntersuchung, Band 2.- Jena.

VAN DEN HOEK, C. (1978): Algen: Einführung in die Phykologie.- Stuttgart.

VAN DEN HOEK, C. (1993): Algen.- Stuttgart.

VAN DONK, E. /GULATI, R.D. /IEDEMA, A. /MEULEMANNS, J.T. (1993): Macrophyte-related shifts in the nitrogen and phosphorous contents of different trophic levels in a biomanipulated shallow lake.- Hydrobiologia 251: 19-26.

VAN LIERE, L. & L.R. MUR (1980): Occurence of Oscillatoria agardhii and some related species, a survey.- BARICA, J. & L.R. MUR (eds.): Hypertrophic Ecosystems: 67-77.- Den Haag.

VANNI, M.J. (1986): Fish predation and zooplankton demography: indirect effects.- Ecology 67 /2: 337-354.

VARIS, O. /SIRVIÖ, H. /KETTUNEN, J. (1989): Multivariate analysis of lake phytoplankton and environmental factors.- Archiv für Hydrobiologie 117: 707-710.

VOLLENWEIDER, R.A. (1968): Scientific fundamentals of the eutrophication of lakes and flowig waters, with particular reference to nitrogen and phosphorus as factors in eutrophication. OECD-Report 68 27.- Paris.

VOLLENWEIDER, R.A. (1969): Möglichkeiten und Grenzen elementarer Modelle der Stoffbilanz von Seen.- Archiv für Hydrobiologie 66: 1-36.

VOLLENWEIDER, R.A. (1989): Global Problems of Eutrophication and its control.- SALÁNKI, J. & HERODEK S. (eds.): Conservation and Management of Lakes: 19-41.- Budapest.

VOLLENWEIDER, R.A. & KEREKES J. (1980): OECD-Cooperative Programme for Monitoring of inland waters (Eutrophication Control)- Synthesis Report.- Paris.

VOLLENWEIDER, R.A. & KEREKES J. (1982): Eutrophication of waters, monitoring, assessment and control.- Paris.

v. KUNOWSKI, J. /SCHUTZ H.-J. /BÜTTNER, T. (1997): Verbesserung der Oberflächengewässerqualität durch die Boden- und Grundwasserpassage von Klarwasser.- Wasser & Boden 49 /11: 26-40.

WAARA, T. /JANSSON, M. /PETTERSON, K. (1993): Phosphorus composition and release in sediment bacteria of genus Pseudomonas during aerobic and anaerobic conditions.- Hydrobiology 253: 131-140.

WAGNER, G. (1966): Phosphatspeicherung und N /P-Quotient bei Laichkräutern in abwasserbelasteten und unbelasteten Ufergebieten des Bodensees.- Internationale Revue der gesamten Hydrobiologie 51:229-235.

WEBER, C.A. (1907): Aufbau und Vegetation der Moore Norddeutschlands.- Beiblatt Bot. Jb. 90: 19-34.

WEHRLI, B. /WÜEST, A. (1996): Zehn Jahre Seenbelüftung: Erfahrungen und Optionen.- Schriftenreihe des EAWAG 9.- Dübendorf-Zürich.

WELCH E.B. /SPYRIDAKIS, C.E. /SHUSTER, J.I. /HORNER, R.R. (1984): Declining lake sediment phosphorus release and oxigen deficit following wastewater diversion.- Journal WPCF: 92-96.

WETTERER, J.K. & BISHOP, C.J. (1985): Planktivore prey selection: The Reaction Field Volume Model versus the Apparent Size Model.- Ecology 66 /2: 457-464.

WETZEL, R.G. (1983): Limnology.- Philadelphia.

WIUM-ANDERSEN, S. (1987): Allelopathy among aquatic plants.- Ergebnisse der Limnologie 27:167-172.

WORCH, E. (1997): Wasser und Wasserinhaltsstoffe.- Stuttgart.

WRIGHT, R.M. (1990): Aspects of the ecology of bream, *Abramis brama* (L.), in a gravel pit lake and the effects of reducing the population density.- Journal of Fish Biology 37: 629-634.

WRIGHT, R.M. & V.E. PHILLIPS, (1992): Changes in the aquatic vegetation of two gravel pit lakes after reducing the fish population density.- Aquatic Botany 43: 43-49.

ZANKAI, N.P. (1989): Horizontal distribution of Rotifer plankton along trophic gradient in Lake Balaton: changes of community structure and abundance during the past 20 years.- Archiv für Hydrobiologie 115 /1: 111-123.

ZEILER, M. (1996): Nähr- und Spurenstoffkreislauf in einem eutrophen Hartwassersee mit saisonal anoxischem Hypolimnion (Belauer See, Schleswig- Holstein).- Kiel.

ZIEMANN, H. (1986): Zur Einschätzung des Phosphoreintrags in Gewässer durch Wasservögel, dargestellt am Beispiel der Talsperre Kelbra.- Acta ornithoecologica 1 /2: 145-153.

ZIMMERMANN, U. (1991): Können Badegäste das „Umkippen" eines Baggersees verursachen.- GWF Wasser /Abwasser 132 /12: 696-700.

ZINTZ, G. & ZINTZ, K. (1995): Hypolimnische Belüftung mit reinem Sauerstoff am Beispiel eines dimiktischen Flachsees (Argensee /Lkr. Ravensburg).- Limnologie Aktuell 8: 171-183.

***ibidem*-Verlag**
Melchiorstr. 15
D-70439 Stuttgart

info@ibidem-verlag.de

www.ibidem-verlag.de
www.edition-noema.de
www.autorenbetreuung.de

FSC
www.fsc.org
MIX
Papier | Fördert gute Waldnutzung
FSC® C083411

Kolibri 360 GmbH
Ferdinand-Jühlke-Straße 7
99095 Erfurt, Deutschland
produktsicherheit@kolibri360.de